企业生物多样性保护行动与中国绿发实践

Business Biodiversity
Conservation Action and
CGDG Practice

张丽荣 孙留存 朱振肖 苏卫江 等 / 著

BIO-
DIVERSITY

中国环境出版集团·北京

图书在版编目（CIP）数据

企业生物多样性保护行动与中国绿发实践 ／ 张丽荣
等著. -- 北京：中国环境出版集团，2024. 9. -- ISBN
978-7-5111-5933-5

Ⅰ. Q16

中国国家版本馆 CIP 数据核字第 2024YG9828 号

责任编辑	宾银平
封面设计	宋　瑞

出版发行　中国环境出版集团
　　　　　　（100062　北京市东城区广渠门内大街 16 号）
　　　　　　网　　　址：http://www.cesp.com.cn
　　　　　　电子邮箱：bjgl@cesp.com.cn
　　　　　　联系电话：010-67112765（编辑管理部）
　　　　　　　　　　　010-67113412（第二分社）
　　　　　　发行热线：010-67125803，010-67113405（传真）

印　　刷	北京中科印刷有限公司
经　　销	各地新华书店
版　　次	2024 年 9 月第 1 版
印　　次	2024 年 9 月第 1 次印刷
开　　本	787×1092　1/16
印　　张	15.25
字　　数	314 千字
定　　价	138.00 元

中国环境出版集团郑重承诺：
中国环境出版集团合作的印刷单位、材料单位均具有中国环境标志产品认证。

本书学术指导委员会

主　任：王金南

委　员：何　军　万　军　王夏晖　许开鹏

本书企业指导委员会

主　任：刘　宇

委　员：孙　瑜　付明翔

本书作者

张丽荣　孙留存　朱振肖　苏卫江　孟　锐　金世超　王　君　刘　洋　程　钊
潘　哲　叶良浩　暴亚鹏　公滨南　周云峰　管鹤卿　刘楚彤　杨小兰　邓　谭
曹其其格

前言

生物多样性关系人类福祉，是人类赖以生存和发展的重要基础。然而，生物多样性丧失是当前全球面临的三重危机之一。根据世界自然基金会 2022 年发布的《地球生命力报告 2022》，1970 年以来，监测范围内的野生动物种群数量平均下降了 69%，且全球各地区下降速率各有差异，导致野生动物种群数量下降的主要因素包括栖息地的退化、开发，外来入侵物种，污染，气候变化和疾病等。生态系统退化和物种消失速度的不断加快也影响了全球生态系统服务功能。生物多样性和生态系统服务政府间科学政策平台（IPBES）2019 年发布的《生物多样性和生态系统服务全球评估报告》显示，近 20 年来，全球几乎所有与环境过程调控有关的自然贡献能力都在下降，生态系统对人类的贡献能力正在受到损害。随着人口增长，粮食、能源和材料消费水平的提高以及基础设施建设的发展，生物多样性受到的压力日益增加。

为扭转生物多样性下降的趋势，2022 年联合国《生物多样性公约》第十五次缔约方大会第二阶段会议通过《昆明-蒙特利尔全球生物多样性框架》，为 2030 年全球生物多样性保护目标设定了新蓝图，引领国际社会共同努力，让生物多样性走上恢复之路并惠及全人类和子孙后代。我国作为负责任大国，将生物多样性保护作为生态文明和美丽中国建设的重要内容，积极参与全球生物多样性治理，大力推动生物多样性主流化进程，高位部署生物多样性保护行动。2024 年 1 月，生态环境部发布《中国生物多样性保护战略与行动计划（2023—2030 年）》，系统部署未来一段时期我国生物多样性行动，致力于提升生物多样性治理水平，有效缓解生物多样性丧失趋势，推动形成生物多样性治理新格局，努力为建设人与自然和谐共生的地球家园作出中国贡献。

2020 年世界经济论坛发布的新自然经济系列首份报告显示，44 万亿美元的经济价值产出（占全球 GDP 的一半以上）中度或高度依赖自然及其服务。生物多样性丧失将给经济活动带来巨大的风险。2022 年世界经济论坛发布的《2022 年全球风险报告》指出，气候行动不力、极端天气事件和生物多样性丧失，被认为是未来 10 年全球十大风险中最严重的三个。企业作为社会经济活动的基本单位，既是自然的主要利用者，又是生态破坏和环境污染的源头。在可持续发展战略框架下，将生物多样性纳入商业决策的主流，引导企业直接参与解决生物多样性危机，将生物多样性保护与可持续利用融入企业产业经营发展的全过程，实现企业的自然受益转型（nature-positive transition），既有利于企业的可持续高质量发展，也能为应对生物多样性丧失危机贡献力量，还将引领整个社会发展理念与发展模式的变革。

作为一家以"绿色发展"为主线的中央企业，中国绿发投资集团有限公司（简称中国绿发）立足"推进绿色发展，建设美丽中国"的企业使命，以绿色能源、幸福产业、低碳城市及战略性新兴产业投资为发展方向，加快产业布局优化和结构调整，积极探索绿色低碳产业发展新路径。企业深入贯彻落实习近平生态文明思想，确立建设生物多样性保护领跑企业的战略目标，着力将生物多样性保护纳入企业产业发展的全过程，以高水平保护支撑企业高质量发展，助力美丽中国、碳达峰碳中和、乡村振兴、健康中国等国家战略实施，着力为全面建设人与自然和谐共生的现代化作出新贡献。

企业采取生物多样性保护行动不仅是社会责任的体现，而且是企业可持续发展的内在要求。本书通过系统综述国内外生物多样性的基础理论与技术方法，全面梳理国内外企业生物多样性保护行动研究和实践进展，分析总结企业实施生物多样性保护行动的典型案例及先进经验，在此基础上构建了企业生物多样性保护行动的基本理论和方法体系。结合中国绿发主责主业及发展特征，围绕建设生物多样性领跑企业的公司战略目标，构建生物多样性保护行动目标指标体系，制定生物多样性保护、可持续生产与经营、协同治理、治理机制与能力建设 4 个优先行动领域，努力将生物多样性保护纳入企业产业发展全过程。选取企业主营产业的典型项目，从项目场地实际出发，评估项目开发运营与生物多样性的依赖与影响关系，因地制宜探索项目尺度采取生物多样性保护行动的任务措施和管理模式，为新时期企业采取生物多样性保护行动提供实践参考。

全书由生态环境部环境规划院与中国绿发投资集团有限公司共同研究完成，由朱振肖负责统稿，张丽荣、孙留存负责审定。全书共7章，撰写分工如下：第1章，孟锐、公滨南；第2章，朱振肖、潘哲、杨小兰；第3章，叶良浩、暴亚鹏、苏卫江；第4章，程钊、朱振肖、邓谭；第5章，王君、管鹤卿；第6章，刘洋、周云峰、曹其其格；第7章，金世超、刘楚彤。

本书在撰写过程中，得到了中央民族大学、生态环境部卫星环境应用中心、中国环境科学研究院、中国科学院城市环境研究所、北京工商大学等专家、学者的指导，以及中国绿发投资集团有限公司相关部门及下属公司的全力支持，在此一并表示感谢。本书查阅参考了几百篇国内外文献，它们极大地支撑了本书的论点和论据，撰写中可能会有疏漏的文献，敬请各位同仁理解海涵。

限于作者水平，书中内容难免存在不足之处，欢迎读者朋友批评指正。

作　者

2024 年 3 月

目录

第 1 章

生物多样性基础理论

本章全面梳理生物多样性基本概念，概括当前全球生物多样性危机及中国生物多样性总体状况，通过经验总结、文献研究、定性分析等方法，系统阐述生物多样性的基本原理及方法论，分析威胁生物多样性的主要因素，为企业采取生物多样性保护行动提供理论依据和技术支撑。

1.1 定义及相关概念

1.1.1 定义的提出与发展

20 世纪 70 年代初，国际社会就已经意识到生物资源对人类社会发展的重要意义以及生物资源面临的威胁，并着手开展生物资源的保护。生物多样性（biodiversity）一词最早由生物学家和自然资源保护者 Raymond F. Dasmann 在 1968 年提出，Dasmann 在著作——《一个不同的国度》（*A Different Kind of Country*）中首先使用了"生物多样性"（biological diversity）一词，用来强调自然资源保护的重要意义。直到 20 世纪 80 年代，"生物多样性"一词才被广泛用于自然保护、科学研究和环境政策文献中。1985 年，美国的 W. G. Rosen 在制订由全国研究委员会主办"1986 全国生物多样性论坛"的计划时，将生物（biological）和多样性（diversity）两个词结合在一起，"biodiversity"一词由此才被正式使用。1987 年，美国技术评估办公室（U.S. Office of Technology Assessment, OTA）将"生物多样性"定义为生物之间的多样化（variety）和变异性（variability）及物种生境的生态复杂性。

1992 年，《生物多样性公约》在联合国环境与发展会议上开放签署，我国是最早的签约国家之一。《生物多样性公约》于 1993 年 12 月 29 日正式生效，将"生物多样性"

定义为各种生物之间的变异性或多样性，包括陆地、海洋及其他水生生态系统，以及生态系统中各组成部分间复杂的生态过程，分为物种多样性、生态系统多样性、遗传多样性 3 个层次，确立了保护生物多样性、可持续地利用生物多样性的组成成分、公平合理共享遗传资源产生的惠益三大目标。2021 年《中国的生物多样性保护》白皮书发布，将"生物多样性"定义为生物（动物、植物、微生物）与环境形成的生态复合体以及与此相关的各种生态过程的总和，包括生态系统、物种和基因 3 个层次。

"生物多样性"的内涵在研究领域得到了一定程度的丰富和拓展。部分学者认为，广义的生物多样性同时涵盖景观多样性（马克平，1993；Barbier et al.，1994）和文化多样性（陈灵芝等，2001；NcNeely，2003）。景观多样性是指景观在结构、功能和时间变化方面的多样性，反映了景观的复杂程度，是景观水平上生物组成及多样化程度的表征（傅伯杰等，1996；李晓文等，1999）。生物多样性与文化多样性的关系可以追溯到 1987 年《我们共同的未来》一书，书中指出"生物多样性的加速流失不仅意味着基因物种和生态系统的损失，而且破坏了人类的文化多样性和特殊结构，这种文化多样性依赖于生物多样性的特殊性而存在，并与之协同进化"。《生物多样性公约》中第 8 条和第 10 条均提出了传统知识或惯例的地位和重要作用。我国学者认为，生物多样性是文化多样性形成的物质基础，体现了不同文化背景或同一文化背景下人类对生物多样性保护和持续利用方式的多样化（李文华，2013；孟召宜等，2015）。

1.1.2 相关概念及内涵

生物多样性是人类赖以生存和发展的物质基础，目前已经成为国际社会广泛关注的全球热点问题之一，表现在生命系统的各个组织水平，即从基因到生态系统，涉及多个领域和衍生概念。

1.1.2.1 生态系统多样性

生态系统（ecosystem）是指植物、动物和微生物群落及其所处的无机环境之间相互作用的一个功能单位的动态复合体。

生态系统多样性（ecosystem diversity）指的是生态系统的多样化程度，包括生态系统的类型、结构、组成、功能和生态过程的多样性等，泛指生态系统类型的多样性，如森林、湿地、荒漠等。从生态系统生态学角度来看，生态系统多样性强调生物群落的丰富程度和复杂性，包括生态位、营养级的数量以及系统内获取能量、维持食物网和物质循环等方面的生态过程。

1.1.2.2　物种多样性

物种（species）主要是指各种生物所属的种类，学科不同，识别和区分物种的依据和标准不同。从遗传学的角度来看，物种是能够自由交配且产生正常可育后代的个体类群。

物种多样性（species diversity）是指一定范围内动物、植物、微生物等生物种类的丰富程度（孙龙等，2013），是生物多样性在物种层面的表现形式，也是生物多样性的关键。物种现状（包括受威胁现状）、物种形成、演化及维持机制等是物种多样性的主要研究内容（马克平，1993）。

1.1.2.3　遗传资源多样性

遗传资源（genetic resources）是指具有现实或潜在价值的遗传材料。遗传材料（genetic material）是指植物、动物、微生物所具有的材料，或者其他包含遗传功能单位的原始材料。广义的遗传多样性（genetic diversity）是指地球上所有生物所携带的遗传信息的总和（钱迎倩等，1994）；一般的遗传多样性是指种内个体之间或一个群体内不同个体的遗传变异总和（WRI et al.，1992）。遗传多样性是生物多样性的核心，保护生物多样性最终是要保护其遗传多样性，因为一个物种的稳定性和进化潜力依赖其遗传多样性，而物种的经济价值和生态价值也依赖其特有的基因组成（王洪新等，1996）。物种的遗传多样性可以从形态特征、细胞学特征、生理特征、基因位点及 DNA 序列等不同方面来体现（沈浩等，2001）。

1.1.2.4　其他相关概念

栖息地（habitat）是指一个有机体或种群自然发生的地块或场所，也指动植物生活与繁育的场所。

外来入侵物种（invasive alien species）是指那些来自外部的，能够破坏当地生物多样性、打破当地生态平衡、破坏生态环境或者具有其他负面影响的非本地物种。入侵物种一般应满足以下三个基本条件：一是侵入到其自然分布区以外的物种；二是在侵入地区能自我繁衍；三是对经济、生态、生物多样性和社会造成危害。

就地保护是指对有价值的野生生物物种、重要生态系统、特殊自然景观等，在原产地划定范围进行保护，主要采取优化生态廊道、设立保护小区、打造小微生境等方式，这也是生物多样性保护最重要的措施。

迁地保护是指通过引种、扩繁等手段将濒危野生动植物从原产地转移到条件良好的人工可控环境或适宜生境来实施保护的方式。

生物多样性相关传统知识是指各族人民及地方社区在长期的传统生产生活中创造、传承和发展的，有利于生物多样性保护和可持续利用的知识。其通常包含传统选育农业遗传资源、传统医药、与生物资源可持续利用相关的传统技术及生产生活方式、与生物多样性相关的传统文化及传统地理标志产品等类型。

惠益共享是指生物遗传资源及相关传统知识的提供者与使用者遵循事先知情同意原则和共同商定原则，公平公正地分享因利用生物遗传资源及相关传统知识所产生的惠益。惠益有货币和非货币两种形式。

1.1.3 《生物多样性公约》目标

《生物多样性公约》为生物多样性保护行动提供了全球性的法律框架，提出了三大目标，即保护生物多样性、可持续地利用生物多样性的组成成分、公平合理共享遗传资源产生的惠益。

1.1.3.1 保护生物多样性

保护生物多样性最重要的措施是就地保护生态系统和自然生境，维持或恢复物种在其自然环境中有生存力的群体，包括建立保护区或采取特殊措施保护生物多样性地区；促进无害环境的持久发展；重建和恢复已退化的生态系统，促进受威胁物种的复原；制定必要的法律和规章保护受威胁物种和群体；对于给生物多样性造成重大不利影响的某些活动进行管制和管理，对拟议的项目进行环境影响评估，以期避免或尽量减轻对生物多样性的影响（娄希祉等，1992）。

迁地保护是就地保护的辅助措施，宜在生物原产国采取相关措施，对生物及其组成部分进行异地保护；在遗传资源原产国建立和维持迁地保护及研究的措施，如建立种质资源库、田间基因库等；采取措施以恢复受威胁物种，在适当情况下将这些物种引进到自然生境中；为达到迁地保护的目的，在自然生境中收集生物资源并实施管理，以免威胁到生态系统和当地的物种群体。

《生物多样性公约》同时要求，各缔约国有责任保护本国的生物多样性，需要制订国家和部门或跨部门的战略、计划与方案，查明生物多样性组成部分的状况及可能影响生物多样性的活动种类和过程并监测其影响。

1.1.3.2 可持续地利用生物多样性的组成成分

保护生物多样性是为了能持久使用生物多样性的组成成分。《生物多样性公约》要求每个签约国在决策过程中考虑生物资源的保护和持久利用，使用的方式和速度应不致使生物多样性长期衰落；设法提供有利于兼顾现时使用和持久使用生物资源的知识、技术和条件，保障和鼓励符合保护或持久使用要求的生物资源使用方式；在生物多样性已减少或退化的地区，帮助地方居民规划和实施补救行动；鼓励有关政府当局和私营部门合作制定生物资源持久使用的方法。

1.1.3.3　公平合理共享遗传资源产生的惠益

发展中国家是将"公平惠益分享"作为《生物多样性公约》目标之一的主要呼吁方，主要原因在于，发达国家常常利用其生物技术优势，以非正当的方式从发展中国家获得遗传资源及相关传统知识，将这些资源开发成专利产品，再从提供资源的国家牟取暴利。为切实履行《生物多样性公约》第 15 条和第 8（j）条，发展中国家强烈要求建立起有关遗传资源及相关传统知识获取与惠益分享的国际制度（薛达元，2013）。

2010 年 10 月，在日本名古屋召开的《生物多样性公约》第十次缔约方大会通过了具有历史意义的《〈生物多样性公约〉关于获取遗传资源和公正公平地分享其利用所产生惠益的名古屋议定书》（简称《名古屋议定书》），这成为《生物多样性公约》的一个重大里程碑。

1.2　基础理论与技术方法

1.2.1　基础理论

1.2.1.1　物种保护理论

保护生物物种和种群是维持生物多样性、遏制生物多样性丧失的基础，岛屿生物地理学、最小存活种群（minimum viable population，MVP）和集合种群（meta population）理论对生物多样性保护发挥了重要的指导作用（王虹扬等，2004）。

岛屿生物地理学理论通过假定模型，从群落层次上研究了"物种－面积－距离"之间的关系，认为岛屿上的物种丰富度取决于物种的迁入和灭绝，而物种迁入和灭绝受岛屿大小、与大陆距离远近的影响（傅伯杰等，2001；Li et al.，2020）。这一理论促进了人们对生物多样性的地理分布与动态格局的认识和理解（Farina，1998），但缺乏对种群动态、景观尺度和外部环境条件等重要影响因素的考虑（孙儒泳等，1993；韩兴国，1994；邬建国，2000）。

最小存活种群理论主要形成于 20 世纪 70 年代，这一理论认为物种需要有足够的个体数以应对个体死亡、环境灾变、遗传漂变等各种随机事件（尚玉昌，2000），能够成功存活相对较长时间的种群所需的最少个体数即为该物种的 MVP（Soule，1980）。这一理论对定量分析种群灭绝风险、维持生物多样性具有重要意义，在珍稀濒危物种、极小种群物种的就地迁地保护、自然保护地设计、保护小区等领域具有较大应用潜力。

集合种群是一系列栖息地斑块上当地种群的集合（Levins，1969），是指在相对独立的地理区域内，由空间上相互隔离但又有功能联系（一定程度的个体迁移）的两个以上的局部种群组成的镶嵌系统。有学者认为，集合种群可由局部斑块中种群的不断绝灭和再迁入达到平衡而长期生存（Harrison，1994；张大勇等，1999）。集合种群理论自 1969年首次提出以来，逐渐形成了空间集合种群、大陆-岛屿型、斑块型等众多模型（蒋志刚等，1997；Hanski，1999；赵淑清等，2001），将环境随机性和空间异质性纳入考虑范围，更符合人类社会活动范围不断扩大、栖息地破碎化加剧的客观情况。集合种群理论关注的正是在干扰情况下、具有不稳定局部种群的物种在破碎化生境生存的条件和机制，逐渐成为理解物种保护、栖息地丧失影响的主要理论框架，侧重于局部灭绝和重新定殖的动态平衡，在物种保护和管理中更具有实用性（May，1976；惠苍等，2004；王虹扬等，2004）。

1.2.1.2　生态系统功能理论

生态系统功能是一个复杂而综合的概念，涉及生态系统的多个层面和多个方面的相互作用。生态系统功能主要包括生态系统在维持生态平衡和提供各种生态服务方面的作用和影响，包括能量流动、物质循环、供给服务、调节服务等多个方面。这些功能不仅是维持生态系统平衡的关键，也是确保生态系统能够为人类提供各种服务的基础。

自 20 世纪 70 年代开始，生态学家们就用"生态系统服务"这一概念相继描述、阐释和衡量生态系统的功能，提出"生态系统服务功能是指整体系统与生态过程中形成的、维持人类生存的自然环境条件及效用"的内涵（Holdren et al.，1974；Ehrlich et al.，1992；Daily，1997），形成了众多定性和定量评价方法来探索衡量这些功能对环境和人类社会的实践价值。

2012 年，生物多样性和生态系统服务政府间科学政策平台（Intergovernmental Science-Policy Platform on Biodiversity and Ecosystem Services，IPBES）成立，其认为生态系统功能评价基本集中在土地类型的变化如何影响生态系统的"调节"和"供给"服务上（图 1-1）。国内外众多学者对此开展了研究（Liekens et al.，2013；刘桂林等，2014；涂小松等，2015；Song et al.，2017），形成了相对完整的概念框架（Diaz et al.，2015）。研究的关注点逐渐从生态系统提供的调节、供给服务价值评价发展到关注"生态系统与社会融合反馈""生态系统服务的价值分配、制度"等领域（表 1-1）。

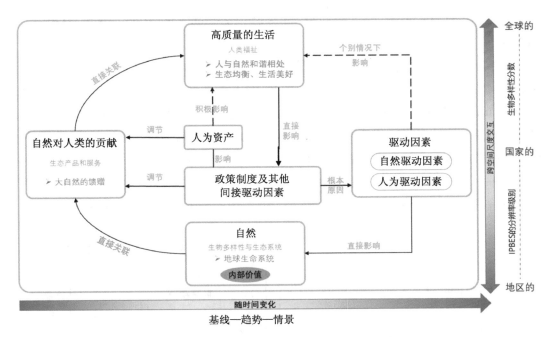

图 1-1　IPBES 对生态系统与社会融合反馈的评价框架

表 1-1　关于生态系统服务研究的前沿热点问题

领域	热点问题
时空动态下的生态系统服务变化	◆ 生态系统服务的变化和分布随时间演变，直接和间接驱动因素对塑造多种生态系统服务的影响；历史、遗产效应和路径在塑造景观及生态系统服务的发展和演变中的作用 ◆ 跨空间生态系统服务的相互联系：社会与生态的互动
生态系统服务付费的分配	◆ 生态系统服务向不同受益者的分配及其对生态系统服务付费的看法 ◆ 权力、公平和正义在生态系统服务付费分配中的作用
生态系统服务的共同生产	◆ 由于社会生态反馈而产生的生态系统服务的共同生产 ◆ 在环境政策和规划实践中应用生态系统服务框架的学习潜力 ◆ 设计、技术、生物多样性等在支持多种生态系统服务和人类福祉发展方面的作用

资料来源：孟锐（2022）。

1.2.1.3　生物多样性价值理论

生物多样性具有巨大的经济价值和社会价值。《生物多样性公约》中对"生物资源"作出了明确的定义，即对人类具有实际或潜在用途或价值的遗传资源、生物体或其部分、生物种群或生态系统中任何其他生物组成部分。2008 年德国和欧盟委员会发起"生态系统与生物多样性经济学"（The Economics of Ecosystems and Biodiversity，TEEB）行动倡议。

科学家们对生物多样性价值分类理论进行了大量研究，将生物多样性价值划分为直接利用价值、间接利用价值、选择价值、存在价值和遗产价值等类别（Pearce et al.，1989，1994；Turner，1991；Barbier et al.，1994；McNeely et al.，1994；Pearce，1995）。生态经济学理论为生物多样性价值评估提供了很多观点和方法依据，一个地区或某个物种和生态系统可能具有多种类型的生物多样性价值（图 1-2、图 1-3）。

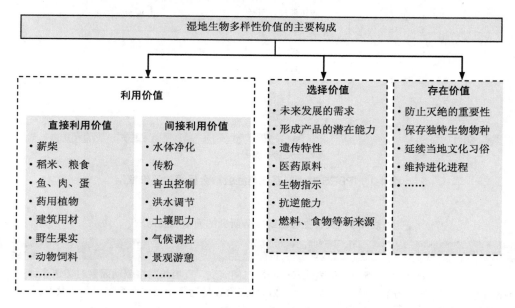

图 1-2　湿地生物多样性价值的主要构成

资料来源：引自 Richard 等（2009）。

直接利用价值指由人类可以直接收获的产品，可以划分为消耗使用价值（不作为商品进入市场，当地人直接使用）和生产使用价值（作为商品进入市场销售），如薪柴、建筑用材、鱼类、水果蔬菜、野生植物、动物肉类和皮毛等。

间接利用价值指为人类提供服务，但生物多样性本身不被消耗或破坏的过程。例如，生态系统提供的调节服务和生产力、生物种间关系产生的调节和相互作用、为环境质量及健康提供监测指示、为休闲旅游业提供游憩价值等，也是许多发展中国家和乡村主要的收入来源。这类价值贡献通常不通过商品或服务的形式实现，一般不会出现在国家经济统计数据中，但它对经济发展所依赖的自然资源的永续利用至关重要。我国科学家由此提出了生态产品第四产业的理念（王金南等，2021a，2021b；石敏俊等，2023），创新探索了一系列生态产品价值实现的路径模式，逐渐形成了以生态资源为核心要素的新产业形态。

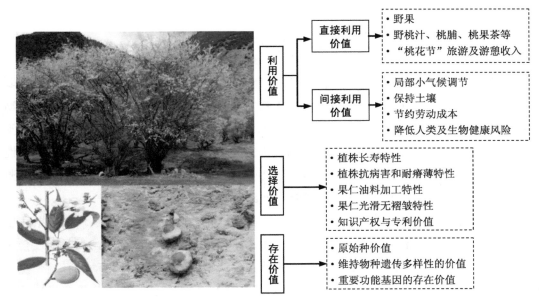

图 1-3　光核桃（*Amygdalus mira*）遗传资源价值的主要构成

资料来源：张丽荣等（2013）。

　　随着社会发展，人类的需求也在不断改变，满足这些需求的方式和能力很可能存在于以前未使用过的动植物遗传资源中或某个生物群落中。能够在未来某个时间为人类社会提供经济利益的潜力即为生物多样性的选择价值。众多研究机构、制药公司和高校科研人员致力于"生物勘探"（bioprospecting）（Peter，2007），不断寻找能够对抗人类疾病或具有其他经济价值的新植物、动物、真菌及其他微生物。例如，哥斯达黎加政府为促进新药研究并利用新产品获利，成立了国家生物多样性研究所（Instituto Nacional de Biodiversidad，INBio）以收集生物产品，同时与一家跨国制药公司签订协议，该跨国公司每年支付 INBio 100 万美元用于开展"生物勘探"，并购买 INBio 任何有商业价值的产品的专利权。

　　生物多样性也具有存在价值，经常指人类及其政府为防止某一类物种灭绝、生境破坏和遗传变异损失支付的价值（Martín-López et al.，2007；张丽荣等，2013）。例如，为了保护大熊猫、非洲象、亚洲象、加州神鹫等珍稀物种，人类以成立专门组织、捐款、建立保护地等多种形式进行投入。

　　借用《保护生物学》①一书中的描述，"全球生物多样性可以比喻为维持地球有效运转的'手册'，某种遗传资源、物种或生态系统的丧失就像从手册中撕掉一页一样；如果我们需要手册中这一页的知识来拯救世界自然环境和人类自己的时候，恰好这一页丢

————————————

① 该书由 Richard B. Primack、马克平、蒋志刚主编，2014 年科学出版社出版。

失了，将是巨大的灾难"。

1.2.1.4 生态系统与生物多样性经济学（TEEB）

TEEB 的研究主要集中于"生物多样性的全球经济效益、失去生物多样性与未能采取保护措施的代价以及有效保护的成本"。生物多样性价值未能纳入经济政策决策是生物多样性正在以前所未有的速度丧失的重要因素（Balmford et al.，2022）。TEEB 综合了生态、经济和政策领域的专业知识，在揭示生物多样性与人类福祉关系的基础上，创新性地提出了一个评估和保护生态系统服务和生物多样性价值的框架，这为生物多样性资源的管理提供了理论、方法和技术支撑（Ring et al.，2010；张剑智等，2011）。

TEEB 的总体目标是通过经济手段为生物多样性相关政策的制定提供理论依据和技术支持，具体目标包括：识别、展示和捕获生态系统及生物多样性价值，提升全社会对生物多样性价值的认知；提供包含对这一价值正确认识的经济手段，推动政府、企业和个人等各层面在决策中综合考虑生态系统服务和生物多样性价值；推动生物多样性的主流化进程；实现保护和可持续利用生物多样性的目标。TEEB 的研究内容涵盖了生态系统服务的经济价值评估、政策工具的设计和应用，以及生物多样性主流化措施等多个方面。自 2008 年启动以来，TEEB 迅速得到了联合国相关机构的支持和国际社会的响应。TEEB 作为一个综合的、相对成熟的方法体系，实用性较强，已被越来越多的国家所应用，我国于 2014 年启动了中国 TEEB 国家行动（杜乐山等，2016）。

1.2.1.5 可持续发展理论

目前，可持续发展理论的定义国际上普遍采用的是由联合国世界环境与发展委员会向联合国递交的报告《我们共同的未来》所提出的定义（WCED，1987），即可持续发展理论（sustainable development theory）是指既满足当代人的需要，又不对后代人满足其需要的能力构成危害的发展，以公平性、持续性、共同性为三大基本原则。其终极目标是社会、经济、自然（生态）复合系统的协调，即实现经济繁荣、社会公平、生态稳健（米文宝，2002）。

可持续发展是最终的选择，保证发展的可持续性是人类发展的基本手段和内容，将发展与保护两者协调统一，实现人与自然和谐共生。根据可持续发展理念倡导的整体化、稳定化、系统化发展观，发展要避免从眼前利益和局部利益出发而忽略、放弃全局利益，需要用长远和整体的发展眼光来统筹兼顾未来利益、局部利益和眼前利益，在注重人类生产和生活发展进步的同时，保证生态环境保护和平衡，自然资源的合理开发利用，保证区域间发展的协调性和稳定性。

对企业来说，可持续发展既是需要遵循的全新理念，也是企业运营中的重要管理内容，需要抓住价值创造的机遇和重点领域，推动现代企业运营管理体系的建立，构建可持续性的企业模式。企业重视生物多样性管理，通过基于自然的资源投入和管理技术，追求企业发展与自然的共生、共享、共荣，将有助于创造"增值自然"的多赢商业模式（于志宏，2023）。

1.2.2　相关技术方法

1.2.2.1　生态系统管理方法

根据《生物多样性公约》的定义，生态系统管理方法（ecosystem management approach，EMA）是综合管理土地、水和生物资源，并公平促进其保护与可持续利用的策略。作为一种新的生态系统管理和生物多样性保护的策略，EMA 应用的范围非常广泛，在森林管理、渔业管理和水资源管理等方面都有实际应用，强调了资源保护和利用的合理、平衡和统一，以实现资源的可持续利用（周杨明等，2007）。

EMA 是一套囊括政策、技术、管理等内容的体系，鼓励多方合作以达到目标（Dennison，2007；Tallis et al.，2008），主要包括以下几个方面：

（1）资源合理利用

EMA 要求协调资源的利用，保持资源的平衡发展。在日常生产和生活中，必须做到节约资源，减少浪费，避免过度开采，保护水源、森林、草地等生态环境。同时，确保系统内部所有物种的可存活种群、重要的生态系统及其演替阶段能够正常进行，维护生态系统功能健康。

（2）提高环境保护意识

EMA 要求人们增强环境保护意识，在日常的工作和生活中，积极主动地保护环境，减少对自然环境的破坏。同时，加强环境教育，增强公众对保护环境的认识和意识。

（3）制定相关政策和法律

制定区域可持续发展的综合规划，包括生物、经济和社会的总体考量，而且政府部门、企业、保护组织和市民等利益相关方都能接受，确保各行业的从业者能够按照规定进行操作，保持生态系统的平衡和稳定。

（4）开展生态环境监测

监测生态系统重要组分（重要物种的个体数量、植被盖度、水质等），搜集需要的数据，掌握生态环境的状况和趋势，及时发现和解决问题，保障生态环境的稳定和安全，同时注重数据结果对管理措施的反馈，以适应性的方式来调整管理。

例如，通过制定"陆海统筹"的系列政策措施，将山顶到海岸的全部所有者、使用者和管理者联系在一起，包括林业人员、农民、企业集团、市民和渔业部门。

EMA 涉及的主要技术见表 1-2。

表 1-2　EMA 涉及的主要技术

技术名称	技术内容
生物多样性保护技术	生物多样性是生态系统的重要组成部分，保护生物多样性是保护生态系统的必要手段。传统的生物保护方法主要采用节制化的习性，例如保护区的设立和植树造林等一系列方法，随着科技的进步，现在还出现了以基因保护为重点的生物技术和生态恢复技术等，并逐渐发挥作用
土地改良技术	人类活动的不断加剧，产生了大量的废弃物和有毒物质，对土地造成了严重的污染。因此，采用土地改良技术，种植植物使土壤改良，利用生态工程等技术手段，达到保护生态系统的目的
水资源保护技术	水资源是生态系统的重要组成部分。因此，要保护水资源，必须采取一系列的保护措施。例如，加强水源地的保护，控制水质，发展循环灌溉等技术手段，减少水的浪费和污染等
碳减排技术	随着人类活动的增多和工业化的快速发展，二氧化碳的排放量呈现不断上升的趋势。因此，减少碳排放，降低对自然环境的污染，即是生态保护的又一重要技术。加速发展可再生能源，采用低碳生产方式等，都是有效的碳减排技术

1.2.2.2　生态系统恢复技术

生态恢复（ecological restoration）是指通过自然和人工辅助等技术手段，使受损的物种和生态系统恢复到某个状态的措施。恢复生态学（restoration ecology）已经发展成为专门研究种群、群落和生态系统恢复的学科（Clewell et al.，2006），形成了众多对湿地、湖泊、草原和森林等生态系统的恢复技术方法。

例如，水域生态系统修复的重要目标是恢复其自然状态，其自然化改造包括两个方面：一是恢复水域的自然形态，减少人工痕迹；二是增加水域的生物多样性，使生态系统更加稳定。自然化改造可以通过植被恢复、地形改造、湿地重建等技术方式实现。水域生态系统修复的主要技术模式见表 1-3。

我国自 1998 年以来长期实施天然林资源保护工程，在森林生态系统动态干扰与保护、典型退化森林生态系统的生态恢复、森林景观恢复与空间经营等方面取得了众多关键技术成果（刘世荣等，2015），我国森林面积和森林蓄积量连续 30 多年保持"双增长"，成为全球森林资源增长最多的国家。

表 1-3　水域生态系统修复的主要技术模式

技术模式	技术要点
生态拦截治理技术	适用于坡面、沟道、河岸带水流较缓的水域水环境修复，利用生态护岸、水生植物恢复和植被拦截带等措施，控制面源污染物直接排放到水体，削减水体污染
土地处理回灌技术	通过土壤的吸附、降解作用，对水体进行自然净化，将污染物转化为无害的腐殖质，是一种综合利用工程、生态学、环境科学等多学科知识进行流域治理的有效手段
生物治理技术	主要利用微生物、植物等生物吸收、降解水体中的污染物，以实现水体的净化
人工湿地技术	经过人工设计并加以科学管理而形成的自然湿地，能够起到修复环境、净化水质的作用
生态补水技术	通过输水工程对水质优良的水源地进行生态补水，以达到改善水环境的目的
生态鱼礁技术	人工礁石，上面生长着附生生物和苔藓等植物，为微生物提供附着地，又被称为海洋生物栖息地，可以起到修复水域生态环境、改善水质的作用
生态浮岛技术	通过在污染水体中放置浮岛，种植水生植物，构建人工生态系统，从而净化水体的技术。该技术可以有效吸收水中的营养物质和污染物质，改善水质，同时为水生生物提供生存环境，通常包括植物种植、微生物培养、基质改良等多个环节

1.2.2.3　濒危物种以及极小种群保护技术

生物多样性丧失的现状促使对物种和种群采取特殊保护措施，特别是濒危物种的保护成为国际社会关注的热点，世界各国相继制定了一系列物种保护法律和法规，在其集中分布地区或者生态系统关键区建立自然保护区，用以保护生物资源和赖以生存的环境；从生态学、保护生物学、遗传学等不同角度形成了物种的濒危机制、保护策略和相应的保护技术（何友均等，2004）。

濒危物种以及极小种群的保护主要有就地保护和迁地保护两种手段。就地保护是拯救生物多样性的重要方式，其主要的技术流程为：①通过空缺分析和热点地区分析确定就地保护地点；②研究就地保护物种生境退化过程；③探索人工促进种群的快速恢复和生境修复的方法（Warren et al.，2014）；④评价就地保护的效果。迁地保护是收集和保存珍稀濒危植物种质资源的重要方式（Guerranti et al.，2004）。潜在生境适宜性评价、适宜迁地生境构建、迁地种群建立与适应性评价是保障迁地保护成功的关键（庄平等，2012），保持物种遗传完整性、加强迁地种群的遗传管理、规避潜在的遗传风险也同样成为迁地保护成功的关键因素（黄宏文等，2012）。

对于重要物种及生境的保护与恢复，我国林草部门先后颁布了《极小种群野生植物保护技术　第 2 部分　迁地保护技术规程》（LY/T 3086.2—2019）、《极小种群野生植物野外回归技术规范》（LY/T 3185—2020）等标准规范，各地也开展了众多实践尝试和标准制定，如浙江省发布了《珍稀濒危野生植物保护与利用技术指南　第1部分：总则》（DB33/T 2509.1—2022）等标准文件，都能够为企业开展生物多样性保护和恢复提供技术指导。

1.2.2.4　分子生物技术

20世纪70年代分子生物进化理论的产生和发展，为生物多样性保护提供了全新技术手段。分子生物学的主要研究层面在于组成物种的蛋白质与核酸，通过分子标记技术、DNA序列分析技术等鉴定物种在系统水平上的地位，研究遗传机理和特性，从而找出保护途径和手段。目前，分子水平上对生物多样性保护研究的热点内容主要包括：居群内遗传变异的水平；居群内亲缘关系；群体遗传结构和居群间的进化关系；物种间的杂交和系统发育等（Frankham，1995；Avise et al.，1996；何友均等，2004）。

1.3　现状与危机

1.3.1　全球概况

自2010年《生物多样性公约》达成"联合国生物多样性2020目标"（简称"爱知目标"）以来，世界各国为保护和可持续利用生物多样性作出了巨大而不懈的努力，但生物多样性丧失的情况仍在继续。第五版《全球生物多样性展望》（GBO-5）和IPBES《生物多样性和生态系统服务全球评估报告》均认为，随着人口增长，粮食、能源和材料消费水平的提高以及基础设施建设的发展，生物多样性受到的压力日益增加。

生态系统退化和消失仍在继续。"全球森林观察"的卫星数据显示，全球树木覆盖面积的平均年丧失量增加，2000—2010年每年丧失约1 700万 hm^2 增加到2011—2019年每年丧失超过2 100万 hm^2（Brondizio et al.，2019）。热带原始森林面积丧失尤其严重。Taubert等（2018）对亚洲、非洲、南美洲三大洲1.3亿多块热带森林碎片进行的研究发现，森林碎片已接近临界点。自然湿地覆盖面积持续减少，1970—2015年，全球湿地范围趋势指数平均下降35%，沿海地区的丧失率高于内陆地区，拉丁美洲和加勒比海的湿地丧失率最大（Darrah et al.，2019）；河流日趋破碎，进一步威胁淡水生物多样性。Grill等（2019）对全球1 200万 km河流连通性状况的评估发现，长度超过1 000 km的河流，只有37%能从头到尾自由流动，只有23%能不受阻碍地流向海洋。

全球物种继续趋近灭绝。世界自然保护联盟（IUCN）红色名录评估的 120 372 种物种中，共有 32 441 种（27%）被列为濒临灭绝的物种（IUCN，2020）；红色名录指数（red list index）显示，在全球范围内，2000—2020 年，红色名录指数下降了近 9%，所有地区也都出现了下降，速度从北美和欧洲的 3.3% 到中亚和南亚的 10.5% 不等[①]，其中苏铁科、两栖动物、珊瑚类物种数量下降速度特别快。GBO-5 也指出，世界各国 2010 年前后制订的多项保护和挽救行动计划取得了一定的积极效果，否则鸟类和哺乳动物的灭绝数量会比现状高出 2~4 倍。

生态系统退化和物种消失速度的不断加快也影响了全球生态系统功能。IPBES《生物多样性和生态系统服务全球评估报告》显示，近 20 年来全球几乎所有与环境过程调控有关的自然贡献能力都在下降，生态系统对人类的贡献能力正在受到损害（IPBES，2019）。

生物多样性保护和治理已经成为全球关注的热点问题，各国为此也作出了卓有成效的努力。GBO-5 经过分析认为（CBD，2020），2000—2020 年，全球去森林化速率下降约 1/3；凡实行良好渔业管理政策，包括种群评估、捕捞量限制和强制执行的地方，海洋鱼类种群的丰度得到保持或重建；自然保护区的面积显著扩大，陆地面积从约 10% 增加到 15%，海洋面积从约 3% 增加到 7%；同期，对生物多样性具有特别重要意义的区域（生物多样性重要区域）的保护也从 29% 增加到 44%；通过一系列措施，包括保护区、狩猎限制、控制外来入侵物种以及移地保护和再引进等，减少了物种灭绝的数量；近 100 个国家已将生物多样性价值纳入国民核算系统。

1.3.2　我国生物多样性概况

我国幅员辽阔、陆海兼备，独特的自然地理环境、复杂多样的气候类型，孕育了丰富而又独特的生态系统、物种和遗传多样性，是世界上生物多样性最丰富的国家之一。

生态系统类型丰富。2024 年生态环境部发布的《中国生物多样性保护战略与行动计划（2023—2030 年）》显示，我国具有地球陆地生态系统的各种类型，其中森林 212 类、竹林 36 类、灌丛 113 类、草甸 77 类、草原 55 类、荒漠 52 类、湿地 13 个二级地类；有红树林、珊瑚礁、海草床、海岛、海湾、河口和上升流等多种类型海洋生态系统；有农田、人工林、人工湿地、人工草地和城市等人工生态系统。全国森林覆盖率 24.02%，草原综合植被盖度达 50.32%，湿地 5 635 万 hm^2，有 82 处湿地列入《关于特别是作为水禽栖息地的国际重要湿地公约》（简称《湿地公约》）国际重要湿地名录。

---

① 资料来源：The Biodiversity Indicators Partnership. Red list index. https://www.bipindicators.net/indicators/red-list-index.

物种多样性高。现有已知物种 135 061 个，其中动物界 65 362 种，有哺乳动物 694 种、鸟类 1 445 种、爬行动物 626 种、两栖动物 629 种、鱼类 5 082 种、昆虫及其他无脊椎动物 56 886 种；植物界 39 539 种，其中维管植物 35 714 种，角苔门、真藓门和地钱门共 3 130 种；还有真菌界、原生动物界、色素界、细菌界和病毒界共 30 160 种。已记录海洋生物 28 000 多种，约占全球海洋已记录物种数的 11%。列入《国家重点保护野生动物名录》的野生动物 980 种和 8 类，其中国家一级 234 种和 1 类，国家二级 746 种和 7 类；列入《国家重点保护野生植物名录》的野生植物 455 种和 40 类，其中国家一级 54 种和 4 类，国家二级 401 种和 36 类。

此外，我国是全球农作物主要起源中心之一，也是稻、亚麻、茄子、香蕉、甜橙等作物的原生起源地之一，最早驯化栽培了大豆、粟、李、桃、杏等作物，遗传多样性丰富。据不完全统计，我国有栽培作物 455 类 1 339 种，其野生近缘植物 1 930 种；有中药资源种类 12 807 种，3 500 多种药用植物为中国特有种；有经济树种 1 000 种以上，原产观赏植物种类达 7 000 种。我国还是世界重要的畜禽遗传资源中心和驯化起源中心，948 个畜禽地方品种、培育品种、引入品种被《国家畜禽遗传资源品种名录》收录。

作为最早签署和批准《生物多样性公约》的国家之一，我国高度重视生物多样性保护工作，并将生物多样性保护融入生态文明建设全过程，协同推进绿色发展、减污、降碳等重要发展举措，在政策法规、就地保护、迁地保护、生态保护修复、监督执法、国际履约合作等方面取得积极进展，走出了一条中国特色生物多样性保护之路，为应对全球生物多样性挑战作出了新贡献。2021—2022 年，我国作为《生物多样性公约》第十五次缔约方大会（COP15）主席国，发布《中国的生物多样性保护》白皮书，推动了 COP15 第一阶段（中国昆明）、第二阶段（加拿大蒙特利尔）会议的顺利召开，为推动达成《昆明-蒙特利尔全球生物多样性框架》发挥了重要引领作用。

1.3.3 生物多样性面临的受威胁因素

维持健康的环境意味着生态系统内部所有组成成分（包括生态系统、群落、物种、种群及遗传变异）均处在良好状态，目前全球自然状况已受到各方面驱动因素的影响，生物多样性发生极大改变。2019 年 IPBES《生物多样性和生态系统服务全球评估报告》显示，绝大多数生态系统和生物多样性指标正在迅速下降；GBO-5 也指出，2010—2020 年，世界各国提出的 20 个全球生物多样性保护目标没有一个完全实现，生物多样性丧失和生态系统退化对人类生存和发展构成重大风险。众多研究结果显示，生物多样性主要面临人口增长、生境破坏、生物资源过度利用、气候变化、污染、外来物种入侵等多个威胁因素，多数物种和生态系统面临着至少两个或更多的威胁因素，多重因素相互作用加快了物种灭绝的速度，阻碍生物多样性保护和可持续发展（MEA，2005；Burgman et al.，2007）。

1.3.3.1 人口增长与影响

由于现代医疗事业和公共卫生技术的发展进步以及更多食物供给能力的提高，全球人口死亡率大幅下降，人口出生率不断攀升，人口总数大幅增长。IPBES（2019）评估报告显示，在过去 50 年里，人口翻了一番，全球经济增长了近 4 倍，全球贸易增长了 10 倍，共同推动了对能源和材料的需求。人口不断增长是生物多样性面临的最核心的威胁因素（Cohen，2004；Groom et al.，2006）。现有研究表明，人类活动对全球生态系统的影响主要包括土地利用、氮素循环、大气碳循环等，见表 1-4，人类各类建设开发和生产经营活动，如农业、伐木搬运业、渔业、工业和化石燃料使用、城市化和公路建设、国际贸易等，直接造成生境破碎化、生境丧失、环境污染、外来物种入侵等，加上资源过度开发和利用加剧了气候变化，共同作用造成生态系统服务功能的退化和生物多样性的丧失（图 1-4）。

表 1-4 人类对全球生态系统的主要影响方式

影响方式	具体影响
土地利用	人类对土地利用和资源需求已经改变了半数未受冰雪覆盖的地表面积
氮素循环	种植固氮作物、施用氮肥、燃烧化石燃料、以生物或物理添加方式向地球生态系统释放更多氮素
大气碳循环	近一个世纪大气中的二氧化碳、甲烷、一氧化二氮等浓度的平均上升速度超过了过去至少 22 000 年的速度，近 50 年的增长速度超过了过去百万年的平均增长速度，主要原因为化石燃料燃烧及工业生产、森林砍伐及其他土地利用方式

资料来源：Vitousek（1994）；Vitousek 等（1997）；Doney 等（2007）；Joos 等（2008）。

就陆地和淡水系统而言，土地用途改变是 1970 年以来对自然的相对负面影响最大的直接驱动因素，其中，农业扩张是最普遍的土地用途改变形式，陆地面积的 1/3 以上用于种植或畜牧业，再加上城市面积自 1992 年以来翻了一番，以及不断增长的人口和消费所带来的规模空前的基础设施扩建，在大多数情况下以牺牲森林（主要是热带原始森林）、湿地和草原为代价。在淡水生态系统中，普遍存在一系列综合威胁，包括土地用途改变（包括取水）、开发、污染、气候变化和入侵物种等。此外，人类开发利用活动同样对全球海洋产生了巨大而广泛的影响。

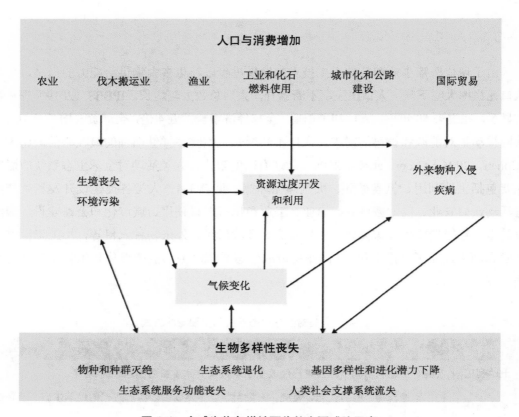

图 1-4 全球生物多样性面临的主要威胁因素

资料来源：Richard 等（2009）。

1.3.3.2 生境丧失

生物多样性丧失的原因不仅在于人类的直接开采和无节制猎杀，还源于人口增长和活动过程中必然导致的生境丧失。这种丧失主要包括物种生存的生境被彻底破坏、生境退化以及破碎化。IUCN 在其 2004 年报告中指出，生境遭受严重破坏的地区有欧洲各国，南亚、东亚包括菲律宾、日本，澳大利亚东南和西南部，新西兰，南美洲东南和北部海岸，美国东部和中部等，自然生境丧失是威胁生物多样性的重要因素，特别是岛屿和高密度人口聚集的地区，多数原始生境已经受到破坏（MEA，2005）。

如今，热带雨林的分布面积和范围正在急剧缩减，土地需求、薪材生产、经济作物种植、牧场生产等加快了热带雨林的采伐速度；热带温带落叶林覆盖的土地更适合农业生产和畜牧业养殖，因此遭到大量采伐和焚烧，目前中美洲太平洋沿岸地区的原始落叶林已不足 0.1%，马达加斯加岛原始林面积不到 8%；温带草地主要受人类活动（尤其是农业）破坏，大面积草地转化为农地，有报告显示，1800—1950 年，97%的北美高草大草原转化为农田，中国北方内蒙古自治区鄂尔多斯草原、科尔沁草原等受到不同程度开垦和破坏，草原生态系统破坏较为严重；灌溉、水利工程设施、工业污染等对湿地系统破坏较为严重，近 200 年来美国已有半数以上湿地遭到破坏，欧洲莱茵河及其支流沿岸修建的运河、大坝等设施改变了当地的河流水系生态系统。

生境破碎化情况也较为严重，曾经广大、完整的生态系统不断被公路、铁路、农田、航线、乡村和大范围人为建筑分割成片段和"孤岛"，限制了物种迁移、扩散和定殖的潜力（Baur et al.，2002；Bhattacharya et al.，2003），长期的栖息地孤岛化可能导致种群的近亲繁殖，局部灭绝风险日趋严重，同时更容易遭受外来种和本地有害种的入侵（Lampila et al.，2005；Haegen，2007；薛亚东等，2021）。

1.3.3.3　资源过度开发和利用

长期以来，人类的生存和发展一直依靠从自然界获取并利用生物资源，生物资源过度利用是一些物种成为珍稀濒危物种甚至灭绝或资源物种减少的重要原因。在野生动物、渔业管理和林业领域，已经形成了最大可持续产量（maximum sustainable yield，MSY）概念。MSY 指资源的利用量可以通过每年的自然增长而弥补，这样在资源不受破坏的情况下可以收获该资源的最大量。但是这一理论往往受到气候、环境、非法利用等不可预测的影响，同时由于缺乏关键的生物信息而得不到精确计算，在现实工作中运用较难（Berkes et al.，2006）。

资源过度开发和利用直接威胁着全球约 1/3 的濒危哺乳动物和鸟类（IUCN，2004）。GBO-5 显示：人类对生物资源的利用远远超过地球再生这些资源的能力，自 20 世纪 60 年代末进入"赤字"以来，生态足迹一直在稳步上升，2011—2016 年，生态足迹保持在生物承载力的 1.7 倍左右，即需要"1.7 个地球"来再生我们使用的生物资源，受新型冠状病毒大流行影响全球经济放缓，2020 年的生态足迹下降约为"1.6 个地球"。中国海域的经济鱼类资源在 20 世纪 60 年代已出现衰退现象，很多野生药用植物和食用菌由于长期人工采摘挖掘，分布面积和种群数量大大减少（温亚利，2004）。

1.3.3.4　气候变化

在过去的 100 年间，地球大气层中的二氧化碳、甲烷和其他微量气体含量一直稳步增加，主要来自化石燃料（如煤炭、石油和天然气）的排放（IPCC，2007）。科学家们已达成共识，认为人类活动导致的温室气体含量增加已经影响了世界的气候和生态系统，并且在未来还会继续增加。已有观测数据和研究表明，气候变化对物种的丰富度、物种分布格局、种间关系、物候和物种的行为都会产生深刻影响，并会增加物种入侵、物种灭绝的风险（表 1-5）。

表 1-5　全球变暖对生物多样性的主要影响

表现特征	示例
温度升高与热浪袭击频率增加	1998 年和 2005 年是有气象记录以来（至少 125 年）最暖的 2 年。2003 年 8 月热浪袭击法国，气温达到 40℃（104°F），导致 10 000 多人死亡
极地冰川融化	在过去的 25 年里，北冰洋夏季冰川面积减少了 15%。自 1850 年以来，欧洲阿尔卑斯冰川比先前范围减少 30%～40%
海平面升高	1938 年以来，切萨皮克海湾是野生动物的避难所，其中 1/3 的沿海滩涂已被升高的海平面淹没
植物提早开花	2/3 的植物与几十年前相比开花期都有所提前
早春活动提前	在英国，1/3 的鸟类产卵期比 30 年前要早
物种分布范围迁移	欧洲 2/3 的蝴蝶种类正向北迁移，其分布范围与几十年前记录相比，向北迁移了 35～250 km
种群衰退	伴随着阿德利企鹅栖息地——北冰洋冰山的融化，其种群数量在过去的 25 年里已经衰退了 1/3

资料来源：Richard 等（2009）。

　　全球气候变化可能从根本上重塑生物群落、改变物种分布。海水升温已经影响到海岸带的物种分布（Annie et al.，2014），海平面上升趋势加剧，引发海水入侵、土壤盐渍化和海岸侵蚀，降低了海岸带生态系统的服务功能和海岸带生物多样性，造成海洋渔业资源和珍稀濒危生物资源衰退，珊瑚礁及其共生藻类大量死亡（Graham et al.，2007）；气温升高已造成高山冰山和极地冰帽的融化；温度升高和降水格局变化会导致作物减产和森林大面积丧失，会有超过 10%的动植物不能生存于变暖的气候中（Malcolm et al.，2006），鸟类的产卵、孵化和迁徙均会提前，部分爬行两栖类动物的孵化性别会受到影响，某些共生、寄生及食物链上的物种会因为生活周期不同步而发生依赖关系紊乱，蝴蝶、部分鸟类和哺乳动物呈现北移趋势（Parmesan，2006；Botkin et al.，2007；Cleland et al.，2007）；气候变化还会引起有害生物泛滥，害虫和疾病暴发强度和频率增加。21 世纪下半叶，气候变化可能会成为生物多样性丧失的最大驱动因素。

　　气象学家们利用模型预测，到 2100 年，CO_2 和其他温室气体含量增加很可能导致世界平均气温升高 2～4℃（IPCC，2007）。除非在未来几十年内大幅减少 CO_2 和其他温室气体的排放，否则 21 世纪的全球变暖将超过 1.5℃甚至 2℃（IPCC，2021），气候系统的变化将变得更大，例如极端高温、海洋热浪、强降水、某些地区农业和生态干旱的频率和强度增加，强烈热带气旋的比例增加，以及北极海冰、积雪和永久冻土减少，而这与全球变暖的加剧直接相关。政府和公众逐渐意识到气候变化对人类财富和自然环境的影响，因而降低 CO_2 和其他温室气体排放的呼声也越来越强烈。

1.3.3.5　环境污染

环境污染常常是由生产废水、生活污水、农用化肥、工业化合物和废弃物、杀虫剂、工厂与机动车排放气体等产生的污染物导致的（Richard et al.，2009）。杀虫剂在用于杀灭农作物上的昆虫或喷洒于水中杀灭蚊蝇的同时，也对野生生物种群造成巨大伤害，在食物链中出现富集效应，对人类产生了潜在的长期影响，尤其是在田间使用这些化学品的农民，以及食用喷洒过杀虫剂的农产品的人，这些化学试剂扩散到空气、水体里，能够伤害远离实际施加杀虫剂地区的植物、动物和人类（Relyea，2006），这些化学制剂可以长期存留在环境中，对水生和陆生脊椎动物的繁殖系统产生不利影响。目前杀虫剂在降低农业害虫、维持食物供给和控制昆虫传播疾病（如疟疾）等方面仍具有重要作用，但是，还需要开发毒性较低、更易于降解的化学制剂，并且尽量减小剂量。

高密度的人口意味着严重的水污染。河流、湖泊和海洋常被作为开放的存储区接收工业废水、生活污水和农业废水，大量的氮素、磷素进入河流、湖泊和池塘又引发水体富营养化，水污染对人类、动物和生活在水里的所有物种均具有负面影响。在美国，污染威胁着90%的濒危鱼类和淡水蚌的生存；自1980年以来，海洋塑料污染增加了10倍，至少影响到267个物种，包括86%的海龟、44%的海鸟和43%的海洋哺乳动物。

在人口稠密、工业化程度不断提高的发展中国家，大气污染尤为严重。冶炼和燃煤、燃油电厂等向大气排放大量的氧化氮、氧化硫，这些化合物与大气中的水蒸气结合形成富含硝酸、硫酸的酸雨，导致大面积森林树木的衰败和死亡，大多数两栖动物生活史中都至少有一个阶段是离不开水的，水中pH降低引发卵和幼小动物死亡率增大，酸雨和水体污染是导致许多两栖动物数量急剧下降的两大重要因素。

1.3.3.6　外来物种入侵

外来物种入侵主要是指生物通过有意或无意的人类活动，由原生存地被引入到一个新的环境，并在自然或人为生态系统中定居、自行繁殖和扩散，最终明显影响当地生态环境、损害当地生物多样性、破坏农林牧渔业生产、危害人类健康和食品安全等的现象或过程（邓启明等，2005）。随着经济全球化和农产品贸易自由化的快速发展以及人口的迁徙流动，外来有害生物入侵逐渐成为威胁生物安全的关键因素之一。自1980年以来，外来物种的累计记录数量增加了40%。IPBES《生物多样性和生态系统服务全球评估报告》显示，占地球表面近1/5的地区面临动植物入侵风险，影响本地物种、生态系统功能和自然对人类的贡献，也对经济和人类健康造成了影响。同时，新外来入侵物种的引入速度似乎比以往任何时候都要快，而且没有表现出减缓的迹象。

除此之外，随着全球化和市场化发展，新兴的威胁因素需要引起高度重视，如疾病、驯化物种遗传多样性的丧失、合成生物技术带来的安全风险等。例如，人为控制育种、商品化市场选择等导致迅速开发遗传基础狭窄的品种，驯化物种的品系及品种多样性减少，特别是在发展中国家众多特色地方品种正被进口品种代替，驯化品种和重要野生亲缘种（如野牛、野绵羊、野山羊、野生水稻等）正遭到灭绝的严重威胁（温亚利，2004）。

1.4　发展形势与趋势预测

1.4.1　全球生物多样性治理进入新时代

2022 年 12 月，COP15 第二阶段会议通过《昆明-蒙特利尔全球生物多样性框架》，还通过了《关于〈昆明-蒙特利尔全球生物多样性框架〉监测框架的决定》《关于规划、监测、报告和审查的决定》《关于资源调动的决定》《关于能力建设与发展和科技合作的决定》《关于遗传资源数字序列信息的决定》《关于与其他公约和国际组织合作的决定》等 6 个文件（马克平，2023）。在人类面临严重生物多样性丧失、全球性公共健康问题和气候变化等环境危机时，《昆明-蒙特利尔全球生物多样性框架》系列文件成果为全球合作开展生物多样性治理、寻求建立人与自然和谐、实现可持续发展目标提供了路线图，全球进入生物多样性治理新时代。

《昆明-蒙特利尔全球生物多样性框架》各缔约方在"3030"目标[①]、资源调动、遗传资源数字序列信息等关键议题上达成了一致，确立了 4 个与 2050 年生物多样性愿景有关的长期目标、23 个在 2030 年以前必须采取行动的目标（图 1-5），呼吁多边主义、全球团结、国际合作持续发挥作用，构建跨领域综合性的解决方式及包容性的伙伴关系。

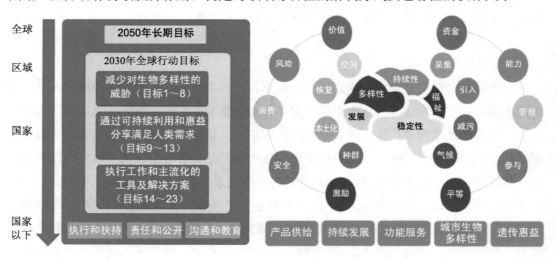

图 1-5　《昆明-蒙特利尔全球生物多样性框架》主要内容及行动目标

---

① "3030" 目标指到 2030 年保护至少 30% 的全球海洋和陆地。

自 2010 年"爱知目标"达成以来，各国政府在国家和区域层面上采取了一系列措施以保护生物多样性。例如，设立自然保护区、实施濒危物种保护工程、开展生态修复等，减少或扭转加剧生物多样性丧失的驱动因素。2022 年《昆明-蒙特利尔全球生物多样性框架》在执行层面进一步加大了力度。

同时也要看到，各国长期以来在生物多样性保护方面的投入和成效存在较大差距。资金不足是制约国际生物多样性治理的一大难题。发展中国家在生物多样性保护方面的投入有限，而国际援助往往难以满足实际需求，资源分配不均也导致部分生态重要区域和濒危物种保护力度不足。气候变化与人类活动的叠加影响加剧了生物多样性丧失。例如，气候变化导致冰川融化和海平面上升，影响物种生存；人类活动如过度开发、污染等破坏生态环境，国际社会的生物多样性主流理念需要进一步树立。

1.4.2　新形势下中国生物多样性治理的重点方向

为落实 COP15 第二阶段会议通过的《昆明-蒙特利尔全球生物多样性框架》及其他"一揽子"决议，2024 年 1 月，生态环境部发布《中国生物多样性保护战略与行动计划（2023—2030 年）》，在统筹考虑新时期国际生物多样性现状和中国生物多样性国情基础上，提出了中国生物多样性行动的 4 个优先领域，这些领域也是中国开展生物多样性治理的重点方向。

一是生物多样性主流化。修订相关法律法规，强化生物多样性保护的法律责任，加快优化生物多样性治理的政策体系，发挥政府治理的主导作用，将生物多样性纳入各级政府和部门发展规划与国土空间规划（张丽荣等，2023），鼓励科研机构、企业、社会组织和公众共同参与生物多样性立法、管理、监督等决策过程，优化生物多样性保护目标和指标体系，确保实现可持续发展目标。

二是应对生物多样性丧失威胁。加强对重要生态空间、生态保护红线、生物多样性保护优先区域的保护和监督，全面提升自然保护地资源保护管理水平和生态服务质量；恢复生态系统，采取近自然工程措施加强生态廊道和生态斑块建设，将生物多样性纳入生态保护修复工程绩效评价体系；加强对濒危物种的科学研究，探索有效的保护策略和技术方法；对野生物种的可持续管理和生物安全管理提出了新要求。

三是生物多样性可持续利用与惠益分享。生物多样性事关人类福祉，全面推进绿色低碳循环经济与生物多样性保护的协同发展；利用现代生物技术的发展，健全完善种质资源保护利用体系，构建种质资源 DNA 分子指纹图谱库、特征库和数据库；将生物多样性综合价值及服务充分融入乡村、城市地区和文化事业的发展进程中，建立人与自然和谐共生的可持续发展模式。

四是生物多样性治理能力现代化。推进本底调查监测工作标准化和规范化，完善生物多样性监测网络，建立健全生物多样性保护修复成效、生态系统服务功能、物种资源经济价值等评估标准体系；加快科技和人才队伍的建设步伐，推动新技术、新方法的研发和新成果的应用。对内加大生物多样性的执法监督力度，完善生物多样性信息系统，形成生物多样性智慧治理体系；对外主动参与全球多边环境治理，参与国际生物多样性治理相关活动，分享中国生物多样性保护的经验和成果。同时，引进国际先进的生物多样性保护理念和技术，提升中国生物多样性治理的国际影响力。

第 2 章

国内外企业生物多样性保护研究实践进展

　　企业是生物多样性的主要利用者，也是实现生物多样性价值的重要参与者，许多商业活动的生产经营通过直接或间接地利用生物多样性或其供应链创造价值，但企业无序的生产经营活动会造成生物多样性的破坏。本章系统梳理了国内外企业生物多样性保护研究实践进展，收集整理了企业参与生物多样性保护的典型案例与模式，以期为企业采取生物多样性保护行动提供理论依据和方法工具。

2.1　国外研究实践进展

2.1.1　公约法规

2.1.1.1　生物多样性公约及相关规划计划

　　将生物多样性纳入商业决策的主流，是《生物多样性公约》及全球生物多样性治理行动计划的重要领域，历届《生物多样性公约》缔约方大会持续强化企业参与生物多样性保护的提议，不断优化企业开展生物多样性保护的机制与路径，通过多项决议对企业生物多样性保护进行指导，包括引导企业制定目标和承诺，评估和报告对生物多样性和生态系统服务的依赖和影响，监测对生物多样性和生态系统服务的影响，使用生物多样性标准，参与自愿认证，分享经验教训和企业能力建设等，详见表 2-1。

　　其中，1996 年召开的《生物多样性公约》第三次缔约方大会（COP3），首次将企业作为生物多样性重要的利益相关方，探索鼓励并推进企业参与生物多样性保护（王爱华等，2015）；2010 年的 COP10 发布了"爱知目标"，并明确提出"企业和全社会参与生物多样性保护"；2016 年在墨西哥坎昆召开的 COP13，发起了《坎昆企业与生物多样性承诺书》倡议，要求"识别、计量和估算对生态系统服务的影响和依赖，并定期报告"（王宇飞，2022）；2022 年，COP15 第二阶段会议通过《昆明-蒙特利尔全球生物多样性框架》，从减少对生物多样性的威胁，通过可持续利用和惠益分享满足人类需求，执行工作和主流化的工具及解决方案 3 个方面，部署了到 2030 年全球生物多样性治理的 23个具体行动目标。

表 2-1　历届《生物多样性公约》缔约方会议推进企业生物多样性历程

年份	届次	主要内容及作用
1996	COP3	首次将企业作为生物多样性重要的利益相关方，探索鼓励并推进企业参与生物多样性保护
2000	COP5	将企业参与列入《生物多样性公约》议题
2002	COP6	将企业参与纳入《生物多样性公约》的战略内容
2006	COP8	首次将企业参与生物多样性保护单独纳入《生物多样性公约》决议
2008	COP9	拟定了首个企业参与行动框架
2010	COP10	将企业参与纳入战略目标，并要求国家和区域层面制定相关倡议和努力建设企业与生物多样性全球伙伴关系平台
2012	COP11	通过的决议要求利用企业与生物多样性全球伙伴关系平台为框架促进企业界、政府和其他利益攸关方之间的对话
2014	COP12	通过《XII/10 企业界的参与》，编制"自愿性标准与生物多样性报告"，鼓励企业将生物多样性与生态系统功能和服务相关问题纳入报告框架，确保了解公司所采取的行动，包括其供应链，要求与生物多样性全球伙伴关系平台及其相关国家和区域倡议协作以支持企业界的能力建设
2016	COP13	发起了《坎昆企业与生物多样性承诺书》倡议
2018	COP14	建议企业通过"生物多样性中和"（biodiversity offset）实现"生物多样性净增益"（biodiversity net gain）
2021—2022	COP15	鼓励和推动商业，确保所有大型跨国公司和金融机构定期监测、评估和透明地披露其对生物多样性的风险、依赖程度和影响，以逐步减少对生物多样性的不利影响，减少商业和金融机构的生物多样性相关风险，并促进采取行动确保可持续的生产模式

2016 年，COP13 在墨西哥坎昆召开，来自 190 多个国家和地区的代表参加了此次会议，讨论农业、林业、渔业和旅游业的生物多样性政策整合。企业共同签署《坎昆企业与生物多样性承诺书》，承诺书内容涵盖减缓生物多样性影响、优化可持续管理机制、提高员工及全社会对生物多样性价值的认识、信息披露等方面，主要承诺内容详见表 2-2。

表 2-2　《坎昆企业与生物多样性承诺书》的主要内容

序号	内容
1	了解、衡量并在可行的情况下评估公司对生物多样性和生态系统服务的影响和依赖
2	采取行动,最大限度地减少对生物多样性的负面影响,并最大限度地扩大正面影响
3	制订生物多样性管理计划,包括解决供应链的行动
4	定期报告公司对生物多样性和生态系统服务的影响和依赖
5	提高员工、经理、股东、合作伙伴、供应商、消费者以及整个企业界和金融界对生物多样性价值的认识
6	作为负责任的生物多样性管理公司,重点关注经济机会和解决方案,优化企划案,将生物多样性因素更好地纳入企业决策
7	利用机会分享公司的经验和取得的进展,以鼓励其他公司和组织仿效
8	采取步骤调动资源,支持关于生物多样性的具体行动,并酌情协助核算和跟踪这些资源
9	提供为上述方面采取行动和取得成果的信息

《昆明-蒙特利尔全球生物多样性框架》行动目标 15 特别对商业决策主流化提出明确规定,要求采取法律、行政或政策措施,鼓励和推动商业发展,确保所有大型跨国公司和金融机构:①定期监测、评估和透明地披露其对生物多样性的风险、依赖程度和影响,包括对所有大型跨国公司和金融机构及其运营、供应链、价值链和投资组合的要求;②向消费者提供所需信息,促进可持续的消费模式;③遵守获取和惠益风险要求并就此提交报告,以逐步减少对生物多样性的不利影响,增加有利影响,减少商业和金融机构的生物多样性相关风险,并促进采取行动确保可持续的生产模式。当前全球生物多样性的严峻形势以及《昆明-蒙特利尔全球生物多样性框架》的出台,为企业推动生物多样性主流化赋予新的时代使命,将生物多样性纳入商业决策,把生态环境危害内部化为企业经营,将在生物多样性保护方面发挥重要作用。

在《生物多样性公约》引导下,企业参与生物多样性保护的相关工作和国际体系建设持续完善,建立了"企业与生物多样性全球伙伴关系"(Global Partnership on Business and Biodiversity)国际工作和资金机制(简称 GPBB 机制)、"企业生物多样性在线学习平台"(Global Platform for Business and Biodiversity,简称 GPBB 平台),以及 COP 期间的"企业与生物多样性论坛"(Business & Biodiversity Forum,BBF),不断强化技术支持和保障机制,鼓励通过价值核算、信息披露等工具,将生物多样性纳入企业的决策和运营(王宇飞,2022)。GPBB 平台可提供相关最新研究成果、方法学、工具、自愿性标准和指引、简报、最佳实践案例等免费信息,以及一系列项目实施过程中的企业参与机会,以支持企业在决策和运营中纳入生物多样性,并鼓励支持各国政府、企业、非政府组织和学术科研机构等多利益相关方共同参与、贡献与受益。中国自 2015 年正式加入 GPBB 机制后，对各成员国的企业参与倡议开展了较为深入的研究，为成立发起"中国企业与生物多样性伙伴关系"（China Business and Biodiversity Partnership，CBBP）联盟倡议作出了有益探索（赵阳等，2018）。

2.1.1.2　国际标准与规范

自《生物多样性公约》签署后，联合国及其他国际组织积极行动，持续引导企业在可持续发展过程中加大对生物多样性的关注和支持，除了联合国《2030 年可持续发展议程》及"欧洲可持续发展报告准则"，其他影响较大的有全球报告倡议组织（Global Reporting Initiative，GRI）发布的系列标准，自然相关财务信息披露工作组（The Taskforce on Nature-related Financial Disclosures，TNFD）、气候披露标准委员会（Climate Disclosure Standard Board，CDSB）、IUCN 等组织机构发布的企业生物多样性信息披露、规划、监测等相关技术指南或标准。

（1）《2030 年可持续发展议程》

2015 年第七十届联合国大会上通过《2030 年可持续发展议程》，确定了到 2030 年 17 项全球可持续发展目标（Sustainable Development Goals，SDGs），呼吁所有国家行动起来，在促进经济繁荣的同时保护地球。目标涉及社会、环境、经济 3 个层面，强调一系列战略齐头并进，包括促进经济增长，解决教育、卫生、社会保护和就业机会的社会需求，遏制气候变化和保护环境。其中，目标 14 提出要保护和可持续利用海洋和海洋资源以促进可持续发展；目标 15 要求保护、恢复和促进可持续利用陆地生态系统，可持续管理森林，防治荒漠化，制止和扭转土地退化，遏止生物多样性的丧失。此议程的通过对全球共同推动生物多样性保护与可持续利用具有重要指导意义。

《生物多样性公约》确定的保护生物多样性、可持续地利用生物多样性的组成成分、公平合理共享遗传资源产生的惠益三大目标，除了与《2030 年可持续发展议程》中目标 14 和目标 15 直接相关，与消除贫困、粮食安全、可持续城市和社区、应对气候变化、伙伴关系等目标也存在内在联系。总体而言，《生物多样性公约》的本质要求与经济社会的良性循环发展存在千丝万缕的联系。而企业高质量发展应以与国际接轨的"可持续原则"为准则，以内在价值创造与外在利益相关方权益保障为主要表征。因此，保护生物多样性与企业可持续高质量发展的核心要义高度契合，尤其涉及土地等自然资源开发利用的企业亟须遵守可持续发展目标的相关要求，致力于保护、恢复和促进可持续利用陆地生态系统，共同采取行动，努力遏制生物多样性的丧失（施懿宸等，2023）。

（2）"欧洲可持续发展报告准则"

2022 年，欧盟理事会（Council of the EU）通过的《企业可持续发展报告指令》

（*Corporate Sustainability Reporting Directive*，CSRD）正式生效，成为欧盟环境-社会-治理（environmental-social-governance，ESG）信息披露核心法规，正式取代欧盟于 2014 年 10 月发布的《非财务报告指令》（*Non-Financial Reporting Directive*，NFRD），这也是全球首个规范企业 ESG 披露的法律规定。CSRD 要求符合条件的企业按照统一的"欧洲可持续发展报告准则"（ESRS）①进行信息披露，企业必须以"双重实质性"（财务实质性和影响实质性）作为可持续发展信息披露的基础，即应同时考虑其商业模式如何影响可持续发展，以及外部可持续发展因素（如气候变化或人权议题）如何影响其经营活动，此外，要求企业应对其可持续发展报告进行第三方的审验和鉴证（2026 年起需进行有限保证，2028 年起需进行合理保证）。

ESRS 作为欧盟可持续性议程的核心组成部分，旨在提高企业可持续性报告的透明度和可比性，是 CSRD 的配套标准文件。GRI 作为 ESRS 的共同制定者，在整个标准制定过程中与欧洲财物报告咨询组（EFRAG）合作，并提供了大量技术支持，使 GRI 标准和 ESRS 具有互操作性，也增加了 GRI 标准在欧盟地区的相关性。ESRS 的结构与 GRI 标准类似，包括基础原则、一般披露、实质性议题评估和 3 个专项议题（环境、治理和社会），其中《ESRS 第 E4 号——生物多样性与生态系统》规定了企业在生物多样性与生态系统方面需披露的内容，具体见表 2-3。

表 2-3　《ESRS 第 E4 号——生物多样性与生态系统》对企业的披露规定

序号	披露内容
1	过渡计划以符合"2030 零耗损"（no net loss by 2030）、"2030 净增长"（net gain from 2030）、"2050 全面恢复"（full recovery by 2050）
2	制定生物多样性和生态系统管理政策
3	设定生物多样性和生态系统可衡量目标
4	制订生物多样性和生态系统行动计划
5	压力指标
6	影响指标
7	反应指标
8	友好的生物多样性的消费和生产指标
9	生物多样性补偿政策
10	生物多样性相关影响、风险和机遇所带来的财务影响

---

① ESRS 共有 12 项准则，包括 2 项通用准则和 10 项 ESG 主题准则。

（3）GRI 生物多样性标准

GRI 是一个国际非营利组织，旨在通过提供可持续发展报告指南，帮助企业认识和披露其商业活动对重要可持续发展议题的影响，从而促进全球经济的可持续发展。自 GRI 在 2000 年发布首份可持续发展报告指南（G1），为企业提供可持续发展报告的第一个全球框架以来，GRI 已经发布了 5 代可持续发展报告标准。GRI 标准是一套相互关联的多套标准组成的系统，包括通用标准、行业标准及议题标准 3 部分，对引导市场主体披露其在经营过程中对经济、环境和社会产生的影响，建立市场主体自己的可持续发展报告，促进并加强可持续发展的透明度发挥了积极作用，在全球被广泛应用。《GRI101：生物多样性 2024》是 GRI 标准的一部分，从主题管理披露和主题信息披露两方面，规范了组织报告其生物多样性相关影响的信息以及组织如何管理这些影响的披露要求（表 2-4），成为全球生物多样性影响问责制的新标杆，支持全球组织全面披露其在运营和价值链中对生物多样性的重要影响。

表 2-4　《GRI101：生物多样性 2024》关于组织需披露信息的规定

属性	序号	披露信息
主题管理披露	101-1	**制止和扭转生物多样性丧失的政策** a. 描述其制止和扭转生物多样性丧失的政策和承诺，以及这些政策和承诺如何响应《昆明-蒙特利尔全球生物多样性框架》2050 年目标和 2030 年具体目标； b. 报告这些政策或承诺在多大程度上适用于该组织的活动及其业务关系； c. 报告制止和扭转生物多样性丧失的目标和指标，无论这些目标和指标是否基于科学共识、基准年和用于评估进展
	101-2	**生物多样性影响的管理** a. 报告其如何应用减缓层级框架，具体内容如下： 　i. 为避免对生物多样性产生负面影响而采取的行动 　ii. 为尽量减少无法避免的对生物多样性的负面影响而采取的行动 　iii. 为恢复和补救受影响的生态系统而采取的行动，包括恢复和补救的目标，以及整个恢复行动中利益相关者如何参与 　iv. 为抵消对生物多样性的负面影响而采取的行动 　v. 采取的变革性行动和额外的保护行动 b. 参照 101-2-a-iv，报告对生物多样性影响最大的场地位置： 　i. 正在恢复或重建的地区面积（以公顷为单位） 　ii. 恢复和补救的面积（以公顷为单位） c. 参照 101-2-a-iv，报告每项补偿： 　i. 各项目标 　ii. 地理位置 　iii. 是否以及如何满足抵消做法的原则

属性	序号	披露信息
主题管理披露		iv. 是否以及如何由第三方认证或验证抵消
		d. 列出那些对生物多样性影响最大且有生物多样性管理计划的地点，并解释为什么其他地点没有管理计划；
		e. 描述如何增强生物多样性管理和应对气候变化行动之间的协同效应，并减少权衡取舍；
		f. 描述如何确保采取的保护生物多样性的管理措施可以避免和最小化对利益相关者的负面影响并最大化正面影响
	101-3	**获取和分享惠益**
		a. 描述确保遵守获取和分享惠益法规和措施的过程；
		b. 描述在法律义务之外或在没有法规和措施的情况下为促进获取和分享惠益而采取的自愿行动
主题信息披露	101-4	**生物多样性影响的识别**
		a. 解释如何确定其供应链中的哪些场所以及哪些产品和服务对生物多样性具有最重大的实际和潜在影响
	101-5	**对生物多样性产生影响的地点**
		a. 报告其对生物多样性影响最大的地点位置和面积（以公顷为单位）；
		b. 对于 101-5-a 报告的每个地点，报告其是否在生态敏感区内或附近，与这些区域的距离，以及这些区域是否为：
		i. 生物多样性重要性的地区
		ii. 生态系统完整性高的地区
		iii. 生态系统完整性迅速下降的地区
		iv. 物理性风险高的地区
		v. 为原住居民、当地社区和其他利益攸关方提供生态系统服务惠益具有重要意义的地区
		c. 报告 101-5-a 下每个地点发生的活动；
		d. 报告其供应链中对生物多样性影响最大的产品和服务，以及与这些产品和服务相关的活动发生的国家或司法管辖区
	101-6	**生物多样性丧失的直接驱动因素**
		a. 对于 101-5-c 报告的活动导致或可能导致陆地和海洋利用变化的每个地点，报告以下内容：
		i. 自截止日期或参考日期以来自然生态系统的转换面积（以公顷为单位），以及转换前后的生态系统类型
		ii. 报告所述期间从一种集约利用或改造的生态系统转变为另一种生态系统的陆地和海洋面积（以公顷为单位），以及转变前后的生态系统类型
		b. 对于 101-5-c 报告的每个活动导致或可能导致开采自然资源的地点，报告以下内容：
		i. 收获的每种野生物种，其数量、类型和灭绝风险

属性	序号	披露信息
主题信息披露		ii. 取水量和耗水量（单位为兆升） c. 对于 101-5-c 报告的每个活动导致或可能导致污染的地点，报告所产生的每种污染物的数量和类型； d. 对于 101-5-c 报告的每项活动导致或可能导致引入外来入侵物种的地点，描述外来入侵物种是如何被引入或可能被引入的； e. 对于 101-5-d 报告的供应链中的每一种产品和服务，报告 101-6-a、101-6-b、101-6-c 和 101-6-d 所需的信息，并按国家或司法管辖区进行细分； f. 报告必要的上下文信息，以了解数据是如何编制的，包括所使用的标准、方法和假设
	101-7	**生物多样性状况的变化**
		a. 对于 101-5-a 报告的每个地点，报告受影响或潜在受影响生态系统的以下信息： i. 基准年的生态系统类型 ii. 基准年生态系统规模（以公顷为单位） iii. 基准年和本报告期的生态系统状况 b. 报告获取的数据状况所必需的上下文信息汇编，包括使用的标准、方法和假设
	101-8	**生态系统服务**
		a. 对于 101-5-a 报告的每个地点，列出受组织活动影响或潜在影响的生态系统服务和受益者； b. 解释生态系统服务和受益者如何受到或可能受到组织活动的影响

注：参照《GRI101：生物多样性 2024》翻译整理形成。

基于全球生物多样性领域的突破性进展，2023 年 GRI 对生物多样性标准进行了修订，使公司能够满足多方利益相关者对生物多样性影响信息的不断增长的需求，提供了全供应链的透明度。此外，GRI 生物多样性标准还新增了对生物多样性丧失直接驱动因素的披露，涵盖了土地利用、气候变化、资源过度开发和利用、环境污染和外来物种入侵等方面，要求公司报告对社会的影响，包括对地方社区和原住居民的影响，以及组织如何与当地团体合作恢复受影响的生态系统。

（4）TNFD 自然相关风险管理和披露建议

TNFD 成立于 2021 年 6 月，是气候相关财务信息披露工作组（TCFD）在市场实践与经验积累下进一步深化自然因素对经济活动影响与机遇的全球倡议，旨在帮助金融机构及企业评估其对自然生态影响，制定企业报告标准和应用评估工具，支持企业和金融机构更好地识别和管理自然相关的风险和机遇，真正落实生物多样性保护理念。

TNFD 在 2023 年 9 月发布的《自然相关财务信息披露工作组建议》中明确，积极并广泛寻求与全球生物多样性框架目标的一致性，加深企业对生物多样性与经营活动作用机理的理解。此建议以目前已经形成广泛影响力的《气候相关财务信息披露工作组建议》为基础，同时高度衔接现有的企业可持续发展报告标准（包括 GRI 标准、ESRS 等），在全球信息披露标准融合发展的趋势之下，将在自然相关信息披露领域发挥更多引领性作用。同时，TNFD 基于现有的高质量评估工具和方法，发布了《鉴定和评估自然相关问题的指南：LEAP 方法》，进一步优化 LEAP（Locate、Evaluate、Assess、Prepare）方法分析框架，协助企业对生物多样性相关要素进行内外部梳理、评估和披露，详细流程及内容见表 2-5。

表 2-5　LEAP 方法的流程

第一步	Locate：定位与自然的连接
	L1：评估商业模式和价值链的跨度：按部门和价值划分，企业活动的属性及主要经营业态； L2：筛选依赖性和影响：企业价值链和开发运营活动对自然的潜在依赖和影响及程度； L3：与自然的连接：识别具有中度或高度依赖和影响的部门、价值链及业务所处位置，与哪些生物群系和生态系统相关联； L4：与敏感位置的接口：具有中度或高度依赖和影响的部门与价值链的哪些活动位于生态敏感地区
第二步	Evaluate：评估依赖关系和影响
	E1：识别自然资本、生态系统服务和影响驱动因素； E2：识别对自然的依赖和影响； E3：评估对自然依赖的规模和范围，衡量对自然的负面影响和积极影响的规模和范围； E4：评估影响的重要性，识别哪些影响是实质性的
第三步	Assess：评估风险与机遇
	A1：识别公司面临的风险与机遇； A2：基于已采取的风险缓解和风险机遇管理举措，调整风险和机会管理流程及相关要素，比如风险分类、风险清单、风险承受标准等； A3：度量风险和机会并确定优先排序； A4：风险和机会的重要性评估，识别哪些风险和机会是重大的
第四步	Prepare：准备应对和报告
	P1：制订公司战略和资源配置计划； P2：目标设定和绩效管理，以便于衡量进展； P3：按照 TNFD 建议披露报告信息； P4：呈现与发布

（5）CDSB《与生物多样性相关信息披露应用指南》

CDSB 是由商业、环境和非政府组织组成的国际联盟，致力于梳理自然社会资本的重要性，推进和调整全球主流企业的报告形式。

CDSB 在气候信息披露逻辑框架下于 2021 年 11 月发布《与生物多样性相关信息披露应用指南》（*Application Guidance for Biodiversity Related Disclosures*），其内容包含但不限于信息披露框架、企业披露自查表、披露报告注意要点等内容，用于协助公司分析并披露生物多样性层面的风险与机遇及财务绩效的关联性。在信息披露框架层面，CDSB《与生物多样性相关信息披露应用指南》建构了"治理，管理层环境政策、战略和目标，风险与机遇，环境影响来源，绩效及比较分析，未来展望"六大维度（表 2-6）；在企业披露自查表方面，主要判定依据为企业经济活动与生物多样性关联的"重大性"；在披露注意要点方面则包含"空间范围、时间维度、多方面影响要素、相互联结性、参与与协作、方法学"。

表 2-6　CDSB《与生物多样性相关信息披露应用指南》的六大维度

维度	内容
REQ-01 治理	披露生物多样性相关管理政策、战略和信息等相关人员或委员会； 描述管理上述工作内容的职能分工及理由； 解释是否将生物多样性要素纳入区域或产品/服务项目评估与管理流程，满足生物多样性监管、利益攸关方交流等； 描述是否有与生物多样性相关问责机制和激励体系建设； 解释与生物多样性相关政策、战略、信息披露治理机制是否与其他重大问题不同
REQ-02 管理层环境政策、战略 和目标	解释企业经济活动与生物多样性相关的依赖性和组织影响，及是否考虑与自然资本的关联； 总结生物多样性政策与策略，如何支持或链接到组织的风险与总体战略实现； 如何与利益相关方建立生物多样性相关战略、政策与管理； 目标制定与进展，包含但不限于设定时间表、考核指标、基线等； 说明生物多样性政策与战略下的资源分配
REQ-03 风险与机遇	采用价值链方法考虑并分析不同类型风险，确定与生物多样性相关重大风险与机遇； 解释与生物多样性相关重大风险与机遇对商业、价值链、产品或服务的影响，包含地理位置和时间范围； 充分使用金融及非金融指标，量化在现有的商业模式和战略下生物多样性相关风险和机遇情况； 描述评估、识别、监测与生物多样性相关风险和机遇流程

维度	内容
REQ-04 环境影响来源	基于对生物多样性影响分析、变化与评估，提供与生物多样性相关影响评价指标； 提供绝对和标准化指标数据情况； 提供披露指标的释义、核算方法流程和有效性等内容； 尽可能对上述指标进行分类汇集，以提高指标的可理解性和可比性
REQ-05 绩效及比较分析	披露 REQ-04 指标对应数据，以支持生物多样性相关重大影响分析和比较； 将绩效、基准、目标等披露指标结合分析； 描述组织控制范围内/外面临的与生物多样性相关变革的主要趋势
REQ-06 未来展望	解释未来与生物多样性相关影响、风险和机会，生物多样性战略对组织绩效和恢复弹性的可能影响以及监管和市场趋势的变化情况； 确定并解释适用于本公司未来展望覆盖的时间范围； 描述技术、场景和假设等未来发展或存在的不确定性

（6）IUCN《企业生物多样性绩效规划与监测指南》

IUCN 是一个由政府和非政府组织组成的会员联盟，创建于 1948 年，长期以来吸纳了 1 000 多个会员组织和 1 万多名专家加入，致力于为政府、私营部门和非政府组织等提供可以促进人类进步、经济发展与自然保护和谐共生的知识和工具，逐渐成为世界上规模最大、最多样化的环境网络，全球领先的自然保护数据、评估和分析服务的提供者，以及最佳实践、工具和国际标准的孵化器和权威知识库。2021 年，IUCN发布了《企业生物多样性绩效规划与监测指南》，为企业制订生物多样性战略计划提供了"四阶法"（表 2-7），包括可衡量的总体目标、行动目标以及一套核心关联指标，使企业能够跨业务衡量生物多样性绩效，供各行业对生物多样性有影响和依赖的企业组织所使用。

表 2-7　"四阶法"的主要内容

阶段	环节	主要内容
一	压力	了解公司的生物多样性影响，识别有限保护的物种、栖息地、生态系统服务
二	雄心	设立企业生物多样性愿景，包括总体目标和行动目标，并在企业的愿景中体现，且识别出关键的行动
三	指标	开发相关联的指标框架，支持企业层面汇总数据
四	实施	数据收集和使用数据的可视化评估与总结

　　总体来说，一是确定企业生物多样性保护的对象，并充分考虑企业的影响和依赖性。二是以结果为导向制定企业生物多样性愿景，包括以实现生物多样性净收益为经营方略；开发基于自然的解决方案保护森林和湿地生态系统，以引领行业发展；响应联合国可持续发展目标，保护和恢复项目场地周围的自然栖息地和濒危物种；确保项目场地的关键栖息地得到保护和濒危物种种群稳步增长；在经营场所维护生态系统服务，造福人类和自然。三是建立相互关联的核心指标框架，以便在企业内进行数据汇总，指标开发通常遵循 SMART 原则，即具体（specific）、可衡量（measurable）、可达成（achievable）、相关性（relevant）和时限性（time-bound），确保科学可靠、真实可行、可衡量、精确、统一且易于理解，对应总体指标按照状态-效益-压力-响应开发常用绩效指标，见表 2-8。四是通过收集、共享和分析数据，并利用这些数据来报告在生物多样性保护方面的绩效、作出适应性管理决策和总结经验。

表 2-8   《企业生物多样性绩效规划与监测指南》中企业常用指标示例

属性	总体目标	企业常用指标
状态	自然栖息地	栖息地覆盖率变化
		森林覆盖率（占陆地面积的比例）
		水质
		栖息地健康
	濒危物种	关键物种种群变化趋势（丰度）
		野生鸟类指数
		野生动物影像指数
		红色名录指数
		物种威胁缓解与恢复指数
效益	为自然和人类服务的生态系统	农民和当地社区可持续利用的物种丰度
		木材的采伐量和非木材林业产业的产量
		渔业生产
		出售采集资源（如农林作物、渔业资源等）产生的收入
		人类幸福指数
		社会进步指数
		自然旅游收入
		生态系统完整性指数

属性	总体目标	企业常用指标
压力	栖息地丧失（如森林、湿地、珊瑚礁等）	栖息地覆盖面积变化 栖息地碎片化
	物种流失	非法或不可持续活动（伐木、狩猎等）事件的数量 动物撞击（船只、涡轮机、飞机、玻璃窗等）次数
	外来入侵物种	外来入侵物种数量变化趋势
	污染	水质 不耐污染的水栖生物多样性和丰度指数
	水资源过度使用	水量水平
响应	建立自然保护地	（正规或非正规的）自然保护地面积
	自然保护地管理	保护地关联成效
	避开生物多样性重点区域	企业开发经营场地所在的保护地、世界遗产保护地和生物多样性关键地区的数量
	种植濒危树种、恢复森林	植株数量、存活率、种植面积等
	恢复珊瑚礁	人工珊瑚礁数量、珊瑚礁覆盖面积
	清除外来入侵物种	外来入侵物种清除数量
	改善土壤管理	采用先进技术的农场数量
	改善废水关联	采用先进技术的农场数量
	可持续采购	从认证产地采购的产品或原料比例
	保护项目的资金投入	生物多样性保护投资水平

注：根据 IUCN《企业生物多样性绩效规划与监测指南》翻译整理形成。

2.1.2　主要方法工具

据统计，全球一半以上的经济价值产出中度或高度依赖自然及其服务（WEF，2020），而私营部门的生产总值占全球生产总值的 60%（Sukhdev，2012），占经济合作与发展组织（OECD）成员国生产总值的 72%（Manyika et al.，2021）。私营部门强烈依赖生物多样性和生态系统服务（Bishop，2012；Dasgupta，2021；UNEP，2021），具有显著的环境足迹。将生物多样性纳入商业决策的主流，引导企业直接参与解决生物多样性危机，实现企业的自然受益转型（nature-positive transition），不仅可以减少导致生物多样性丧失的因素，还将引领整个社会发展理念与发展模式的变革（朱春全，2022）。为遏制生物多样性丧失趋势，国际组织及社会机构研发了一系列方法工具，其中部分适用于企业，支持企业采取生物多样性保护行动。

2.1.2.1 减缓保护层级概念框架

为推动生物多样性主流化，国际社会专家学者探索提出一套可供多个行为体实施的统一框架，即减缓保护层级（mitigation and conservation hierarchy，MCH）概念框架。它既包括具体的生物多样性影响缓解措施，也包括实现生物多样性净收益所需的广泛行动。它包括避免、缓解、恢复、抵消生物多样性影响 4 个循序渐进的步骤，详见表 2-9。制定统一的行动框架评估工具，致力于减轻与商业活动相关的生物多样性风险或影响，为采用可持续的管理创造系统和持久的经济激励措施，通过将生物多样性纳入商业决策把生态环境危害内部化为企业经营，将在生物多样性保护方面发挥重要作用（Herity et al.，2018）。

表 2-9　MCH 概念框架的 4 个步骤

步骤	行动示例
第一步避免：维护生物多样性，避免负面影响	生态保护红线；自然保护地保护与管控；湿地保护；禁渔禁捕计划；限制某些脆弱物种的国际贸易；建立地方品种/传统牲畜品种基因库；避免对完整生态系统的破坏；防控外来入侵物种
第二步缓解：最小化或减缓影响	农业环境保护计划，发展农林和非集约化转型农业，减少农药和化肥施用；从对初级原材料的依赖转向通过循环流程生产的产品；减少对不可持续的野生动植物产品的需求；控制或管理外来入侵物种的影响
第三步恢复：恢复和补救措施	物种就地和迁地保护；恢复退化生态系统；绿化造林；化学净化控制污染；根除外来入侵物种；更好的副渔获物处理和放生做法
第四步抵消：更新生物多样性，抵消影响以实现整体生物多样性的"无净损失"或"净收益"	以保护为目的的物种引进（包括辅助引进和生态替代）；再野化；重建生态系统；绿化城市和社区；发展可持续消费创新技术和制度

MCH 概念框架以建立完善生物多样性影响的缓解层次结构为出发点，以实现生物多样性整体"无净损失"或"净收益"为目标，强调通过增加保护等级流来增强已确立的缓解等级，用于以迭代方式解决人类发展活动造成的生物多样性损失问题。在这 4 个步骤的层次结构中，优先考虑生物多样性风险较低的选项，尽可能减轻开发项目对生物多样性的直接、可归因影响。MCH 概念框架可以支持将生物多样性纳入主流的行动，其中包括核算要素（生物多样性损失和实现净成果的收益）和问责要素（责任分配）。

其中，缓解是指将对生物多样性有害的影响最小化，而抵消是指对被破坏的栖息地进行补偿或替代。生物多样性缓解和抵消的论点是基于污染者付费原则的（DEFRA，

2014）。净收益意味着开发后被取代的生物多样性的"存量"高于开发前（Sullivan et al.，2015；Apostolopoulou et al.，2019）。抵消和净收益被描述为一种"全覆盖"方法，当收益超过损失时，项目实现"净正影响"，即抵消必然带来额外性，恢复行动结果与行动前之间正平衡（Albrecht et al.，2014），这一行动目标极具挑战性。

MCH 概念框架为政府部门提供了一个相对灵活的行动指引，可以帮助制定和确定能够同时实现多项政策目标的两项行动以及政策目标可能相互冲突时的权衡，如与其他公约的目标衔接，同时提供了较为直观的投入经济成本的比较，在 4 个步骤中可以优先选择最低的成本以达到理想的养护效益的管理策略。同时，MCH 概念框架可以帮助企业了解其经营生产对自然的影响，并探索减轻这种影响的方法，支持个人了解自己生活方式选择的影响，以引导选择潜在的低影响替代方案，对生物多样性保护作出力所能及的贡献。

MCH 概念框架为企业提供了一种全面考虑总体影响的手段，并支持分析不同层级影响的行动带来的投资回报。通过评估、衡量企业在采购、生产、经营等环节的活动可能对生物多样性产生的影响（包括风险和依赖），将制订内部生物多样性保护行动计划阶段纳入 MCH 概念框架，针对性设定有时限、可量化、可操作的行动目标，在环境影响评价、产品环境认证和环境损害赔偿等制度中考虑项目全产业链、全产品周期的生物多样性和生态系统服务的可能影响，减少企业经济活动的环境外部性，同时确保受损的生物多样性和生态系统服务得到补偿（徐靖等，2022）。此外，将评估结果纳入其社会责任报告或以信息披露的形式向社会公开，有助于展示企业对生物多样性保护行动目标的支持和贡献。企业内部的协调管理机制直接关系保障生物多样性的执行能力，尽可能减少与生物多样性和生物安全相关的行动风险，实现原材料开采、生产、产品供应及使用处置等整个链条的可持续性。

MCH 概念框架不仅为企业综合采取生物多样性行动提供指导，对企业影响或依赖的单一要素也提供了方法工具。起源于法国的开云集团（Kering）是世界知名奢侈品集团之一，主营时装和皮具等奢侈品，生活时尚用品，体育用品等，企业生产经营高度依赖棉花等生态要素。开云集团采用 MCH 概念框架来指导其在生物多样性方面的行动，并参与开发和使用基于科学的自然目标，通过避免、最小化、恢复、转型等手段（表 2-10），采取商品供应链转型推动更系统深刻的变革，努力减缓其棉花采购和使用对生物多样性的负面影响。

表 2-10　开云集团依据 MCH 概念框架采取的生物多样性行动

手段	行动
避免	停止从高风险地区或生产商采购
	避免或替代使用棉质材料
	将部分使用棉花的产品从产品组合中剔除
	避免在没有良好可追溯性的情况下购买棉花
最小化	降低生产强度，可通过购买经过认证的棉花，或对高影响区的现有生产者进行培训来实现
	减少土地足迹：对农民进行培训，通过可持续集约化提高产量
	提高材料使用效率：减少浪费，回收利用，采用循环经济方法
	获取更好的采购力度/可追溯性，以确保生产区域不与受威胁物种的范围重叠
恢复	恢复农业用地以提高生产力；减少向新领域扩张
	鼓励具有恢复性原则的认证
	支持保护和修复因棉花生产而减少的自然栖息地
转型	与采购国和司法管辖区合作，或通过企业联盟的方式，加强监管和执法
	支持为生产者提供廉价融资渠道的举措，例如充当贷款担保人，从而实现低息贷款。与认证机构合作，帮助提高环境标准，如使与生物多样性相关的标准成为必不可少的，而不是可有可无的。努力扩大投资，以提高供应链的透明度和可追溯性
	支持提供可持续农业实践培训的慈善公益项目
	加强行业合作，更广泛地解决棉花消费问题，如瞄准快时尚或开发更好的回收技术

资料来源：CISL. Measuring business impacts on nature: A framework to support better stewardship of biodiversity in global supply chains. https：//www.cisl.cam.ac.uk/resources/natural-resource-security-publications/measuring-business-impacts-on-nature.

2.1.2.2　生物多样性影响评价

为从源头预防人类活动对生态环境的不利影响，环境影响评价成为全球最广泛的环境政策和项目许可工具之一。《生物多样性公约》明确要求针对生物多样性可能产生重大不利影响的拟建项目、规划、政策等开展环境影响评价，并采取行动预防和减轻危害。自公约签署以来，缔约方大会相继通过多项决定，鼓励各缔约方开展环境影响评价试点项目，引导开展环境影响评价信息和经验分享，制定"关于涵盖生物多样性各个方面的环境影响评价的自愿性准则"，指导缔约方将生物多样性纳入环境影响评价的全过程（王金洲等，2022）。

欧盟委员会于 1985 年发布《特定公共及私人项目环境影响评价指令》，该指令适用于评估可能产生重大环境影响的公共项目和私人项目。指令 2014 年 4 月的内容要求项目对环境影响的评价应结合项目特点和相关规定，以适当的方式确定、描述和评估项目对下列因素的直接影响和间接影响：人口及人群健康，生物多样性，土地、土壤、水、空气和气候，物质资产、文化遗产和景观，以及以上因素之间的相互作用。有研究表明，在环境影响评价过程中，学术界更多地参与生物多样性监测和报告，并参与公共信息系统的建设，可以使企业的许可更具成本效益（Andalaft，2019；Dias et al.，2019；Oliveira et al.，2019）。

国际社会组织或科研机构针对生物多样性影响评估开发了系列工具和方法，包括"生物多样性影响指标"（biodiversity impact metric）、"生态系统服务评估工具"（ecosystem services assessment tool）、"生物多样性风险与机遇评估工具"（biodiversity risk and opportunity assessment tool）、世界自然基金会（WWF）的"企业与生态系统服务评估框架"（corporate ecosystem services review）等，评估结果可以帮助企业和金融机构制订相应的风险管理策略和行动计划。

剑桥大学可持续领导力研究所（Cambirdge Institute for Sustainblity Leadership，CISL）于 2020 年发布《衡量企业对自然的影响：一个支持更好的管理全球供应链生物多样性的框架》报告。该报告针对当前商业活动对生物多样性影响难测量的问题，开发了农产品生产对生物多样性的影响评价框架，通过量化生物多样性影响，反映生产景观中持续存在的生物多样性水平，帮助企业主动管理生物多样性退化及其更广泛的社会影响等相关风险。生物多样性影响指标由生产该商品所需的土地面积、生物多样性丧失比例、生物多样性重要性 3 个变量相乘得到，单位是加权公顷。

其中，企业满足其采购需求所需的总土地足迹，是影响生物多样性的最重要因素之一，通常使用企业购买的数量和产量信息来估计生产一种商品所需的土地面积，在没有其他可靠数据来源的情况下，可以使用联合国粮食及农业组织（粮农组织）数据库的国家一级产量数据。当自然栖息地被转变为商品生产时，一些原始物种可能消失，而其他物种的数量可能会增加或减少，生物多样性丧失比例往往取决于土地利用类型和管理强度这两个因素，在不同土地利用类型和管理强度下留下的生物多样性比例按最低管理、轻度管理或强烈管理进行分类，数值范围从 0（无影响）到 1（所有原始生物多样性丧失），主要基于估计有多少个体的最新平均物种丰度系数与原始状态相比。生物多样性的重要性主要取决于物种丰富度和独特性稀有性，稀有性强调的是其范围稀有性，即物种被发现的区域，对企业来说即商品采购来源区域，在数据不可获得时可通过假设采购遵循可用性来估测公司采购产品地点的可能性。

基于生物多样性影响指标评价，企业将其纳入决策框架，充分权衡利益并在采购时作出选择，以最大化企业、社会和自然成果的方式作出决策。例如，减少用于采购商品的面积，减少所需原材料的数量，转向替代商品，或提高现有农业用地的产量；降低土地使用强度或改变土地使用类型；从对生物多样性不太重要或产量较高的地区采购原材料，生产相同数量所需的土地面积更少。CISL 与企业合作共同发布了一份基于生物多样性影响评估的"八步走"行动策略，为企业提供了一条了解其影响的途径，并就如何解决这些问题设定了目标，详见表 2-11。

表 2-11　基于生物多样性影响评估的"八步走"行动策略

序号	环节	需解决或考虑的问题
1	确定动机	公司想从战略中得到什么？
2	设定目标	该战略旨在影响哪些决策？
3	考虑情境	该战略如何与使用人最相关？
4	了解影响与依赖	最大的影响在哪里，以及公司依赖哪些自然系统？
5	设定情景，制定一个行动组合	适用层次框架选择一组行动，确定总体目标并作出承诺
6	制定监测策略	提出变革理论并确定衡量标准
7	系统布局规划	战略需要通过定期迭代保持相关性
8	开始实施，监控、回顾、学习和迭代，提高生物多样性效益	利用战略作出切实的改变

2.1.2.3　基于自然的解决方案

近年来，基于自然的解决方案（Natured-based Solution，NbS）逐渐成为国际社会广泛认同的应对一系列环境和社会挑战的重要途径。2022 年联合国环境大会作为联合国官方机构首次正式定义并推广 NbS，提出 NbS 的定义为"采取行动保护、养护、恢复、可持续利用和管理自然或经改造的陆地、淡水、沿海和海洋生态系统，以有效应对社会、经济和环境挑战，同时对人类福祉、生态系统服务、复原力和生物多样性产生惠益"。从定义可见，NbS 直接服务于生态系统恢复力和生物多样性的核心目标。IUCN 制定了 NbS 8 项基本准则和相应的 28 项指标，倡导依靠自然的力量和基于生态系统的方法，应对气候变化、生态系统退化和生物多样性丧失等社会挑战。其中，准则 3 及其指标直接明确了 NbS 的应用出口给生物多样性和生态系统完整性带来净增益（罗明等，2023）。

NbS 既可通过保护、养护、管理、恢复行动，提高其物种及其栖息地的健康、范围和连通性直接维持生物多样性，又可通过适应和减缓气候变化及其对物种和生境的影响间接维持生物多样性，为生物多样性保护构建了全面的方法体系（罗明等，2023）。针对自然生态系统，NbS 主张基于区域的保护方法，如建立自然保护地、划定生态保护红线等，以相对独立的区域单元就地保护自然生态系统结构和功能的完整性以及关键地区的生物多样性，并通过生态系统恢复方法、绿色基础设施、基于生态系统的管理方法等建设生态廊道，将自然保护地节点连接形成自然保护地网络，统筹实施和协调管理全国或区域尺度生物多样性保护。对于城市生态系统，NbS 提供了包括蓝绿色基础设施在内的自然基础设施工具，增加蓝绿空间的面积、质量和连通性，确保包容生物多样性的城市规划，增强本地生物多样性、生态连通性和完整性，促进城镇空间里的生物多样性保护和经济社会绿色发展等；对于农业生态系统，农业 NbS 提供了以恢复自然的方式从事食物生产等可持续管理工具，恢复保护土壤健康和农田生物多样性。

NbS 同样也为企业探索生态保护修复、减少生物多样性损失提供了方法和工具。许多国际大型企业致力于探索 NbS，保护和恢复物种栖息地，降低生物多样性丧失的风险。例如，欧莱雅、玛氏、联合利华、雀巢、达能、开云等集团自发建立"一个地球商业促进生物多样性联盟"（One Planet Business for Biodiversity，OP2B），旨在探索替代农业实践，保护土壤健康，倡议使用产品组合以促进生物多样性和增强食品和农业系统的复原力，停止森林滥伐，加强生态系统的管理、恢复和保护，大规模保护生物多样性。宝洁公司通过提供资助行为，恢复加利福尼亚州埃尔多拉多国家森林水晶盆地度假区 200 英亩①的土地，极大地降低了灾难性森林火灾风险；亚马孙热带雨林通过加入森林金融联盟，帮助创建"降低排放"倡议，已筹集 10 亿美元用于保护世界各地的热带雨林；壳牌公司收购的 Select Carbon，专注于开发和整合碳农业项目的环境服务公司，该公司与澳大利亚各地的土地所有者合作，开发增加蔬菜和土壤固碳量的项目，以减少碳排放；达能北美的 Sik 品牌发起大型森林恢复项目，旨在利用森林韧性债券降低火灾风险，增加加利福尼亚州塔霍国家森林 48 000 英亩的径流流量。

2.1.2.4　关于自然的商业行动框架

为指导私营企业将生物多样性纳入企业运营，多元资本联盟（Capitals Coalition）、商业自然联盟（Business for Nature）、科学目标网络（Science-based Targets Network）、TNFD、世界可持续发展工商理事会（World Business Council for Sustainable Development）、世界经济论坛（World Economic Forum，WEF）和 WWF 等机构携手制定了"关于自然的商业行动框架"（High-level Business Actions on Nature），确定了评估（assess）、承诺（commit）、转型（transform）和披露（disclosure）4 个步骤（表 2-12），称为 ACT-D，为企业采取生物多样性行动、扭转自然损失提供了技术路径。通过落实这些关键行动，企业可以表明自己为逆转大自然被破坏的趋势所作出的贡献，助力建设一个公平、净零、自然受益的未来。

---

① 1 英亩≈4 046.856 m^2。

表 2-12 "关于自然的商业行动框架"具体步骤及内容

序号	步骤	主要内容
1	评估	衡量、评价和优先考虑公司对自然的影响和依赖,以确保在最重要的方面采取行动
2	承诺	设立企业生物多样性愿景(包括总体目标和行动目标),并在企业的愿景中体现,且识别出关键的行动
3	转型	通过避免和减少负面影响、恢复和再生、跨陆地、海洋和河流流域的协作、转变业务战略和模式、倡导远大政策,并将战略纳入公司治理,从而为系统转型作出贡献
4	披露	在整个过程中公开报告与自然相关的重要信息

2.1.2.5 企业生物多样性信息披露

企业生物多样性信息披露作为企业履行社会责任的着力点和关键点(赵阳等,2018),一方面通过披露报告体现企业社会责任与担当,提高透明度,借助社会监督的方式,助力企业进行查漏补缺,改善市场信誉与管理路径,促进企业在保护行动中投入更多资金和技术,维护行业良性竞争和发展;另一方面为金融机构开展企业投资评级、量化生态影响提供依据,规避风险的同时,调动有限资源,促进更有效的补贴调整、绿色信贷和责任投资等激励机制,推动将生物多样性纳入绿色金融支持范围,加大创新投资(赵阳等,2022;刘海鸥等,2020)。总体而言,开展企业生物多样性信息披露有利于激励企业保护生态环境的社会责任和担当,推动生态产品、市场认证、责任投资、可持续采购、绿色消费、产品差异化和"基于自然的解决方案"的落地实施,拓宽生物多样性融资渠道。

自 2016 年 COP14 发起《企业与生物多样性承诺书》倡议,号召全球各地领先企业履行承诺采取行动并报告进展以来,各方组织机构和平台合力推动企业生物多样性信息披露快速发展。2018 年,生物多样性公约秘书处发布《企业生物多样性行动报告指南》,将披露信息的行动类型简化为"承诺-参与-计量"3 个主题,以满足不同企业的实际情况、需求和能力,提出增强企业对相关概念的理解,识别具有实质性的议题,制订可达成的目标、可测量的指标和具体的行动计划,运用识别、计量和估算对生态系统服务影响和依赖的技术方法,并推荐了验证有效的报告工具,为不同行业的企业提供参考(赵阳等,2022)。2022 年全球环境信息研究中心(CDP)在其气候变化问卷中首次增加了"生物多样性模块",该模块包含 6 个相关问题,旨在推动企业披露保护或改善生物多样性的行动,评估其生物多样性承诺的相关性和有效性,并敦促企业考虑生物多样性相关风险对商业活动的影响(中央财经大学绿色金融国际研究院,2022)。

为规范企业生物多样性信息披露，国际社会不断健全完善企业可持续发展报告相关标准体系，推动企业社会责任报告逐步向 ESG 披露转变，总体形成两类技术标准体系：一类是以 GRI、可持续发展会计准则委员会（SASB）、国际可持续性标准委员会（ISSB）等机构或组织为代表牵头确立的报告标准框架，另一类则是以明晟（MSCI）、标普（S&P）、晨星（Morningstar Sustainalytics）等指数公司牵头的 ESG 评级体系，其中 GRI 标准细分了生物多样性单项标准，应用程度更高、应用范围更广，其他标准均不同程度涵盖了与生物多样性关键议题的描述及分析，供各企业或组织进行汇报和采取行动，以应对生产经营过程中面临的与生物多样性相关的问题。

2.1.2.6　生物多样性监测

生物多样性监测是跟踪和掌握一定空间尺度生物多样性状况及其变化的基础手段。受限于生物多样性监测指标难量化的现实困境，目前全球范围内生物多样性监测主要依赖国家或区域的政府部门支持，部分数据库为企业在企业级监测部分核心指标提供了信息来源，当然，企业的使用将取决于数据与企业指标的关联度，以及解决方案的时间期限和等级，见表 2-13。

表 2-13　生物多样性监测数据库

指标种类	数据库	用途
栖息地面积	全球森林观察	获得有限保护栖息地的森林覆盖变化
	湿地范围趋势（WET）指数	获得优化保护栖息地湿地面积变化
物种保护状况	IUCN 濒危物种红色名录	获得优先保护栖息地红色名录或跟踪优先保护物种的状态
物种丰富度	地球生命力指数	创建优先保护栖息地红色名录或跟踪优先保护物种的状态
	国际水鸟数据库	获得优先保护栖息地水鸟数量的变化
物种存续	全球生物多样性信息系统	获得优先保护物种分布历史趋势，建立基线数据
生态系统状态	生态区完整性	获得优先保护栖息地完整性的趋势
	IUCN 生态系统红色名录	
保护地覆盖和管理	世界生物多样性关键区域数据库	获得企业生物多样性影响范围内的生物多样性关键区域，并与保护地和濒危物种分布叠加，以确定生物多样性重点地区

指标种类	数据库	用途
保护地覆盖和管理	世界保护地数据库	获得需重点关注的保护地，并与物种数据叠加
	保护地管理有效性全球数据库	监测保护地的保护效果，获得企业生物多样性成效的数据
渔业	粮农组织渔业和水产养殖	获得优先保护栖息地或关注海域的渔业产量或优先保护的鱼类

资料来源：IUCN《企业生物多样性绩效规划与监测指南》。

此外，欧美一些发达国家和地区逐步建立了一些市场化的生物多样性监测数据库或信息平台，供政府、企业或公众等主体使用。如美国的 NatureHelm 平台，收集了大量来自相机陷阱、动物追踪路径、树冠卫星测量和生物声学调查等多方面的生态数据，为生物多样性监测提供了一整套工具，使得企业和土地所有者能够监测其供应链中的重要物种和生态系统指标。此外，随着一些新兴技术和大数据的应用，生物多样性监测在形式和技术上进行了更新迭代，如使用无人机、相机陷阱、eDNA 等，同时，国际社会也逐渐认识到企业与科研机构的合作能有力支持企业生物多样性监测。

2.1.3 部分国家或地区实践案例

在《生物多样性公约》及《昆明-蒙特利尔全球生物多样性框架》指引下，尤其自新冠疫情暴发以来，许多官方报告和学术研究都认识到，生物多样性丧失会危及自然资源、供应链和生态系统服务的可用性，对未来商业活动产生巨大影响和风险隐患，企业可以在避免进一步损失方面发挥重要作用，并呼吁对企业与生物多样性的关系进行深刻变革（WEF，2020；Dasgupta，2021；IRP，2021）。通过调查部分国家或地区的生物多样性实践和研究成果，结果显示，欧盟、荷兰、英国、巴西等一些发达或高度依赖生物多样性的国家或地区，在引导企业采取生物多样性行动方面不断探索实践，努力推动企业将生物多样性保护纳入其日常运营，为全球其他地区积累了经验。随着国际社会对气候变化意识的提高（IPCC，2021）和物种灭绝速度的加快（IPBES，2019），企业为应对可持续性挑战作出贡献的压力进一步加大。

2.1.3.1 欧盟：立法推动商业生物多样性保护

欧盟在保护生物多样性立法和政策方面处于全球领先地位。欧盟发布了《欧洲绿色新政》（欧盟委员会，2019），确立保护与恢复生态系统和生物多样性的变革举措。继新冠疫情大流行后，欧盟更加认识到生物多样性保护与恢复的紧迫性。2021 年，欧盟发布《欧盟 2030 年生物多样性战略》，确立欧洲到 2030 年恢复其生物多样性的目标；2023 年，欧盟通过了《自然恢复法》，旨在恢复欧洲退化的生态系统，计划在 2030 年恢复 20%

的陆地和 20%的海洋，并在 2050 年恢复所有的生态系统，这是过去 30 年来欧盟保护生物多样性的第一项重要立法。

欧盟采取一系列举措推动商业生物多样性保护，积极将生物多样性保护纳入现有的政策工具，如欧洲共同农业政策，激励森林管理员采用可持续方法保护、种植和管理森林；2011 年，欧盟生物多样性战略开发了商业和生物多样性平台，该平台为欧盟层面讨论商业与生物多样性之间的联系提供了一个独特的对话和政策论坛。《欧盟 2030 年生物多样性战略》制定了欧盟到 2030 年的生物多样性具体行动，强调了私营部门的相关性及其作为生物多样性潜在退化者和保护者的突出作用（Marco-Fondevila et al.，2023），明确提出要建立一个强化的欧洲生物多样性治理框架，启动新的可持续公司治理行动计划，并且全力支持欧洲企业的生物多样性保护行动，在《更新的可持续财政战略》支持下，确立有助于生物多样性恢复和保护的经济活动的共同分类。

ESG 投资是指将环境、社会与公司治理因素纳入投资分析和决策的过程，旨在实现财务收益和社会价值的双重目标。ESG 体系不仅可以帮助企业识别和管理与生物多样性相关的风险和机遇，也可以促进企业与利益相关方（如政府、投资者、消费者、社区等）之间的沟通和合作，从而提升企业的竞争力和声誉，为实现可持续发展目标作出贡献（杜金，2023）。欧盟在推动 ESG 投资和披露方面行动较早，逐渐构建相对完善的法规制度保障体系。在规范企业生物多样性披露方面，欧盟以推进 ESG 披露为载体，在过去的 10 多年，出台了与 ESG 相关的多项法规，以立法推动 ESG 披露，有效监督企业 ESG 行为，法规覆盖不同性质的市场参与者，并规定各自的义务。欧盟启动报告指引，明确 ESG 信息披露的详细清单，以利于 CSRD 落地执行。在标准制定过程中，ESRS 引入概念指引，并建立一个适用于 ESG 话语体系的独立框架，解决了 ISSB 沿用财务报告准则框架的诸多不适用问题（周宏春，2023）。

2.1.3.2　英国：实施生物多样性净收益政策

英国最近的《自然状况》报告显示，自 20 世纪 70 年代以来，英国野生动植物的平均丰富度下降了 13%，为应对生物多样性丧失这一迫切挑战，英国政府积极采取行动，修正环境法，为"在 2030 年实现英国的自然和生物多样性恢复"设定法律约束。实施生物多样性净收益（biodiversity net gain，BNG）政策，作为一种开发土地和海洋的方法，其目的是通过在开发/发展过程中创建新的栖息地，对现有栖息地和物种保护进行补充，为野生动物提供的生态连通性得以保持和改善，以实现对生物多样性的可量化改进（Knight-Lenihan，2020）。

生物多样性净增益可以通过现场（on-site）、场外（off-site）或现场与场外相结合的措施来实现，被认为是一种确保人类发展活动对生态系统和野生动植物栖息地产生积极影响的方法。BGN 政策适用于英格兰大部分的建设项目，尤其规模较大的项目，无论其是否影响现有的生物多样性，都要求实现 10% 的 BNG；对于场外增益或显著的现场增益，BNG 必须至少保持 30 年；土地管理者负有法定责任，需要在至少 30 年内创建或增强栖息地，并对其进行管理，以达到目标状态。企业可参照减缓保护层级框架，综合采取以下措施实现 BNG 的方式主要包括：①现场进行栖息地的增强和恢复；②通过现场和场外结合的方式实现 BNG；③无法在现场或场外实现 BNG 时购买英国政府的法定生物多样性积分（statutory biodiversity credits）。

为推进 BNG 政策的实施，英国政府组织更新"生物多样性度量标准的计算"指南，进一步解释 BNG 政策生效后的相关规定，开发生物多样性度量标准计算方法，标准化净增益评估流程。该度量标准基于栖息地的类型、范围和质量，采用一种被称为生物多样性单位（biodiversity units，BU）的度量方法，通过计算生物多样性单位的数量来衡量各类栖息地的生物多样性价值，包括在开发前栖息地所含"单位"的数量，以及通过创建或增强栖息地来替代失去的"单位"以实现 10% 的 BNG。该度量标准计算公式考虑了栖息地的大小、质量、位置和类型等因素，对于新建或增强的栖息地，还考虑了创造或增强的难度、栖息地达到目标状态所需的时间以及与失去栖息地的距离等因素（Martinez-Cillero et al.，2023）。

此外，该指南还回答了如何选择适用的度量标准工具、何时使用工具以及如何处理已经开始计算的情况等问题。度量标准工具的使用，需要开发者或土地管理者聘请具备相关专业知识的人员（例如生态学家），进行栖息地的调查和计算。生态学家可以通过度量标准工具计算栖息地的生物多样性价值，并评估开发或土地管理变化对生物多样性价值的影响。度量标准工具的早期和重复使用有助于评估现有栖息地的生物多样性单位、比较 BNG 方案以及规划促进生物多样性的栖息地管理决策。对于开发者来讲，度量标准工具可用于评估开发项目栖息地的生物多样性单位数量、预测通过开发可能导致的价值损失以及确定实现 BNG 的策略。而对于土地管理者来说，使用度量标准工具可以确保准确测量栖息地的生物多样性价值，并促使对生物多样性的积极管理。

2.1.3.3　巴西：私人保护区

在全球范围内，划定自然保护区作为保护生物多样性特定区域的保护方法被政府部门广泛采用，而私人保护区的建立正以各种形式变得越来越普遍（Bateman et al.，2015）。巴西是地球上最大的生物多样性储存库（Scarano et al.，2021），企业面临着更加严峻的可持续管理生物多样性和生态系统服务的挑战。巴西保护区立法中包括一种称为私人自然遗产保护区（Private Natural Heritage Reserves，RPPNs）的保护区，主要由土地所有者划定的私有财产内的土地组成，其目的是通过采取保护和恢复私人保护区内的生态系统和生物多样性，补偿土地所有者其他建设项目和干预措施不可避免造成的不利影响，也是生物多样性补偿的有力实践。

在巴西，这种对土地的指定是永久性的，无论土地是否被出售，法律都要求未来的土地所有者保护土地，土地所有者将其部分土地登记为私人保护区的奖励是财产税的减免。目前，巴西 1 200 多个私人保护区覆盖土地面积 8 004 km^2（Silva et al.，2021），占巴西公共陆地保护区总面积的 1.5%（Vieira et al.，2019）。其中也有当地大型公司的参与。由于巴西近 53% 的剩余原生植被位于私有土地（Soares-Filho et al.，2016），在国家生物多样性和生态系统服务全景图中包括一小部分私有土地对巴西来说至关重要，这可以改善生物多样性保护的公私对话。

根据《巴西原生植被保护法》（*Brazilian Native Vegetation Protection Law*，NVPL，又名"新森林法"），作为农场的私人保护区被限定为强制性保护区域，此外还创建了原生植被证书交易市场，允许土地所有者通过保护其他地方的原生植被来补偿恢复义务（Brancalion et al.，2016）。这一计划一旦全面实施，将开发成为世界上最大的原生植被交易市场，通过促进以生物多样性保护、水安全和气候调节为重点的生态系统服务项目的支付，产生协同效益（Soares-Filho et al.，2016；Vieira et al.，2018）。

在巴西，私人保护区在保护生物多样性方面发挥着越来越突出的作用，这一行动也成为当前国际上推行的其他有效区域的保护措施（OECMs）的实例，除了私营部门和政府的共同维护，私人保护区的可持续管理同样需要各领域科学家的大力参与。如帮助确定私人保护或修复的优先区域，对这些区域内的物种和生态系统进行编目和监测，估算生态系统服务流量，开发评估生态系统服务价值的新技术，研究制定补偿和抵消标准，并设计新的激励机制（Meissner，2013）。此外，在巴西保护和可持续利用生物多样性相关领域，生物经济、获取和惠益分享（ABS）和 ESG 的兴起展现了新商机。然而，在政策、知识和实践方面仍然存在较大差距，将来将通过多方利益体的交流合作逐步规避这些差距。

2.2　国内研究实践进展

2.2.1　法规制度

2.2.1.1　生物多样性主流化加快推进

我国传统的自然观积淀了丰富的生物多样性智慧，"天人合一""道法自然""万物平等"等思想和理念体现了朴素的生物多样性保护意识。作为最早签署和批准《生物多样性公约》的缔约方之一，我国历来高度重视生物多样性保护与可持续利用，持续完善生物多样性保护法规计划，将生物多样性纳入党中央重大决策和部门政策机制，强化生物多样性科学研究和技术支撑，有效促进了生物多样性保护与经济社会的协同发展，走出了一条中国特色生物多样性保护之路。

近 10 年来，我国颁布和修订了《中华人民共和国环境保护法》《中华人民共和国草原法》《中华人民共和国环境影响评价法》《中华人民共和国野生动物保护法》等 20 多部法律法规，均涉及生物多样性保护与可持续利用的相关内容，发布实施了《中华人民共和国自然保护区管理条例》《中华人民共和国野生植物保护条例》《中华人民共和国濒危野生动植物进出口管理条例》《农业转基因生物安全管理条例》《规划环境影响评价条例》等相关条例，初步建立了以生态环境和自然资源保护管理为主体的生物多样性法律法规体系。

党的十八大以来，我国生态文明建设加速推进，生物多样性保护作为生态文明建设的重要内容，逐步上升为国家绿色发展战略的组成部分，被多次纳入党代会报告及决议，以及国民经济社会发展第十二个、第十三个、第十四个五年规划和远景目标纲要，要求实施重要生态系统保护和修复重大工程以及生物多样性保护重大工程，建立完善以国家公园为主体的自然保护地体系，构筑生物多样性保护网络，提升生态系统的多样性、稳定性和持续性，努力建设人与自然和谐共生的中国式现代化，为新时代生物多样性保护工作提供了行动指南。

2010 年发布并实施《中国生物多样性保护战略与行动计划（2011—2030 年）》，这是我国首个十年期的国家生物多样性保护战略与行动计划（NBSAP）；2011 年，成立中国生物多样性保护国家委员会，统筹协调全国生物多样性保护工作，指导"联合国生物多样性十年中国行动"，标志着中国生物多样性战略的正式确立。2021 年，我国发布《中国的生物多样性保护》白皮书，全面总结生物多样性治理的举措和成效；出台《关于进一步加强生物多样性保护的意见》，成为深入推进我国生物多样性保护工作的纲领性文件。2021—2022 年，我国作为主席国推动 COP15 的成功举办，展示了我国生态文明建设的突出成效，体现了我国责任大国的担当，为我国生物多样性保护转型变革带来契机。2024 年，对标《昆明-蒙特利尔全球生物多样性框架》确定的全球生物多样性治理新蓝图，我国正式发布实施《中国生物多样性保护战略与行动计划（2023—2030 年）》，开启了以建设美丽中国、促进人与自然和谐共生的中国式现代化为目标的生物多样性治理新篇章。此外，在统一的国土空间规划体系下，保护生物多样性既是优化生态保护空间的核心目标，也是实施山水林田湖草沙一体化保护修复的关键行动，被纳入各级国土空间规划及国土空间生态保护修复规划中。

我国持续优化国土空间保护格局，创新生态空间保护模式，将生态功能极重要区和生态环境极敏感区划入生态保护红线，进行严格保护，并逐步建立以国家公园为主体的自然保护地体系，致力于自然生态系统结构功能的完整性和关键地区的生物多样性的保护，为全球生物多样性保护提供创新解决方案。2020 年，《全国重要生态系统保护和修复重大工程总体规划（2021—2035 年）》印发实施，确定了"到 2035 年，以国家公园为主体的自然保护地占陆域国土面积 18% 以上，濒危野生动植物及其栖息地得到全面保护"的远景目标，并出台自然保护地建设及野生动植物保护重大工程建设规划等 9 个专项规划，全面布局未来一段时期重要生态系统和物种保护的目标任务。

生态环境部门持续完善生物多样性调查监测、监管执法、评价考核等标准规范，先后出台《区域生物多样性评价标准》《县域生物多样性调查与评估技术规定》《生物多样性观测技术导则》等技术规范，发布实施《区域生态质量评价办法（试行）》，首次将生物多样性纳入区域生态质量综合评价体系；发布《"十四五"生态保护监管规划》《自然保护地生态环境监管工作暂行办法》《生态保护红线生态环境监督办法（试行）》等政策文件，强化全国重要生态系统和生物多样性的保护与监督；出台《环境影响评价技术导则　生态影响》等标准规范，将生物多样性的影响作为规划环评和项目环评的重要内容，从根本和源头上防治生物多样性丧失及生态系统服务功能退化。

在大力推进生态文明建设的总体形势下，自然生态系统与生物多样性保护相关指标被逐步纳入各地政府考核制度中。2016 年，国家发展改革委、国家统计局、环境保护部、中央组织部印发《绿色发展指标体系》《生态文明建设考核目标体系》，将林草覆盖、湿地保护、自然保护区等内容列为生态保护考评指标。衔接生态文明示范创建等工作的开展，诸多创建地区将重要物种保护、生态保护红线、自然保护地等相关指标作为创建目标，并纳入政府考核内容。各地积极探索将生物多样性纳入政府考评机制，2022 年江苏省部署构建生物多样性保护成效考核指标体系，将生物多样性保护成效作为党政领导班子和领导干部综合考核评价及责任追究、离任审计的重要参考，对造成生态环境和资源严重破坏的实行终身追责。

2.2.1.2　完善规划政策引导企业生物多样性保护

我国自签署《生物多样性公约》以来，积极履行大国责任与担当，按照《生物多样性公约》以及"爱知目标"确定的框架目标，先后发布实施两个十年期的国家生物多样性保护战略与行动计划，并将支持企业生物多样性保护与可持续利用、可持续生产与消费、建立伙伴关系等列为重要行动目标，引导各方积极参与。

2010 年，首个十年行动计划《中国生物多样性保护战略与行动计划（2011—2030 年）》确定了生物多样性治理的 10 个优先领域和 30 个优先行动。其中，在推进企业生物多样性保护与可持续利用方面制定了系列行动举措，包括：建立完善生物多样性保护与可持续利用相关的价格、税收、信贷、贸易、土地利用和政府采购体系，完善生态补偿政策，制定鼓励循环利用生物资源的激励政策，对开发生物资源替代品技术给予政策支持；将生物多样性保护纳入农业、林业、建设、水利、海洋、中医药等生物资源主管部门规划计划和空间规划，推动重要生物遗传资源与相关传统知识的收集保存、编目和数据建设，规范引导企业发展生物技术，在重点行业推广生物多样性保护与可持续利用的理念和行为规范，防范生物安全；将生物多样性纳入生态环境影响评价机制，开展生物多样性影响评价试点，对已完成的大型建设项目开展生物多样性保护措施有效性的后评估；引导企业主体强化污染治理和气候变化的风险应对，尽可能减少对生物多样性造成负面影响的直接或间接因素；推动建立部门间、地方、社会和国内外非政府组织的生物多样性伙伴关系。

党的十八大以来，我国生态文明建设加速推进，在习近平生态文明思想指导下，大力探索将生物多样性纳入产业绿色转型机制，践行绿水青山就是金山银山理念，建立绿色低碳循环发展经济体系，减缓对生物多样性的压力和影响。依托发展生态种植、生态养殖等生态产业，将生物多样性保护与乡村振兴战略协同推进，促进林草、农业畜牧、水产等生物种质资源可持续经营，推进自然资源资产确权登记、有偿使用等制度，推进绿色食品、有机农产品、森林生态标志产品、可持续水产品等绿色产品认证，实施特许猎捕证制度、采集证制度、驯养繁殖许可证制度等重点野生动植物利用管理制度，强化生物多样性保护与可持续利用（国务院新闻办公室，2021a，2021b）。实施基于生态系统的海洋综合管理，开展一系列资源养护政策和措施，加强水生生物保护，可持续利用现有渔业资源。此外，我国还大力推动建立生态产品价值实现机制，探索政府主导、企业和社会各界参与、市场化运作、可持续的生态产品价值实现路径，完善横纵向生态补偿机制，促进地区间、产业间均衡发展（薛达元，2020）。

环境影响评价制度作为监督管控规划和建设项目对生态环境造成不利影响的重要工具和手段，对协调经济社会发展和生态环境保护意义重大。为减缓开发建设活动对生物多样性的不利影响，我国将生物多样性纳入环境影响评价制度体系，包括以《中华人民共和国环境影响评价法》为上位法，《建设项目环境保护管理条例》《规划环境影响评价条例》为支撑的环境影响评价法律法规，以及规划和建设项目环境评价系列技术标准体系，并充分结合生态环境分区管控体系——"三线一单"制度，识别规划和建设项目潜在的生态、环境和资源影响，设定有关生态服务功能保护、环境质量改善、污染防治、资源可持续利用等具体目标和指标，成为支撑生态环境监管、区域发展、落实企业责任和公众参与的重要工具（王金洲等，2022）。

　　党的二十大以来，我国生物多样性治理取得历史性突破，COP15 大会期间，36 家中资银行业金融机构、24 家外资银行及国际组织共同签署了《银行业金融机构支持生物多样性保护共同宣示》，将以促进可持续、包容的经济与社会发展模式，共同扭转当前生物多样性丧失趋势，努力实现最迟在 2030 年使生物多样性走上恢复之路，进而全面实现人与自然和谐共生的 2050 年愿景目标（殷格非等，2022a，2022b）。会议通过的《昆明-蒙特利尔全球生物多样性框架》制定了到 2030 年全球生物多样性治理的 23 个行动目标，为全球生物多样性治理擘画了新蓝图。中国政府对标框架要求，于 2024 年发布实施《中国生物多样性保护战略与行动计划（2023—2030 年）》，有效推动《关于进一步加强生物多样性保护的意见》落实及《昆明-蒙特利尔全球生物多样性框架》执行，以高品质生态环境支撑高质量发展，加快推进人与自然和谐共生的现代化。

　　伴随商业生物多样性保护在国际社会上发挥越来越突出的作用，新的十年计划将生物多样性主流化作为首要优先领域，并设置企业与生物多样性这一优先行动，提出到 2030 年，基本建成企业保护和可持续利用生物多样性长效机制，形成可持续发展及与自然和谐的生产方式的具体行动目标。要求科学评估企业经营活动的生物多样性影响，推动将生物多样性相关信息纳入企业环境信息依法披露及其监督管理活动内容，以及环境、社会及治理（ESG）报告等企业可持续发展报告。引导采取可持续的生产模式，推进绿色清洁生产，提高资源利用效率，遵守遗传资源和相关传统知识获取与惠益分享要求，推动建立生物多样性可持续利用及生物多样性友好型企业组织管理流程和认证体系，促进产业链上下游协同治理。引导企业进一步规范对外投资建设活动，减少或修复对当地生物多样性的不利影响。鼓励和推动金融机构将生物多样性纳入项目投融资决策（生态环境部，2021）。

　　为规范企业生态环境信息依法披露，2021 年，生态环境部印发实施《企业环境信息依法披露管理办法》，要求企业以临时环境信息依法披露报告形式及时披露融资所投项目的应对气候变化、生态环境保护等信息，增强企业对于生态保护方面工作的重视度。此外，采掘、纺织、电子、工程承包、银行业、电力、食品等行业的行业协会，通过建立相关评价指标体系、纳入行业责任指南或指引等方式，积极推动并指导企业生物多样性保护实践，如中国工业经济联合会发布的《中国工业企业及工业协会社会责任指南（第二版）》、中国五矿化工进出口商会发布的《中国负责任矿产供应链尽责管理指南》及《中国对外矿业投资行业社会责任指引》、中国纺织工业联合会发布的《中国纺织服装企业社会责任报告纲要（2008）》中均明确考虑生物多样性的影响及保护（殷格非等，2022a，2022b）。2022 年，湖州作为国家首批绿色金融改革创新试验区印发实施《金融支持生物多样性保护的实施意见》，这是我国首个区域性金融支持生物多样性保护制度框架，也是建构与生物多样性保护相适应的绿色金融服务体系的重要探索（中央财经大学绿色金融国际研究院，2022）。

2.2.1.3 搭建多方参与平台和机制

为增加生物多样性治理的国际对话与交流，我国于 2015 年正式成为联合国《生物多样性公约》"企业与生物多样性全球伙伴关系"成员，我国企业有了更多在国际平台展示生物多样性良好实践的机会。2022 年，为响应《生物多样性公约》"企业与生物多样性全球伙伴关系"倡议，生态环境部组建成立了"工商业生物多样性保护联盟"，旨在推动形成工商业参与生物多样性保护长效机制和"政府引导、企业担当、公众参与"的生物多样性治理新格局，促进企业、政府、社会组织之间生物多样性领域的对话、交流与合作，彼此分享和借鉴可持续发展领域的理念、信息、经验和良好做法，为切实履行《生物多样性公约》探索创新型解决方案。联盟作为中国工商业生物多样性保护交流合作平台和网络，现有 50 多家企业、行业协会、金融机构及社会组织加入，致力于通过举办论坛、组织国际交流、开展热点议题政策研究、宣传推广、项目合作等活动，打造生物多样性政策交流平台、工商业参与生物多样性最佳实践展示平台、生物多样性技术支撑平台、工商业参与生物多样性国际合作平台。

2.2.2　研究进展

当前，我国企业生物多样性研究总体处于起步阶段，以科研机构为引领，借鉴国外生物多样性治理及企业行动先进法规制度，围绕企业生物多样性综合评估、生物多样性风险管理与应对、企业生物多样性相关信息披露等内容，开展基础研究并推动规范标准中国化、本地化，积极引导国内有条件的企业及金融机构采取行动。

2.2.2.1 企业生物多样性综合评估

中央财经大学绿色金融国际研究院基于生物多样性的实质要义以及 ESG 体系中该关键议题的重点因素，独立研发生物多样性评估体系并建立数据库。该体系从战略与体系建设、治理举措、项目管理、应对气候变化、风险管理、绩效表现以及信息披露七大板块（表 2-14），下设 30 余项具体指标，按照制度与战略、风险识别与管理、信息披露与绩效评估为整体脉络，构建能够全维度、多方位、客观反映企业生物多样性实践综合表现的评估体系。评价指标体系既响应了全球可持续发展议程关于生物多样性的目标要求，体现企业在陆地、水生资源的保护程度，同时也对生态文明建设方针国策进行了响应。该生物多样性评价体系旨在为市场参与者深入了解企业提供参考依据，同时将相关潜在风险前置以便衡量搁浅资产的减值损失（施懿宸等，2023）。

表 2-14　生物多样性评估体系

板块	指标内容
战略与体系建设	企业生物多样性顶层设计，涵盖落实生态文明建设、生物多样性及生态保护修复方面的具体目标、战略规划以及制度体系建设
治理举措	企业生物多样性治理举措及管理活动，基于企业既有目标制定、设定评估方法、制订基线要求以及定期的有效管理计划
项目管理	企业将生物多样性纳入项目管理的组成部分、评估与管理企业项目所带来的生物多样性相关影响
应对气候变化	采取协同应对气候变化的方式、衡量相关举措对陆地、水生等生态范畴的实质性影响
风险管理	评估、识别、监测企业生物多样性相关风险与机遇、衡量企业生物多样性相关风险管理的有效性
绩效表现	生物多样性绩效水平、生态保护及修复效果、监测负面舆情信息
信息披露	信息披露的方式、内容、质量及具体程度，体现企业在生物多样性议题范畴的信息透明程度

资料来源：作者根据参考文献整理。

为解决生物多样性影响难量化的问题，山水自然保护中心开发了一款数据可视化交互查询的工具——生物多样性影响评估工具（Biodiversity Impact Assessment Tool，BIA）。这款工具收集整合了当前相对能获取且权威的数据，包括国家级自然保护区、世界自然遗产地、生物多样性关键地区（KBA）和一些其他类型保护地的空间边界数据，列入国内国际权威红色名录和国家级重点保护野生动植物名录的分布记录点和分布图等物种数据，12 万个 2013 年以来的建设项目的位置、时间等环评数据，并加以可视化呈现。企业、环境影响评价单位、监管单位以及公众等使用主体能够便捷地查询特定的生物多样性信息，比如项目地点或范围内的受保护物种和保护地信息，用于对评估开发建设活动可能对生物多样性造成的潜在影响，方便规划阶段及时识别出选址是否占用保护地和野生动植物栖息地，并进行相应的规避或应对（山水自然保护中心，2022）。

2.2.2.2　生物多样性风险管理与应对

生物多样性涉及的行业领域范畴较广，与之相关的自然资源与遗传要素是价值创造与经济循环中不可或缺的原材料，生物多样性的丧失不仅对自然环境造成了破坏，也给经济社会发展带来了巨大的风险。根据 UNEP 和瑞士再保险公司（SwissRe）的报告，如果不采取行动，到 2050 年，全球 GDP 将因为生物多样性的下降而损失约 10%，其中亚洲地区将损失约 16%。从商业发展的风险视角看，生物多样性风险即生物多样性的丧失或退化导致的对企业或金融机构的负面影响，包括物理风险、市场风险、监管风险、声誉风险、公共卫生与资源安全风险等（表 2-15）。生物多样性风险可能会导致资产贬值、收入下降、成本增加、融资困难、诉讼赔偿等损失（杜金，2023）。

表 2-15   生物多样性风险类型解析

类型	定义	示例
物理风险	生态系统退化或灾害事件导致的资产损失或运营中断	（1）森林砍伐或野生动物贸易导致的生物多样性下降，可能增加疾病的传播和暴发从而影响人类的健康和经济活动； （2）珊瑚礁或湿地等重要的海洋生态系统的退化，可能会降低海岸线的防护能力，使得沿海地区更容易受到风暴、海啸等自然灾害的影响
市场风险	消费者或客户对生物多样性保护的需求变化导致的收入减少或竞争力下降	（1）随着消费者对生物多样性保护的意识增强，消费趋向来源可追溯、无污染、有机认证等符合环境和社会标准的产品或服务，拒绝购买那些对生物多样性有负面影响的产品或服务； （2）由于客户对生物多样性保护的要求提高，合作倾向于在生物多样性方面表现良好、声誉俱佳的供应商或合作伙伴进行业务往来，而拒绝与对生物多样性有负面影响的供应商合作
监管风险	法律法规或政策变化导致的合规成本增加或罚款处罚	（1）随着我国政府不断加强行动应对生物多样性损失，将会出台更严格的环境影响评估、环境许可、减污降碳、生态补偿等法律法规，企业生产经营活动将面临更高的监管和合规风险； （2）为应对气候变化，政府可能会实施碳税、碳交易、碳中和等相关政策，对企业减少温室气体排放提高要求，企业可能会面临额外的成本或损失； （3）国际贸易政策进一步趋严，生产国或最终消费国对食品安全、劳动标准、植物检疫和环境保护等要求日趋严格，全球对林木、大豆、棕榈油等产品的合法性审查和监管正在加速推进，对企业生产经营产生一定风险
声誉风险	媒体、公众或利益相关方对企业的生物多样性影响的负面评价或抗议导致的品牌形象受损或信任度下降	（1）如果企业因为在开展项目或经营活动时对生物多样性造成了严重的损害而被媒体曝光或被公众谴责，可能会引起消费者、客户、投资者、员工等利益相关方的不满和反感，从而影响企业的品牌价值和市场份额； （2）如果企业因为在生物多样性方面存在虚假宣传或"洗绿"行为会影响企业的品牌声誉甚至造成更大的危机
公共卫生与资源安全风险	野生生物病毒带给人类的疫病风险及生物多样性丧失造成的国际资源紧缺及国家间争夺加剧	（1）工业化、城镇化带来的环境污染和破坏导致身体失衡，野生生物疫源疫病传播给人类，人类新发的传染病以人畜共患为主（占 60.3%），其中超过 70% 源于野生动物； （2）生物多样性丧失使得一些种质资源、生物遗传资源紧缺，资源生产与消费国之间对生物资源争夺加剧，对生物资源有较强依赖性的国家面临国际贸易形势严峻带来的风险

资料来源：作者根据文献整理得到。

也有研究将生物多样性法律风险、声誉风险、市场风险等整合为转型风险，具体指企业在生产经营过程中需要采取技术投入与战略转型以应对潜在系列生物多样性负面影响，诸如土壤退化、水资源枯竭以及物种多样性丧失等情况。与此同时，生物多样性同样为企业的转型发展提供潜在机遇，如鼓励企业推进产学研结合，促进技术创新，以进一步规范行业标准，从而实现自然资源和原材料使用的可持续管理，提升自身运营效率。

识别企业生物多样性风险并采取措施进行管理和应对，一方面将影响企业的收入、成本和现金流，有助于部分企业开拓新的市场，提升品牌形象，增加客户忠诚度，从而增加收入，进而影响企业的盈利能力和经营效率；另一方面有助于企业节约资源，提高效率，减少浪费，从而降低成本，还能帮助企业获得政府补贴，减少税收负担，避免罚款和赔偿，从而增加现金流。生物多样性风险管理也将影响企业的资产、负债和权益，进而影响企业的财务结构和负债能力。此外，生物多样性风险管理直接影响企业的融资、投资和分红，从而影响企业的成长潜力和利润分配（杜金，2023）。许多大型企业披露生物多样性信息，倾向于在报告中使用定量数据并将相关成本效益货币化，以更直观的形式呈现"投入产出比"（return on investment，ROI），主要用于改善金融机构对企业的投资评级，吸引责任投资或绿色信贷（赵阳等，2022）。

2.2.2.3 生物多样性信息披露

目前，我国对生物多样性议题信息披露研究实践尚处于起步探索阶段，国内对生物多样性信息披露的企业较少，整体生物多样性信息披露程度偏低。在信息披露主体上，多集聚于头部企业先行先试，环境及生物多样性敏感度较高的行业企业积极参与；在信息披露方式上，多嵌入在企业环境信息披露、可持续发展报告（或称社会责任报告，环境、社会和治理报告，影响力报告等）中。随着 ESG 披露在全球的兴起和推广，部分大型企业参照国际上 ESG 信息披露的标准，开始将生物多样性纳入企业发展战略，探索企业生物多样性保护的路径和模式，但就披露数据而言则存在信息分散、内容有限、使用和分析价值较低、仅披露正面影响等问题（中央财经大学绿色金融国际研究院，2022；赵阳等，2022）。

山水自然保护中心联合其他单位参照 ESG 体系中生物多样性评价标准，对包括水泥制造业、采矿业等 7 个行业中的 188 家 A 股上市企业开展了生物多样性信息披露评价，以企业响应和保护成效两方面为信息披露逻辑，设计采分点并细化为 40 个执行指标，其中企业响应包含了从认知与识别、远景战略、目标行动到目标管理的行动链条，而保护成效主要是基于可信的企业生物多样性行动的正面报道。其研究成果——《企业生物多样性信息披露评价报告（2021）》显示：评价的 188 家企业中仅 15 家（占比 8%）企业在年报或社会责任报告中明确提及了"生物多样性"这一关键词，企业对生物多样性信息的披露普遍不足；同时，在样本下采取生物多样性保护相关行动的 119 家企业中，仅有 10 家（5%）企业同时披露了其生物多样性相关远景战略、目标行动与目标管理体系。总体来说，国内大部分企业对生物多样性认识不足，仅有极少数企业披露的信息可完整体现其对生物多样性产生的压力和采取的行动逻辑；受限于当前国内企业生物多样性行动缺乏系统框架和制度保障，企业生物多样性信息披露水平较低，信息披露缺乏统一规范和客观描述标准，难以量化，亟须企业端、投资端、监管端协同合作，共同推进生物多样性价值研究和信息披露主流化（山水自然保护中心，2022）。

中央财经大学绿色金融国际研究院参考 TNFD、CDSB、GRI、世界生物多样性协会（WBA）、IUCN、自然资本联盟（NCC）等国际组织出具的与生物多样性相关的披露框架及指标，制定了《企业生物多样性信息披露框架》，涵盖企业管理、战略、执行 3 个层面，实现企业运营流程、商业流程全覆盖。框架以定性指标为主，定量指标为辅，关注企业与生物多样性的相互作用，披露指标的设计围绕依赖与影响、直接作用与间接作用、正面影响与反面影响制定，引导企业多维度思考与生物多样性的关系并作出信息披露。企业生物多样性信息披露的主要内容见表 2-16。

表 2-16　企业生物多样性信息披露的主要内容

板块	指标
治理与政策	决策监督；执行职能；外部政策；内部政策；利益相关方
战略与目标	战略愿景；关键绩效指标；基于循环经济与自然友好的商业模式转型
生态系统与生物多样性分析	依赖度评估；运营地点评估；物种情况；生态系统情况；直接自然资源耗用情况；排放物及管理情况；生态争议事件；生物多样性保护与修复；利益相关方
风险与机遇	识别与定性分析；定量分析；短中长期影响分析；应对措施与保护行动；风险追踪与定期评估
绩效追踪与评估	执行情况；评估步骤和方法；披露形式；第三方核验或鉴证
未来展望	监管与市场响应；风险与机遇管理；绩效影响预期；能力提升

部分研究机构及组织对我国企业社会责任报告进行跟踪评估，依据金蜜蜂企业社会责任报告评估指标体系，从减少运营对生物多样性影响的措施、生态保护资金、生态系统保护制度、倡导公众采取保护生态系统的行动 4 个方面，评估企业生物多样性绩效。结果显示，近几年披露生物多样性保护的企业数量总体呈增加态势，2022 年，我国企业生物多样性信息披露比例有较大幅度提升，披露生物多样性信息的报告占比 28.89%，较2021 年增长 65.84%。其中，采掘业披露生物多样性信息的报告占该行业报告总数的百分

比最高，为 67.9%，其他依次为电力（63.12%）、交通运输（48.35%）、房地产（36.54%）、农林牧渔（34.15%）等行业（殷格非等，2022a，2022b），这主要得益于采掘业、电力企业、合作伙伴、监管机构、社区等利益相关方对生物多样性保护的关注和认识得到提升，同时国家出台了相关支持政策，鼓励社会资本全过程参与生态修复，探索生态产业。此外，金融行业披露生物多样性信息的报告占比大幅增长，主要是受政府、行业协会、国际组织等不同社会群体持续关注和鼓励金融行业在推动企业参与生物多样性方面发挥的重要引导作用。

然而由于不同行业和企业对生物多样性信息披露的意识参差不齐，绝大多数为定性分析，并未使用工具计量、估值或货币化核算对生态系统服务和自然资本的影响和依赖，以及相关成本及效益；披露内容以物种保护为主，生物多样性保护相关的资金投入信息披露相对保守。

伴随 ESG 信息披露的标准日益趋近统一，诸多规范与制度要求都已将"生物多样性减缓"纳入 ESG 体系，我国金融机构和企业也积极承担起保护生物多样性的社会责任，陆续提出相关主题的发展倡议。2017 年，伊利作为我国首家签署联合国《生物多样性公约》《企业与生物多样性承诺书》的企业，将与自身发展紧密相关的生物多样性保护工作系统地纳入企业绿色产业链战略。随后，中广核、蒙牛、三峡集团等企业也纷纷发布专项《生物多样性报告》，积极为建设人与自然和谐共生的美丽中国贡献力量。

2.2.3　典型实践模式

在生态文明建设和 COP15 召开的推动下，越来越多中国企业意识到生物多样性及其价值的重要性，陆续走上了生物多样性保护之路，开展了多样化且卓有成效的保护行动，从前端规划设计、促进产业协同、可持续供应链、全过程管理等层面，探索了一系列可供借鉴的创新解决方案。通过梳理部分大型企业的生物多样性保护实践，总结形成以下典型模式。

2.2.3.1　以科学规划设计减少对生物多样性的负面影响

（1）国家电网注重项目前期科学规划设计

国家电网有限公司（简称国家电网）是中央直接管理的国有独资公司，以投资建设运营电网为核心业务，承担着保障安全、经济、清洁、可持续电力供应的基本使命。公司经营区域覆盖中国 26 个省（自治区、直辖市），供电范围占国土面积的 88%，供电人口超过 11 亿。公司积极践行创新、协调、绿色、开放、共享的新发展理念，加快推进产业转型升级，深入实施污染防治，尽可能减少项目实施对生态环境的影响，注重将生物多样性保护融入规划选址、可研设计、施工建设、项目运行以及设备退役等电网产业建设和运行过程中，积极探索产业发展和不同生态系统、不同生物物种的和谐共生之路，提升生态系统的多样性、稳定性和持续性，更好地促进地区生态文明建设。

国家电网在前期项目规划设计阶段植入生物多样性保护的理念和思路，优化选址选线，精心编制环评方案，严守生态保护红线，严防水土流失和林木砍伐，为实现电网与不同生物物种、不同生态系统和谐共生奠定了夯实基础，为项目的合理实施提供了有力保障。

项目规划、选址、选线阶段，坚持最大限度降低电网建设工程对野生动植物栖息地影响的原则，始终牢记严守生态保护红线，合理避让环境敏感区，严格落实生态环境保护要求。通过电网规划阶段的合理路线选址提高了电网布设优化性能，不仅降低了成本而且避免了对周边设施及生态系统的破坏，实现经济效益与环境保护的双赢。注重输变电设施景观化设计，在输电线路走廊试点换种低矮且兼具景观和阻燃效果的植物与花卉，完善自然景观的护林防火方案，实现生态环境、森林防火与电力设施保护的完美结合。

在电网可研设计阶段充分开展环境影响评价并编制内容科学翔实的环评报告及水土保持方案，开展环境保护和水土保持设计，减少土方开挖和树木砍伐，保护工程所在地和线路途经地的局部生态环境，保障项目实施地生态系统可持续发展。针对建设范围内动植物种类、分布情况以及建设活动和运营期对主要保护对象的影响邀请专家进行生物多样性专项调查与评估，了解建设项目对区域生物多样性可能造成的潜在影响。

强化科学保护与运维。开展珍稀物种活动和电力设施交叉区域生态环境实地调研，以科学研究推动科学保护。加强技术创新驱动，研发铁塔护鸟挡板、风险点位占位器、绝缘子鸟粪防护装置、铁塔人工鸟巢等防护装置。

加强设备全寿命周期管理。将保护生物多样性理念深度融入电网运行维护和电网设备退役全生命周期中，着力推动"退役"电网设备、废弃物等源头减量化、处理无害化、利用资源化，提高资源利用效率和废弃物循环再利用水平，持续改善生态和人居环境。

此外，国家电网结合自身专业和优势，制定《国家电网公益项目品牌建设实施方案》，实施"国网绿色工程"，打造"候鸟生命线""生命鸟巢"等生物多样性保护公益品牌项目。积极联合社会各界围绕多方联动、科学研究、技术创新、政策推动、巡护救助、公众宣教等多个维度开展生物多样性保护，在各地组建形成当地包括环境、教育等领域政府部门、科研机构、公益组织、志愿团队等在内的跨界联盟，推动和协助政府出台珍稀物种保护地管理办法，推动民间珍稀物种保护地纳入行政管理体系。参与或支持各地森林公安、公益组织和志愿团体开展联合巡护活动，积极参与救助野生动物。通过国内外媒体平台以纪录片、短视频、新闻稿等方式宣传绿色发展理念，倡导社会各界积极保护生物多样性，形成生物多样性保护和电网发展兼顾的良好局面。

（2）蒙牛擘画生物多样性保护与可持续利用战略蓝图

蒙牛集团（简称"蒙牛"）1999 年成立于内蒙古自治区，是全球乳业八强企业。作为中国乳制品的龙头企业，蒙牛于 2019 年将"可持续发展"上升为集团战略，将可持续发展融入"蒙牛基因"，并把保护生物多样性作为可持续发展战略的关键议题，2020 年提出"守护人类和地球共同健康"的可持续发展愿景，2021 年提出"予自然　共绽放"的生物多样性保护愿景，积极开展生态保育养护、全链条降低生物多样性威胁、促进生物多样性共识等措施，全面推进可持续发展战略，努力实现生态与产业的协同发展。

蒙牛积极响应 COP15 通过的《昆明宣言》，锚定联合国《2020 年后全球生物多样性框架》，结合自身实际，科学制定蒙牛生物多样性保护战略，聚焦"予自然　共绽放"这个愿景目标，明确努力降低生物多样性威胁、可持续利用生物多样性资源、促进生物多样性共识"三大路径"，提出生物多样性"八大承诺"和"五项行动"（表 2-17），擘画蒙牛生物多样性保护的战略蓝图，彰显了蒙牛生产更营养产品、引领更美好生活、守护更可持续地球的坚定决心和责任担当。

表 2-17　蒙牛生物多样性保护战略

1 个愿景：予自然　共绽放		
三大路径		
路径 1：努力降低生物多样性威胁	路径 2：可持续利用生物多样性资源	路径 3：促进生物多样性共识
八大承诺		
承诺 1：采取积极行动，促进合作牧场生态系统恢复 承诺 2：蒙牛所有运营点均得到有效和公平的生态养护 承诺 3：减少废水、废气、废渣等各种污染源 承诺 4：积极应对气候变化，降低温室气体排放	承诺 5：可持续利用生物多样性，促进农牧生产力提升	承诺 6：打造可持续乳制品供应链，降低生物多样性风险 承诺 7：倡导消费者购买绿色产品，减少食物浪费 承诺 8：携手利益相关方强化公众生物多样性保护意识
五项行动		
行动 1：实施奶源地生态保育养护 行动 2：践行环境友好的绿色生产 行动 3：促进全产业迈向碳中和	行动 4：开展可持续的种植和养殖	行动 5：促进利益相关方达成生物多样性共识

蒙牛在原奶生产和乳制品加工、包装、储运、销售全产业链，坚持可持续利用生物多样性资源，开展生物多样性保护行动，凝聚生物多样性保护共识，通过多年来坚持"生

态优先 绿色发展"的理念，探索出了一条与环境和谐发展的乳业高质量发展道路。在国家号召"共建地球生命共同体"的大背景下，蒙牛正在致力于构建"全球乳业生态共同体"，为人类的健康福祉和地球家园的美好和谐贡献力量（全素等，2021）。

（3）基于野生动物保护的青藏铁路建设项目

青藏铁路是世界上海拔最高、线路最长的高原铁路，也是目前世界上跨越自然保护区距离最长、数量最多的铁路，铁路穿越了青海可可西里国家级自然保护区、青海三江源国家级自然保护区和西藏色林错自然保护区等，以及藏羚羊、盘羊、藏原羚等国家重点保护野生动物的栖息地。

为了不影响野生动物的生活和迁徙，对于穿越可可西里、羌塘等自然保护区的铁路线，铁路设计方尽可能采取了绕避的方案；在无法避免的区域充分考虑了沿线野生动物的生活习性、迁徙规律等，在穿越重要区域的路段，设计了野生动物通道33处，通道总长达 58.47 km，占路段总长度的 5.27%，以保障野生动物的正常生活、迁徙和繁衍。同时，在青藏铁路唐北段和唐南段分别设置了野生动物通道25处和8处，通道形式有桥梁下方、隧道上方及缓坡平交3种。其中桥梁下方通道13处、缓坡平交通道7处、桥梁缓坡复合通道10处、桥梁隧道复合通道3处。对于高山山地动物群，主要采用隧道上方通过的通道形式；对于高寒草原动物群，主要采取从桥梁下方和路基缓坡通过的方式。通过科学合理的规划设计将生物多样性特点和道路的通车要求完美地结合在一起，避免了对生物多样性的不利影响。

道路设计和建设方还在隧道进出口增加防护网，避免野生动物掉下隧道口摔伤。一些地区可能没有可利用的现成桥梁或隧道，而野生动物分布又比较集中，只能改造路基修建通道。通过降低路基两侧坡度，并在降低坡度后的缓坡上增加植被等，诱导野生动物从路基上通过。这种形式适合于喜欢攀登到高处观望后再通过的动物（如岩羊、盘羊）。道路建设者还通过搭建"过街天桥"的方式保护野生动物。设计方和施工方在青藏铁路沿线设计了形形色色的通道，为野生动物搭建起一道道生命的桥梁。

道路建设中的生物多样性保护，需要各利益相关方的参与。本案例中的生物多样性廊道设计，不仅吸纳了野生动物专家和生态环境部门的建议，还征求了当地牧民的意见。

2.2.3.2 协同推进生物多样性保护与产业发展

（1）三峡集团努力促进生物多样性保护与产业发展"双赢"

中国长江三峡集团有限公司（简称"三峡集团"）是国有独资公司，是目前全球最大的水电开发运营企业和中国最大的清洁能源集团。三峡集团肩负"在共抓长江大保护中发挥骨干主力作用"的职责使命，通过精准布局定位，立足发展清洁能源，始终坚持将生态优先、绿色发展理念融入项目管理中，遵循在保护中求发展，在发展中保护的目标，积极搭建筹资、研发、共建、实施和支撑五大业务平台，主动参与流域生态保护和沿岸污水治理，持续开展物种保护与生态修复，坚持实施陆生珍稀种质资源保存研究、长江鱼类资源保护流域化布局等综合性策略，努力实现生物多样性保护与产业产品发展合作共赢。

三峡集团坚持以产业布局带动生物多样性保护措施建设，注重将流域开发与物种保护相结合，通过支持保护基地建设、布设各类生态保护设施、不断优化生态调度方案等方式为长江鱼类生存繁殖创造适宜条件，长期开展人工繁育研究、增殖放流、监测评估等一系列活动保护长江特有珍稀鱼类，遏制生物多样性丧失。先后支持建立了长江珍稀鱼类保育中心为主要研究的实施机构，资助建设湖北宜昌中华鲟自然保护区、长江口中华鲟自然保护区、长江上游珍稀特有鱼类国家级自然保护区，并沿江建成多个增殖放流站。连点成线、以线带面，形成长江鱼类资源保护流域化布局，深度实施水生生物保护与水生态修复等综合性策略。

三峡集团坚持以项目场地生态本底和自然禀赋为基础，积极推进清洁能源开发利用，有效减少因化石能源发电带来的温室气体排放，降低气候变化对生物多样性保护造成的不利影响。创新开发"光伏+治沙""渔光互补""海上风电+海洋牧场"等融合发展利用模式，兼顾项目运营与周边生物繁衍，为物种生存创造良好条件。实施清洁生产，在业务运营全过程中减少废水污染、降低大气污染、防治噪声污染、清理漂浮物，守护洁净自然，降低生物多样性影响。通过创新能源开发模式，兼具节能减排与提供改善生物生存环境的特点，为生物多样性保护提供了有效的科学方法与技术路线。

（2）阿特斯阳光电力集团推行光伏产业绿色运营

阿特斯阳光电力集团主营光伏硅片、电池和组件生产，自 2001 年成立以来，在全球成立了近 20 家生产企业，并在 20 多个国家和地区建立了分支机构，与超过 70 家国际顶尖银行和金融机构建立了合作伙伴关系，逐步发展成为全球最大的太阳能光伏产品和能源解决方案提供商之一，同时也是全球最大的太阳能电站开发商之一。截至 2022 年 12 月底，阿特斯阳光电力集团已累计为全球 160 多个国家的 2 000 多家客户提供了 90 GW 的太阳能光伏发电产品，连续多年获评"中国对外贸易 500 强企业"。

公司把利用太阳能实现减排、保护自然作为经营的目的和意义，旨在以最小的环境影响实现对化石能源的替代。公司明确要求"将保护生物多样性作为企业可持续发展战略的重要组成部分，积极探索人与自然和谐共生之道"，主张"通过多样化的渠道和方式增强员工、管理者、股东、合作伙伴、供应商、用户等利益相关方对生物多样性价值的认识和保护意识"。公司坚持光伏产业的绿色运营，不仅在主营业务中降低对生物多样性的威胁，并且推动光伏产品在实际应用中更直接地推动生物多样性保护工作。

坚持高标准、高规格的产品设计，从设计端避免对生态环境的损害。阿特斯阳光电力集团研发并应用符合欧盟第 1907/2006 号化学品 REACH（Registration, Evaluation, Authorization, and Restriction of Chemicals）法规以及欧洲化学局发布的实施指南的太阳能组件，杜绝在正常或可合理预见的使用条件下释放任何化学物质。所有的光伏模块都经过毒性特征浸出程序（TCLP）测试，符合美国《有毒物质控制法》对 PBT（持久性、生物累积性和毒性）化学品的最新裁定要求，能有效避免对生态环境的损害。

努力降低开发强度，减少资源消耗。阿特斯阳光电力集团使用生产加权平均值来跟踪在铸锭、晶片、电池和模块制造操作过程中的能源强度和用水强度，以此减少资源的消耗。2017—2021 年，公司在产品的制造过程中降低了 18% 的能源强度和 53% 的用水强度，间接降低了对自然的开发强度。

实施精细化的污染控制管理，在排放侧实现生态环境友好。积极防控水污染，对废水的产生及排放进行精准分析，详细监测和记录氟化物、化学需氧量、悬浮物体、氨氮、总氮等污染因子，生产废水首先在内部收集和处理，然后送往专门的废水处理设施进行清理，直至满足排放要求。实施废物回收和管理计划，严格控制固体废物产生总量，持续提升回收或再利用的废物占比，防控固体废物污染。

注重环境管理的项目开发。针对项目开发活动可能会在降低土地质量、干扰栖息地和产生噪声等方面损害生态系统的情况，公司在项目开发过程的早期，将环境和生态影响评估整合进内部审批流程，要求团队提交整个生命周期预期的环境影响和生态影响的详细评估，主动从项目建设前端将这些影响降到最低。

采取基于自然的开发建设方案，支持项目开发地的生境及生物多样性保护。在开发过程中，公司规定雇用的承包商必须在确立有针对性的环境与安全计划之后才能开始施工；运用基于自然的解决方案，如利用绵羊进行项目周围的植被管理；设置补偿土地以支持本地物种，将保护和维护工作持续 20 年以上，以确保动植物及其栖息地的健康；现场回收光伏组件，减少送往填埋场的废弃物。

科技助推绿色增益。阿特斯阳光电力集团在运营过程中采用高新技术手段，将技术优势转化为可持续发展优势，同时主动和不同的利益相关方展开合作，增加光伏产业的绿色效益。阿特斯阳光电力集团在厂房设计、工艺技术和设备选型、环保设备配置等方面使用能耗低、排放低的技术和设备，以将生产经营过程中产生的碳排放和其他废弃物排放降至最低。公司还利用大数据实现对生产经营的全面管控，包括对用能、碳排放、废弃物排放的监控，推动节能减排。

重视利益相关方合作。在供应链方面，阿特斯阳光电力集团遵循集中采购方法，在集团层面进行控制，由各部门提供支持，筛选供应商并实施审核计划，纳入环境、健康和安全（EHS）政策，旨在建立可持续、高效和健康的供应链。公司鼓励供应商节能减排、使用更多的可再生能源，将保护生物多样性纳入经营决策，力求推动上游产业的绿色发展。加强与阿拉善 SEE 生态协会等公益组织和机构的合作，积极参与和宣传生物多样性与生态环境保护相关的公益活动，采取公开透明的管理模式，发布 ESG 报告，接受来自第三方机构和社会大众的监督。公司以持续降低生态足迹，进而引导市场和客户关注生态足迹为主要经营战略，积极开发渔光互补、农光互补等协同方式，将生态友好的光伏电站引入荒漠、尾矿区等需要恢复的场地，让绿色光伏产业与更多社会部门的经营活动有机结合。

（3）朗诗集团实施全链条的生物多样性管理

朗诗集团创立于 2001 年，是中国地产百强企业，是中国领先的绿色科技地产开发和运营企业。公司立足于建筑及房地产领域，以绿色低碳可持续为核心价值，坚持纵向多元化发展战略，旗下涵盖中国地产开发服务、美国地产开发、绿色技术服务、绿色生活服务 4 项成熟服务及 1 项个人室内环境改造创新业务，实施聚焦绿色差异化的发展战略，以绿色思维，践行"人本、阳光、绿色"的价值观，引领绿色生活，逐步发展成为中国领先的绿色开发服务商和生活运营商。

公司主营业态在原料获取中对自然资源的开发、在施工过程中对周边环境的改造等，都会对生态系统及生物多样性产生影响，通过实施绿色理念贯穿的全生命周期管理，坚持以技术创新替代资源的直接获取和利用，在经营各环节努力减少资源开发和利用造成的对生物多样性的损害。

绿色采购。公司坚持"不绿色，不采购"，制定"绿名单"标准，从资源、能源、环境和其他 4 个方面要求供应商提供绿色产品。在木制品采购方面，朗诗集团承诺不采购来自高保护价值森林的木材、无许可证明的《濒危野生动植物种国际贸易公约》所列树种、来自战乱或林权有争议地区的木材、将林业用地转换为非林业用地来源的木材、转基因木材、天然林转变成人工林来源的木材，逐渐增加合法木材及获得 FSC 认证木材的应用，避免价值链前端的自然损害。

绿色施工。在施工过程中，公司注重多个维度的精细管理，在节约施工用地方面遵循用地面积最小化原则，提高用地效率。采取清理积尘、洒水、高压喷雾、围挡等措施努力控制施工扬尘；对于施工造成的裸土现象，通过种植速生草种及时予以恢复；在因施工造成的容易发生地表径流土壤流失的情况下，采取设置地表排水系统、稳定斜坡、植被覆盖等措施；回收有毒有害废弃物并交由有资质的单位处理，不作为建筑垃圾外运，避免污染土壤和地下水。实施施工现场污水防控措施，设置化粪池、隔油池、沉淀池等；对涉及有毒的油料和材料的存储地，设置隔水层，做好防渗透、防漏处理。控制噪声与振动，采用低振动、低噪声的施工机具，设置屏障措施并展开实时监测。控制施工垃圾等固体废物，在施工人员的生活区域设置封闭式垃圾容器，同时对建筑垃圾进行分类，集中送到施工现场垃圾站，统一运出；遵循减量化原则，减少垃圾生产量；做好施工垃圾的回收再利用，分类处置，力求回收率和再利用率达到30%及以上。

绿色装修。在装修设计上，公司注重人工环境的物种丰富度，使用乡土植物物种并合理搭配，优化绿化的比例和层次，利用屋顶、墙壁做垂直绿化，实现具有生态功能的景观设计。在装修过程中，公司从源头抑制装修带来的潜在污染，并依托朗绿科技的专业技术能力，建立全过程装修污染管控体系，减少污染物的产生与排放，防止装修环节成为生态环境与生物多样性的风险源。

绿色创新。公司积极制定《办公楼环境管理指引》，通过无纸化办公、线上会议以及节约用水、用电、鼓励绿色出行等宣导工作倡导全员工绿色办公，减少运营过程中的能耗和水资源消耗。

公司携手产业伙伴、社会组织、公众等利益相关方，努力构筑绿色生态圈。一方面积极参与行业交流活动，发起"房地产行业绿色供应链行动"，持续与行业伙伴分享在绿色采购方面积累的实践经验，影响了行业链上下游3 000多家供应商。朗诗青衫资本通过绿色金融手段对外赋能，先后投资20多个各种类型的城市更新项目，为多个城市的新生提供了专业、绿色、可持续的解决方案。公司联合阿拉善SEE生态协会等社会组织开展绿色供应链项目，加入WWF"全球森林贸易网络"以支持可持续的森林经营和负责任的林产品贸易，还在其他可持续发展领域与不同组织的合作，在国内、国际舞台上积极投身绿色行动。公司将绿色运营理念延伸至绿色社区的建设，从绿色管理、能耗管理、资源循环利用、污染控制以及水资源管理等18个方面构建可持续社区绿色管理服务体系，鼓励居民采取绿色生活方式，以此撬动环境保护，间接减少生态系统以及生物多样性的负担。

2.2.3.3 基于生命共同体理念的综合保护恢复模式

（1）华能糯扎渡水电站采取生物多样性保护行动

华能糯扎渡水电站位于澜沧江下游，电站枢纽由心墙堆石坝、左岸溢洪道、左岸引水发电系统等组成。电站年均发电量为239.12亿kW·h，是实现国家资源优化配置、全国联网目标的骨干工程，是实施"西电东送"及"云电外送"战略的基础项目。华能糯扎渡水电站从筹建之初便制定了一套完整的环境保护及水土保持方案，始终坚持"生态优先、绿色发展"理念，在工程设计、施工和运营过程中重视生物多样性保护，创新建立"两站一园"（珍稀动物拯救站、珍稀鱼类增殖放流站和珍稀植物园），强化野生动植物、鱼类等水生生物的就地迁地保护，取得了理想的效果，将华能糯扎渡打造成为中国的绿色水电示范工程。

建设野生动物拯救站。为了救助库区周边濒危的野生动物，电站特别建设了占地

15.1 亩^①的野生动物拯救站，配置笼舍，隔离间、医疗室、孵化室等配套设施。2010 年投运以来，已累计救助动物 70 种 435（头/条/只），其中豚尾猴、灰鹦鹉等一级重点保护野生动物 83（头/条/只），鹩哥、黑熊等国家二级重点保护野生动物 179（头/条/只），具有重要生态科学社会价值的陆生野生动物及其他珍稀动物 171（头/条/只），累计放生或转交科研机构救助动物 71（头/条/只）。拯救站还配套设有动物野化区，帮助收救的动物适应野外生活后再放生自然。

建设珍稀鱼类增殖放流站。2010 年，占地面积 16.66 亩的鱼类增殖放流站建成投入使用，配置有亲鱼池、鱼种培育池、活饵培育池等设施，用于研发鱼类人工增殖技术扩大鱼类种群。2010 年投运以来，累计完成 29 次的增殖放流工作，总共完成了珍稀特有鱼类 38 万多尾的放流，叉尾鲇、巨魾、中国结鱼的人工增殖技术已经取得成功并实现大规模放流，中华刀鲇完成人工驯养阶段科研工作，其中巨魾于 2012 年的繁育成功为中国国内首次人工繁育。

建设珍稀植物园。为保护工程施工区和水库淹没区的珍稀植物，对珍稀植物进行定位调查及迁地保护移栽。电站启动建设了珍稀植物园，总占地约 100 亩，其中珍稀保护植物园区 40 亩，珍贵植物园区 10 亩，苗圃 15 亩，珍稀植被抚育区 36 亩。自 2012 年投入运行以来，移栽国家一级保护植物宽叶苏铁和篦齿苏铁 2 种，共计 224 株；国家二级保护植物金毛狗、苏铁蕨、合果木、黑黄檀等共计 7 615 株；国家三级保护植物共计 985 株；种植江边刺葵、澜沧栎、榆绿木群落 36 亩，野生植物 4 620 株^②。

采取工程措施保障鱼类生存繁殖需求。为减少水库下泄低温水对河流生态和鱼类繁殖的影响，电站在进水口工程建设中，增加投资 2.4 亿元采用叠梁门方式实施电站分层取水方案，改善下泄水温，满足了下游河道鱼类产卵的需求。有选择地对中国结鱼、云南四须鲃、中华刀鲇等鱼类进行网捕过坝，通过改进捕捞工具、调整困养区域及困养技术，提高了过坝鱼类的成活率，有效促进上下游鱼类基因交流。

（2）小磨公路建设项目

小磨公路位于西双版纳傣族自治州境内，主线起于景洪市小勐养镇北侧，与思茅至小勐养高速公路相接，止于勐腊县磨憨边境贸易区中老边界，与昆曼国际大通道老挝境内路段相接，全长 185 km，是我国第一条穿越国家级自然保护区热带雨林的生态高速公路。小磨公路以坚持生物多样性保护设施与主体工程同时设计、同时施工、同时投产使用，使公路与自然景观和谐，生物多样性保护完整，成为全国最成功的生物多样性规划环境影响评价管理的典型示范案例。

---

① 1 亩≈666.667 m²。

② 中国新闻网：云南糯扎渡水电站建设"两站一园"点亮绿色生态路. https://www.chinanews.com/m/shipin/cns/2022/09-25/news938622.shtml.

尊重自然生态原貌，尽量减少人为干扰。小磨高速在路线选线和工程方案比选上遵循生物多样性保护选线理念，减少开挖，增加桥隧比例，最大限度地保护生物多样性。为保证当地生物资源不受破坏，线路两侧选用当地植物绿化，短时间内融入自然，做到"修旧如旧"，淡化了人工痕迹。不仅如此，在保护区路段设立动物通道，回迁植物，尽可能维持生态系统原貌。

以规章制度保障保护行动落实。为保护沿路的生物多样性，专门制定了《云南小磨高速公路项目环境保护与水土保持管理实施办法》，明确规定杜绝承包人在施工中"乱砍树木"，并将"检查因施工造成的下边坡植被破坏是否采取恢复措施""严禁乱砍滥伐树木"等作为稽查的主要职责和内容。

保护古树名木。为保护古树名木，专门设计并建立了绕行通道，极大地减少了公路建设对生态系统完整性和野生动物栖息地的影响。并特别留出一段绿色地带，将公路从两面分头绕开修建，过往的驾乘人员远远地就可看到生长在路中央的古树名木，堪称典范的独特生物多样性保护场景。

考虑与周边环境的融合与景观审美。公路在设计时就考虑到了景观效果与自然融为一体的因素，为了使这一带沟谷的热带雨林植免遭破坏而投入巨资修建了一座长10 080 m 的大桥，这座建成并融进了热带雨林元素的高架桥，成为这条大通道上最具代表性的地标景观。

2.2.3.4　企业生产经营效益反哺生物多样性保护

（1）华为利用创新技术和数字解决方案保护区域自然生态

2020 年，华为技术有限公司（简称"华为"）与 IUCN 联合发起 Tech4Nature 倡议，致力于利用 5G、云、AI、大数据和物联网等前沿信息通信技术（ICT）保护自然，并将一系列技术支持的解决方案应用于亚洲、非洲、拉丁美洲和欧洲的自然保护项目。

华为将 ICT 应用于生物多样性保护中主力管理模式与技术创新，显著提高了生物多样性保护研究和行动的效率。在中国利用 AI 声学监测系统助力"极度濒危"物种海南长臂猿的保护，通过声音监测和跟踪初步实现对猿鸣声的自动识别和实时传输；在墨西哥，联合当地社区，利用 AI 助力尤卡坦州美洲豹的保护，与社区居民合作开展地点特征描述和地图绘制以便于部署红外相机等监测设备，建立声学模式匹配模型以检测和识别美洲豹，为加强其栖息地保护奠定了重要基础。在毛里求斯利用 AI 等先进技术助力珊瑚礁恢复，使用水下摄像机实时查看和监测人类难以抵达的区域，主动管理对毛里求斯申报海洋保护区的影响，为当地社区提供数字赋能以保护珊瑚礁。此外，华为利用华为云 AI，通过布置在玉林中的太阳能声音监测系统"自然守卫者"识别盗伐声响以守护热带雨林，截至 2022 年年底，"自然守卫者"的身影已遍布全球 15 个国家的 37 个自然保护地，帮助当地护林员和生态学家们用科技守护自然和生物多样性①。

（2）美团外卖实施青山公益自然守护行动

美团自 2010 年 3 月成立以来，秉承"零售 + 科技"战略，践行"帮大家吃得更好，生活更好"的公司使命，持续推动服务零售和商品零售在需求侧和供给侧的数字化升级，和广大合作伙伴一起努力为消费者提供品质服务，逐渐发展成为国内电商巨头之一。美团外卖是美团旗下网上订餐平台，于 2013 年 11 月正式上线，外卖用户数高达 2.5 亿，合作商户数超过 200 万家，活跃配送骑手超过 50 万名，覆盖城市超过 1 300 个，日完成订单 2 100 万单。

"青山公益专项基金"是中华环境保护基金会联合美团外卖于 2017 年 9 月设立的餐饮外卖行业首个绿色环保公益专项基金，围绕公众环境意识倡导、外卖行业环境友好、生态扶贫和自然保护地体系建设 4 个目标支持开展了 100 多个公益项目。2021 年 10 月，正式启动"青山公益自然守护行动"，围绕自然保护地，以基于自然的解决方案为路径，开展生态修复、替代生计及科研实践项目。

首批"青山公益自然守护行动"共资助了 28 个公益项目，均与自然保护地密切相关。例如，神农架华山松大小蠹绿色防控技术应用研究项目与神农架华中中蜂适应气候变化的遗传机制及其生态价值评价项目主要围绕神农架国家公园候选区开展；秦岭金丝猴智能识别保护技术的研发与应用项目主要在陕西省汉中市佛坪县长角坝镇大坪峪开展，涵盖了佛坪国家级自然保护区与观音山国家级自然保护区。

跟踪研究结果显示，"青山公益自然守护行动"成效显著。一是在生态保护和修复方面效果显著，通过生态系统的保护和修复，提升山水林田湖草沙等生态系统的质量，增强了生态系统的适应气候变化能力及自然固碳能力。二是自然保护地周边社区生计替代效果明显，通过社区赋能，发展生态种植、生态养殖，开展可持续经营，探索改善居民生计和保护生态的"双赢"途径，推动社区可持续发展，促进人与自然和谐共生。三是自然保护地一线科研实践效果突出，此类项目是基于自然保护地实践一线研究、监测项目和政策倡导项目，为当地生态保护提供了有力的技术支撑和人才支撑（王振刚，2023）。

（3）吉兰泰盐场产出定额反哺生态系统保护修复

内蒙古吉兰泰盐场是我国最大的机械化湖盐场、湖盐区，也是我国最大的碘盐加工基地和最大的天然胡萝卜素生产基地，是国内第一座大型湖盐生产基地。盐场位于乌兰布和沙漠西南边缘，地处沙漠腹地。风沙危害和干旱使得盐场周围的生态系统平衡非常脆弱，盐场的生产及附近居民生活很容易对当地生态系统服务和生物多样性造成不可逆

---

① 华为：用科技守护自然和濒危动物，"自然守卫者"新落地五个国家. https://www.huawei.com/cn/sustainability/the-latest/stories/nature-guardians-deployed-in-five-new-countries.

转的影响，引起环境恶化，进而对企业的生产和壮大以及居民的生产生活造成恶性循环。

吉兰泰盐场将生态系统服务和生物多样性保护作为生态环境保护的切入点和抓手，创新生态补偿方式，盐场每生产 1 t 盐，从中提取 1 元，专门用于防风固沙和恢复生态系统。为了确保生态系统恢复能够科学、合理地进行，盐场在出资的同时，还与内蒙古农业大学等大学、科研单位签订合同，聘请专家指导生物多样性保护工作，建立了企业与科研机构在当地生物多样性保护工作中合作的模式，取得了理想的效果。企业努力保护生态系统服务，不仅使盐场生产得到了保障，也使周围居民的生活环境得到了改善。经过数十年来在生物多样性保护方面的努力，盐场先后获得"全国绿化先进单位""全国环保先进单位"等称号。

2.3　企业采取生物多样性保护行动的机遇与挑战

资源的开采和使用、转换，以及生产与消费等商业行为很可能对自然产生不同程度的影响，将生物多样性纳入商业决策的主流，是促进经济社会可持续发展的重要基础（张丽荣等，2023）。企业成为新时期参与生物多样性治理的关键力量，将生物多样性纳入商业决策，将可能对生态环境造成的危害转化为内部化的企业经营风险管控，能够对生物多样性保护发挥重要作用。企业通过参与生物多样性保护，能够在市场创新、成本收益和企业形象等方面获得新的机遇（邓茗文，2022）。

2.3.1　面临的机遇

《昆明-蒙特利尔全球生物多样性框架》行动目标 15 已经对企业和金融机构的生物多样性治理任务进行了明确，在文件指引与各社会组织的合作落实下，商业行动的"自然向好"转型面临新机遇。

一是资金流向的转变。根据《昆明-蒙特利尔全球生物多样性框架》约定，该公约缔约方需要以相称、公正、公平、有效的方式确定并逐步淘汰、消除对生物多样性有害的补贴，到 2030 年每年至少筹集 2 000 亿美元的资金，并改革激励措施，推动私营部门向生物多样性投资。企业有可能获得生态系统服务付费、绿色债券、生物多样性补偿和信用等创新计划的支持，形成新的发展优势（周卫东，2023）。

二是《昆明-蒙特利尔全球生物多样性框架》对创新和资源共享的鼓励。通过落实框架文件的逐项目标行动，技术的获得和转让、创新和科技合作的发展能够在战略层面上得到加强。企业作为效益的创造者和分享者，同时也能够优先成为创新技术和资源共享的受益者，有助于在商业活动和保护行动中获取更多优质数据、信息和知识，实现生物多样性综合参与式管理。

2.3.2　存在的困难和挑战

当前我国已经有不少企业意识到生物多样性的重要性，主动开展保护工作，COP15第二阶段会议设置了"加快实现中国生物多样性保护的商业行动"边会，中国石化、国家电网、阿里巴巴、蒙牛等国内企业为生物多样性治理提供了很多成功经验。但对标国际前沿理论方法，国内在引导企业生物多样性行动领域的研究与实践相对滞后，商业生物多样性保护距离主流化仍有较大差距，缺乏统一可行的行动框架加以规范，大部分企业对生物多样性及其价值的认识较为薄弱，生物多样性信息披露水平偏低，企业采取生物多样性行动的能力水平有限，企业参与生物多样性保护的积极性有待提高，总体存在转型困难、速度缓慢、意识与能力不足、利益相关方参与程度低等问题。

2.3.2.1　尚未建立统一适用的行动框架

我国生物多样性保护在商业活动中主流化刚刚起步，在国家层面发布了加强生物多样性保护的指导意见和未来一段时期的行动计划，初步明确了企业生物多样性保护的方向和举措，但配套的法规制度和政策标准尚未正式建立，缺乏指导企业采取生物多样性保护行动的统一的行动框架。一部分对生物多样性高度依赖或影响较大的企业逐步认识到生物多样性的价值及其重要性，开始采取行动，但由于缺乏专业知识或技术难以落地实施。生物多样性保护缺乏像减污降碳、应对气候变化领域中相对明确的、可以量化的指标，这阻碍了生物多样性保护行动的设计、衡量和评价。

同时，国家政策对企业和金融机构的强制性要求相对不足，生物多样性友好的改革和激励补贴机制没有落实到位，社会对企业的监督和约束还不充分，企业和利益相关方的协同机制还未很好地搭建起来。国家或有条件的地方行业部门或权威科研机构、社会组织亟待行动起来，加快企业生物多样性保护的标准化，引导有条件的大型企业或者生物多样性高依赖或影响的企业，自主将生物多样性保护提升到企业发展战略层面，主动识别企业生产经营活动对生物多样性的影响，因地制宜地制定科学可行的愿景和承诺，确立科学的行动目标，明确有效的行动计划，定期评估行动成果并向社会报告，发挥企业推动生物多样性主流化的主体作用，为建设人与自然和谐共生的美丽中国贡献力量。

2.3.2.2　企业生物多样性信息披露程度偏低

当前我国生物多样性披露主要集中在各行业龙头或领跑的大型企业，以生物多样性专项报告或者融入企业责任报告的方式。在披露内容方面，物种保护通常是企业最易识别的生物多样性议题，如参与遏制野生动物非法贸易行动、植树造林或员工培训等，因此成为披露采取措施和实施效果等信息的重点，报告数量较多，但缺乏亮点。内容同质化暴露出大部分企业欠缺识别与商业模式更为深入相关的其他重要议题，如供应链对生态系统服务的依赖和影响路径，以及评估相关风险与机会的能力。

虽然生物多样性对于 ESG 投资者有着重要的价值，但是目前在 ESG 投资领域，生物多样性还没有得到足够的关注。根据联合国负责任投资原则（PRI）发布的《2020 年负责任投资报告》，在其签署机构中，只有不到一半的机构在其投资决策中考虑了生物多样性因素。而在中国，根据世界经济论坛编制的《新自然经济系列报告：中国迈向自然受益型经济的机遇洞察报告》，只有不到 10% 的中国企业在其可持续发展战略中明确提及了生物多样性。这说明 ESG 投资者在生物多样性保护方面还有很大的提升空间和潜力（杜金，2023）。

总体来讲，大多数企业并未将生物多样性作为独立领域或策略框架，运用国际主流方法学，从生态系统服务分类、价值评估和实物量计算等多角度进行分析与报告。生物多样性信息披露的内容实质性与可信度不足，亟须引导、规范和审核，主要表现在内容碎片化、科学指标缺失、结果难以量化比较，投入产出、同业及历史数据缺乏数据比较分析（赵阳等，2022）。综合对生物多样性信息披露意识和执行情况探讨，企业、金融机构、监管部门等生物多样性保护关键主体对企业生物多样性的重要性已初步达成共识，但缺乏实践主动性，企业生物多样性信息披露普及工作亟须多方配合引导、研究和推进。

2.3.2.3　企业采取行动的认识和能力水平有限

企业采取生物多样性的能力建设包含意识提升、专业知识储备以及配套基础设施建设等方面。有研究机构对企业生物多样性认识水平开展问卷调查，调查结果表明：企业普遍对《生物多样性公约》和政府在推动公众参与方面所做的工作了解不足，希望了解生物多样性的基础知识但是对于参与合作或实践的动机不积极或需求不明确。电力、水利、采矿和农林渔等部门的保护意识较强，外资、信息软件和服务业等行业则对此了解较少。公司决策层与普通员工相比，认知程度与风险防范意识更高，但由于监管部门和行业协会并没有量化指标的要求，因此企业在基层开展的实际工作较少。

生物多样性起源于交叉融合的多门类学科，生物多样性的丧失、保护与可持续利用的深层次机制耦合复杂，生物多样性相关知识传播及宣传科普推广难度系数偏高，企业及公众对生物多样性相关知识的认识十分有限。专业人员的培养以及跨学科研究合作是企业采取行动的必要条件，能够帮助企业因地制宜地确立生物多样性核心重点，如建筑工程、采矿、冶金、石化等行业企业需要监测各建设项目场地的陆生、水生生物多样性数据，并预先配备环保设备和资源修复设备以便维持生态系统稳定性，避免潜在不利风险。整体而言，企业在生物多样性领域的探索与支持工作具有延续性，需要技术与资金端的多方积累。

由于企业参与生物多样性保护的意识和能力有限，不同行业、不同规模的企业在态度和水平上存在很大差异。对许多企业来说，"保护生物多样性"只是一句口号，或是企业形象的展现，缺乏足够的资金、技术、人力物力的能力支持。其根本原因是生物多样性保护未能真正融入企业发展总体战略以及生产经营的过程，没有切中企业运营发展的实质性问题，亟须更加系统的指导和赋能，创新商业模式和解决方案，在生物多样性保护支出成本的基础上，得到保护带来的实际运营成本、转型效益、技术革新以及声誉等维度的正回馈，形成正向闭环，促进企业的可持续高质量发展。同时，生物多样性丧失及恢复成效显现周期较长，对企业可持续发展的支撑效益难以评估，导致与生物多样性关系不密切的企业参与生物多样性保护的积极性总体不高。加上近几年世界经济低迷和全球化逆流趋势加大了开放性经济发展的风险，新冠疫情影响叠加，统筹保护与发展的难度增加，企业生物多样性保护行动面临诸多压力。

第 3 章

中国绿发企业概况及生物多样性保护工作基础

本章梳理总结了中国绿发企业概状况，评估分析公司生物多样性保护工作基础与成效，进一步诊断识别了公司在生物多样性保护方面面临的问题和挑战。

3.1 企业概况

中国绿发是一家股权多元化的中央企业，受国务院国资委直接管理。自成立以来，公司立足新发展阶段、贯彻新发展理念、构建新发展格局，坚持稳中求进工作总基调，践行"碳达峰、碳中和"战略，持续优化产业布局，扩容提质增效，聚焦健康、生态、低碳等绿色产业，巩固优化提升传统产业，不断延伸产业链，构建以战略性新兴产业投资、新型城镇化、绿色能源、乡村振兴、现代服务业等为主责主业的绿色产业集群，加快打造绿色低碳为主业的综合型领军企业，建设世界一流绿色产业投资集团，努力为促进经济社会持续健康发展、全面建设社会主义现代化国家作出积极贡献。

公司聚焦"创造美好生活，筑建长青基业"的发展愿景，按照党的十九大和党的二十大报告要求，以"创造美好生活"为发力点，围绕促进人与自然和谐共生的现代化为最终目标，将实现人民对美好生活的向往作为公司产业发展的奋斗目标，努力做绿色低碳生产生活方式的践行者和推动者，把生态、健康、可持续发展事业作为坚定追求与奋进方向，持之以恒推进绿色发展，更好满足人民日益增长的优美生态环境需要，用智慧和汗水提升人民的获得感、幸福感和安全感。

公司作为责任央企，勇于扛起"推进绿色发展，建设美丽中国"的企业发展使命，不忘为民造福之初心，坚持走"生态优先、绿色发展"之路，在项目开发上"重保护、轻开发"，在项目设计上推行绿色设计，建设上应用绿色技术，经营管理上推行绿色金融，将"绿色、智能、健康"的理念融入每个产品的全生命周期，致力于提供更多优质绿色产品、绿色服务，推动形成绿色发展方式和生活方式，协同推进人民富裕、国家富强、中国美丽，为生态文明建设承担起央企责任，为建设美丽中国贡献智慧和力量。

公司秉承"引领、创新、共赢"的核心价值观。引领意味着勇做行业表率、引领行业发展，意味着公司的行业话语权和品牌影响力；同时具备敢于领先、敢于突破、敢于胜利的价值追求。公司牢记党中央对央企"打造具有全球竞争力的世界一流企业"的嘱托和期望，坚持引领超前战略、先进技术、创新管理，努力增强核心竞争力，保持基业长青。公司一直践行创新是发展的第一动力，只有创新才能始终保持领先，才是应对变化的唯一手段，创新决定了当前及以后公司发展速度、规模、结构、质量和效益，居于公司战略全局的核心位置。公司致力于成为业内领先绿色发展投资运营商，坚持技术创新、管理创新、服务创新，坚守为社会及人民提供美好生活所需产品和服务的初心。积极营造创新氛围，为创新提供充足的资源和平台，共享创新成果，打造多元差异化竞争实力。公司将始终以开放、合作、共赢的态度谋划发展，为客户提供优质产品和服务，对外实现业务共赢促效益；秉持以人为本的人才观，对内实现与员工共赢促良性互生的企业氛围；通过建立利益共享、责任共担的合作机制，实现公司业绩的稳步增长；积极承担社会责任，在自身成长的同时，促进社会和谐发展，为中国特色社会主义现代化建设出力。

3.2　产业发展

中国绿发积极落实碳达峰碳中和行动部署，推动绿色发展理念全产业融入，立足绿色能源、低碳城市、绿色服务和战略性新兴产业为主责主业，确立了建设世界一流绿色产业投资集团的发展目标，初步构建了全国性多元化现代化的产业发展格局。

3.2.1　绿色能源产业

中国绿发坚持贯彻落实"四个革命、一个合作"能源发展战略，响应"碳达峰、碳中和"的中国承诺，服务国家新能源产业发展规划和特高压电网规划，以"基地型、效益型、示范型、创新型、精品型"为开发导向，加快清洁能源基地建设和布局，开发陆地风电、海上风电、光热发电、储能项目助力优化能源消费结构，打造独具特色、竞争力强的绿色能源产业链供应链，助力构建清洁低碳、安全高效的能源体系。

公司坚持创新驱动，开发建设了"两个一体化"（风光水火储一体化、源网荷储一体化）大基地项目，成为大型多能互补能源基地技术引领者、深远海大规模海上风电建设先行者。为大力发展光伏发电，企业先后在河北承德满杖子乡、陕西宜君等地开展了"林光""农光"互补项目建设。通过在光伏组件下种植农作物、林木，发展"光伏+林业""光伏+农业"立体循环产业，节约土地资源，防治水土流失，助力改善区域生态。

截至目前，公司已在全国 12 个资源富集省份建设、运营项目 65 个，建设、运营装机容量 2 300 万 kW，年发电量超过 200 亿 kW·h，初步形成"海陆齐发、多能互补"的绿色能源体系。主要集中在青海、新疆、甘肃等西北部风光资源相对丰富的戈壁荒漠地区，包括青海海西州风光热储多能互补集成优化国家示范工程、新疆尼勒克 400 万 kW 风电光伏项目、新疆米东 350 万 kW 光伏项目等项目，往往此类区域生态地位重要，但生态环境敏感脆弱，多为沙区、荒漠化、盐碱化等退化土地，植被覆盖度低，生境严酷，生物多样性保护和恢复需求大且难度大，需要高成本高投入。此外在山东、河北、陕西等东中部地区分散布局一些"农光互补""林光互补"等光伏和风电项目，在江苏盐城布局海上风电项目，这些区域主要为森林、农田、草地等生态系统，自然生态本底相对优良，生物多样性较为丰富。

3.2.2　低碳城市产业

城市是碳减排的主战场之一。中国绿发深入践行"碳达峰、碳中和"战略，切实履行创造美好生活的企业使命，依托低碳城市产业发展，全面推行绿色建造工艺和绿色低碳建材，打造高品质绿色建筑、健康建筑，助力行业绿色低碳转型升级，不断改善城市人居环境，增加优质生态产品供给，为塑造人与自然和谐的城市环境而不懈努力。

公司拥有 30 余年城市开发经验，覆盖全国 27 个城市，实施一二级联动开发，先后打造济南领秀城、重庆星城、北京顺义新城、海南三亚湾新城、文昌山海天等区域标志性项目，构建推广中国绿发健康产品体系，通过城市大盘应用低碳理念助力低碳城市建设，同时有力推动地方经济发展和百姓安居乐业。公司联合多家科研院所、行业骨干企业共同建设我国"双碳"领域首个国家技术创新中心——国家建筑绿色低碳技术创新中心，对于突破建筑绿色低碳领域技术瓶颈，整合建筑绿色低碳领域产业链创新资源，构建绿色低碳发展新格局，推进碳达峰碳中和具有重要战略意义。截至目前，公司保持 100% 绿建认证行业领先水平，获得绿色建筑认证 196 项、健康建筑认证 37 项。

公司以建筑绿色低碳战略性发展与引导创新为目标，聚焦科技创新要素资源，努力突破建筑绿色低碳产业链共性、基础性和前沿引领性关键核心技术，推动重大基础研究成果产业化，为提供绿色、健康的居住环境扩源增流，并在低碳结构、固碳释氧绿化、资源节约集约利用等技术领域取得重要突破，打造一批典型案例。厦门新时代广场充分利用可循环、可再利用材料，减少生产加工新材料带来的资源、能源消耗及环境污染。济南领秀城凭借突出的绿色低碳技术应用及环境建设，获评联合国环境规划署的"全球绿色示范社区"，获得全国首个全域健康社区金级认证。青岛中绿蔚蓝湾选用固碳释氧能力强的乔灌木和地被，精选具有滞尘、净化空气等作用的植物组合，最大限度地发挥生态价值。

3.2.3　幸福产业

中国绿发坚持贯彻"构建优质高效的服务业新体系"要求，推动形成绿色低碳健康生活方式，加快打造以高端商办物业、健康养老、度假俱乐部、主题娱乐、特色商业、全国换住等为核心的幸福产业"1+6"一流平台体系，建设国际一流绿色资产管理和美好生活服务企业。截至目前，已运营 JW 万豪侯爵、艾迪逊、康莱德、希尔顿、洲际等国际高端品牌酒店 40 家，济南贵和、天津鲁能城、重庆鲁能城等大型商业及写字楼项目 10 家，长白山华美胜地、九寨华美胜地、千岛湖华美胜地、文安度假区等大型文旅项目 5 家，区域物业及高端物管公司 6 家。

公司在文旅、商业、酒店、物业等产业发展中全面倡导绿色、健康理念，将绿色低碳理念贯穿于各类文旅产品的规划、开发和管理服务全过程，打造绿色、低碳的现代服务业体系。在开发建设华美胜地和美丽乡村过程中充分结合项目当地自然禀赋与生态特色，优化利用项目所在地的自然和人文资源，实现人与自然和谐共处；在商业项目运营管理中不断诠释绿色理念，坚持以身作则带动供应商、租户等共同践行低碳用能行为，共同打造健康的办公和娱乐空间；专注于将"节能减排、可持续发展"作为商业酒店规划开发与品牌选择落位的聚焦点，把"低能耗、低污染、高效益、高责任"作为绿色环保酒店建设的重要原则，将绿色、节能、环保打造成酒店特色亮点，已有绿色饭店、绿色商业 40 家；以健康、节能、低碳、宜居为目标，把绿色理念融入项目管理等环节，推动物业社区向节能减排和绿色低碳方向发展，实现资源和能源的高效利用，促进物业社区可持续发展。

3.2.4　战略性新兴产业投资

中国绿发面向国家重大需求，把握新一轮科技革命和产业变革机遇，聚焦前瞻性战略性新兴产业重点领域，实施创新驱动，加强产业协同，积极打造世界级液化空气储能示范项目，成立双碳研究发展中心，重点研究和规划自同步电压源友好并网技术(主力电源型风电场和光伏电站)、液化空气储能技术、锂离子电容器和高品质石墨烯、熔盐储热储能技术、液态金属冷却技术、异质结技术等新兴产业，战略投资行业龙头企业，布局光热发电、熔盐储能、先进高效光伏等产业，助力关键核心技术新突破，推动战略性新兴产业融合化、集群化、生态化发展，培育绿色低碳增长新引擎。

公司坚持顶层推动、科技引领，高质量布局战新产业；坚持主动开放、深度对接，强化创新高地合作；坚持关键在手、优势互补，打造战新产业发展引擎。聚焦服务构建新型电力系统，解决新能源发电关键"卡脖子"难题，重点布局自同步电压源友好并网、长时储能、锂离子电容器等新能源领域关键技术，与上海交大及中国科学院理化所、电工所等科研院校合作项目正式落地，助力打造一批具有革命性、引领性的新技术新业态，加快在缺少布局或尚未形成竞争优势的关键领域实现从 0 到 1 的突破。目前已形成部分阶段性成果。

3.3　公司生物多样性保护工作基础及成效

近年来在国家大力推进生态文明建设的总体背景下，中国绿发认真践行习近平生态文明思想，秉承"保护优先、因地制宜"的保护开发策略，坚持"重保护、轻开发、低干扰、高品质"的原则，优先选择低影响的开发建设模式，尽可能减少对周边生态系统和生物多样性的威胁，维护区域生态系统的质量和稳定性，在产业发展与生物多样性保护协同方面取得初步进展与成效。

3.3.1　初步搭建企业生态环境保护管理体系

完善企业生态环境保护顶层设计，发布《中国绿发投资集团有限公司"十四五"生态环保专项规划纲要》，系统布局"十四五"时期企业生态环境保护目标任务。明确将绿色发展作为主要任务，将生态环境保护纳入企业发展战略决策和规划计划，持续优化企业生态环境保护管理制度体系，从制度和管理层面严格管控项目实施的关键环节，减缓项目开发建设对生态环境的影响，将生态环境保护纳入企业绩效考核体系，建立生态环境保护实践成效信息披露机制。

通过建立企业生态环保管理制度，明确组织职能和责任分工，规范各类项目生态环境保护管理，制定教育培训、考核奖惩等保障机制。细化各级领导干部及各部门责任清单，将生态环境保护责任落实情况与领导干部任期考核和全体员工年终考核挂钩，不断强化考核激励与追责问责，提升全员生态环保履责意识，促进生态环保工作落实。建立生态环保督查制度，通过例行检查、专项督查、"回头看"等方式，对公司下属各级单位建设开发及运行管理项目的生态环境相关合规手续办理、管理制度建设、措施成效、设施运行状况等开展督查，有效排除生态环境风险。发布实施《绿色工地标准化图册》等标准规范，强化项目建设过程中的环境保护、控污减排和文明施工，把生态环境保护贯穿规划、投资、生产、运营的全流程，初步构建了分工明确、密切协作、高效运行的生态环境保护管理体系，形成上下联动、齐抓共管、同向发力的大生态环保格局。

3.3.2　生态保护与管理融入项目全过程

前期坚持科学规划设计，尽可能避免对生态环境的影响。如在长白山华美胜地开发过程中坚持"路要修，树也要留"的原则，全面保护长白山自然优越的生态环境，项目建成后森林覆盖率达 84%以上，获评吉林省唯一一个"绿水青山就是金山银山"实践创新基地。在山东德州陵城风电项目建设过程中，针对平原风资源特点，优化风机选型，合理分布机位，服务当地农业生产，打造绿色风电场。

施工过程中优化举措，尽可能减少影响。在项目建设的同时，及时开展生态保护、修复和补偿工作，如在河北丰宁风电场建设过程中，充分融入人文关怀和绿色发展理念，建立"绿色消防通道"，采取消防通道护坡、主动防护网等措施，解决山体滑坡、道路坍塌、水土流失等问题。在四川九寨华美胜地开发过程中，选用无动力设施减少基础建设对环境的影响，最大限度地保护区域内的树木原貌，累计实行分级保护的区域达 43 km²，项目建成后获评阿坝藏族羌族自治州首个省级旅游度假区，成为生态文旅自然环境原貌保护的典范，打造为当地生态旅游的"金名片"。

运营阶段，完善环保基础设施。主要从污水、大气减排着手，对于产生污水量较大的场所，如各酒店的生活污水经化粪池沉淀后，通过大市政管线流入园区自建的污水处理厂进行处理，经过处理过的污水汇入蓄水池。对于一些产生污水量较小的运营场所，如葵路农庄项目，因为属于季节性运行场所，出于成本及运营等方面考虑，利用吸污车将化粪池污水转运到其他化粪池中进行二次沉淀，再汇入大市政管线中。对于大气污染的控制主要通过两个方面：一是减少汽车的尾气排放，二是冬季采暖设备选用。为了减少汽车排放带来的空气污染，园区通过电动摆渡车代替汽车做代步工具，电动摆渡车在园区设置站点，既方便满足了客人出行，又可减少有害气体排放。冬季采暖采用电采暖或电加热锅炉。

3.3.3　打造一批生物多样性友好项目

公司坚持以发展绿色服务业促进产业生态双赢，依托千岛湖、长白山、九寨等文旅项目以及商业、酒店、物业等幸福产业发展，坚持尊重自然、顺应自然、保护自然，努力减少对当地自然景观、野生动植物及其栖息地的影响，开展了一批促进人与自然和谐共处的生动实践。

3.3.3.1　千岛湖华美胜地生物多样性保护与可持续利用

千岛湖华美胜地项目位于界首列岛，规划总用地面积约 840 hm²，整体呈指状延伸至湖中，拥有湖岛相间、岛屿纵横的独特空间肌理，包括山林、山湾、岛链、内湖、半岛等多种空间要素，景观环境资源极佳。区域内水质优良，达到国家Ⅰ类地表水标准，原生植被生长较好，经济果林较为丰富，土质为红砂土。基地内日常可观测到的动植物种类较丰富，尤以鸟类、鱼类为重。项目作为淳安县投资规模最大的文旅项目，承接了2022年淳安亚运分村建设与赛事保障双重重任。为保护项目区生物多样性，公司采取了一系列综合举措。

实施"七大生态计划"行动。项目在规划建设阶段践行种子计划、色彩计划、海绵计划、生态互联计划、生境统建计划、动物恢复及保育计划、生态运营计划等"七大生态计划"，通过对场地进行植被恢复、丰富植物种类和层次、打造海绵设施、建设慢行系统、保护乡土村落、重建自然生境、开展自然教育研学等方式，促进物种和生态系统保护恢复的同时，拉近人与自然的关系，夯实人与自然和谐共生的绿色基底。

强化水土流失防治。在生态重建和恢复的同时，同步开展水土流失治理，坚持因地制宜、因害设防的原则，充分考虑地形地貌、资源现状和水土流失特点，将水土流失防治与水土保持技术集中示范相结合，土壤与水环境改善和水质保护相结合，集中建设了生态茶园、生态湿地、生态采摘园等水土保持示范区，形成了独具特色的江南山地丘陵区水土流失综合防治体系。

开展低碳园区示范行动。项目以亚运自行车场馆为核心，涵盖周边室外五项赛事室外场地，研究各项赛时与赛后碳减排措施，在赛事场地和配套项目建设过程中，采用绿色建筑、健康建筑、室内环境控制等绿色建造技术，推进节能降碳；建设自行车场馆车棚光伏发电工程，装机容量 55.23 kW，平均每年可提供约 5.9 万 kW·h 的绿色电能；打造淳安严家村亚运低碳生态公园，助力低碳亚运。

通过项目实施充分挖掘了山、水、林、田、湖、渔、茶等自然资源优势，规划建设过程践行"七大生态计划"，完成千岛湖华美胜地生物多样性保护实践与成果整理，园区内目前鸟类记录有 179 种，鱼类记录有 114 种，区域内国家二级保护动物黑耳鸢极为常见。项目以完善的生态提升计划、丰富的生物多样性、壮美的湖山图景，成功入选联合国"生物多样性 100+全球典型案例"。推动了千岛湖华美胜地国家级水土保持科技示范园的创建，园区总面积 864.36 hm^2，林草植被覆盖率达 80%以上，形成了完整、立体的水土流失综合防治技术体系。

此外，园区积极开展自然科普、生态实践、生态体验等集知识性、趣味性于一体的自然教育实践，统筹推进研学、露营、生态茶园等项目落地运营，有机地与生物多样性保护、当地传统生产方式、生产多元化、自然教育和体验式活动相结合，使公众尤其是青少年在休闲中享受自然，体验环保，接受潜移默化的自然教育，提升公众的生物多样性保护意识，成为富有特色的生态文明建设及生物多样性保护教育基地。

3.3.3.2　海南文昌宝陵河生态复育工程

中国绿发文昌公司践行"生态优先　绿色发展"理念，在充分认识宝陵河湿地重要保护价值的前提下，针对湿地被当地村民过度开发，导致红树林死亡、湿地退化等现状问题，2017 年年初启动宝陵河生态复育工程一期，致力于宝陵河河口红树林湿地复育，采取科学手段进行生态修复和保护性开发，利用"打通鱼塘，引进海水，红树苗人工培育"等方法，打造集"海洋、湿地、森林"三大生态系统于一体的生态复育工程。

（1）开展全面生态评估，保留原有保护价值高的植被

对项目现状植被斑块的生态保护价值、景观格局、生态系统演替等进行全面的评估与分析，优先保留价值高的植被，逐步恢复天然种源，增强项目区抗风固沙、水土保持和生物多样性维持功能。

（2）恢复海岸带生态系统本底条件

通过疏通鱼塘、贯通水系等科学手段，保护原生红树林，并采用人工造林的方法补种红树林，完善红树林生态群落结构，改善水质实现生态系统平衡，恢复水生态自净功能。解决入海口沙化、海岸线侵蚀等问题，通过对现场的土方平整，完成湿地的机理系统构建，为后期开展教育活动奠定基础。

（3）科学植物配置，增加生态系统稳定性

为增强当地生态系统的稳定性，植物选种时，侧重选用抗风耐盐碱、健壮、少病虫害的树种，以乡土树种为主；通过反复测定重要植物生长的海拔高度，确定红树林主干树种分布区域回填后土壤海拔高度 1.2～1.5 m，半红树分布区域回填高度 1.5 m 以上，保证红树植物多样性。同时采用人工造林的方法补种红树林，完善红树林生态群落结构，确定红树林人工造林品种和种植规格及密度，其中主干红树林品种有海漆、榄李、红海榄、秋茄等，并搭配黄槿、马鞍藤等半红树植物。现已完成红海榄种植约 $10\ 000\ \text{m}^2$，黄槿约 100 株。

（4）合理分区，保护动物食物源和安全栖息地

根据生态修复最小扰动原则，模拟自然生态环境的方式修复，区分人为活动干扰和生物栖息地，设计复层植被缓冲。

（5）示范区先行，反复实践，提炼成果经验

因红树林生长对淤泥厚度、海水盐度，以及潮位变化等都较为敏感，在人工红树繁育时不断试错，划定示范区进行扦插试验，通过观测存活率，反复测试，最终找到最适宜红树生存的海拔高度及底质条件，进行大面积推广。

公司通过生态复育工程为文昌当地生态环境的改善注入新的活力，一是保护和修复了湿地生态，通过退塘还湿，改善水质实现生态系统平衡，恢复水生态自净功能；解决

了入海口沙化、海岸线侵蚀等问题，形成具有自我更新能力的海岸生态群落，全面提升生态效益。二是项目实施全面提升企业品牌价值，成为片区生态亮点工程，形成了具有企业特色的责任品牌，通过开展各种科普、科研等宣传活动，助力野生动植物保护理念，结合旅游资源，成为休闲观光热点，带动片区发展，增加第三产业收入，有效促进了当地生态产业的发展，提升社会经济效益。三是通过开展生态课题研究与应用，生态环保设计施工经验持续固化，全面提升企业员工履责能力，实现了理论与实践的双循环，员工绿色创新发展意识不断加强。

3.3.3.3 江苏东台建设生物多样性友好的海上风电

江苏沿海地区分布有丰富的湿地资源和富饶的淤泥质海滩，孕育了品种繁多的鱼类、虾、蟹和软体动物，每年春秋有 300 余万只岸鸟迁飞经过盐城，有近百万只水禽在此处越冬，是我国乃至全球生态链条上不可或缺的一环。中国绿发江苏分公司坚持生态优先原则，早在 2015 年东台海上风电项目筹备之初就确立了保护海洋环境、最大限度降低工程建设对海洋生态环境影响的方针，2018 年，如东海上风电场项目建设更是充分总结吸收东台项目生态保护工作经验，努力打造生态友好、设计优良的优质海上风电工程，先后开展了响应保护海洋生态号召、优化施工工艺、开展鸟类观测和增殖放流等一系列行动确保项目的顺利实施。

（1）保护优先，尽可能减少用海面积

始终遵循保护优先的理念，在设备选材方面尽量选择用海面积小的方式，东台 200 MW 海上风电项目由可研阶段使用三桩导管架基础、单机容量 3.6 MW 的风电机组，变更为占海面积更小的单桩基础、单机容量 4 MW 的风电机组，用海面积由 120 km² 压缩至 29.8 km²，节约用海 90.2 km²，最大限度减小了对保护区内生物的影响。

（2）优化施工工艺，保护生物栖息地

为减小对海洋底栖生物的影响，优化海缆敷设工艺，深海区的海缆采用埋设犁方式敷设，登陆段海缆采用"登滩排架"和直埋方式敷设，最大限度减少海底及海滩开挖工程量，减小对原生环境的影响。

（3）开展鸟类观测，保护迁徙通道

为保护项目周边鸟类迁徙路线，委托专业单位对项目周边海洋环境和鸟类进行定期观测，建立鸟类活动、筑巢、繁殖、迁徙规律档案，在缩减用海面积时，优先缩减对鸟类活动、迁徙影响大的海域的用海面积，最大限度减小风电场建设对鸟类活动的影响。

（4）开展增殖放流，改善生物种群结构

实施海洋生态修复，组织开展增殖放流。在放流前，对苗种进行检验检疫；在放流过程中，聘请渔业专家现场计数、检验，邀请地方渔业主管部门监督；放流后开展持续跟踪，确保放流取得成效，在东台、黄沙洋海域累计放流大黄鱼、黄姑鱼及黑鲷等 7 种海洋生物共 9 200 余万尾。

项目建设过程中通过大幅缩减用海面积，确保了渔民的生存空间，使项目范围远离盐城国家级珍禽自然保护区，避免影响保护区内的生态环境。以优化深海区施工工艺来减少工程量，最大限度减少对海底栖生物和海底原生环境的影响，保护海底生态环境。持续开展的鸟类观测为保护候鸟迁徙和越冬鸟类栖息研究提供了基础数据，有效避免风电厂建设对当地鸟类活动的影响。开展增殖放流也为渔业损失补偿，改善和恢复鱼类的群落结构和海域生态环境，实现人与自然和谐共生、相融共进作出了积极贡献。

3.3.3.4　长白山华美胜地打造净零碳园区

长白山华美胜地项目地处抚松县西南部、漫江镇西北部，规划总建设用地 310 hm²，总建筑面积约 240 万 m²。项目与长白山国家级自然保护区相邻，区内分布有野生植物 2 277 多种，野生动物 1 225 种，生物多样性极为丰富。从项目建设初期开始，公司以"山水林田湖草沙生命共同体"理念为指导，从景观尺度生态系统的完整性和系统性出发，积极采取各种措施，减少项目建设对当地自然环境的影响，保护当地生态自然环境和生物多样性。

（1）实施保护修复工程，维护原有生态系统

坚持尊重自然生态原貌，项目建筑物选址落位在原有农业耕地及宅基地上，无法落实在农业耕地上的，采取移栽或避让措施，例如酒店式公寓在道路修建过程中遇到树木无法移栽时，选择修建道路绕行而过，尽可能保护原有林木。以政企协同的方式合力实施头道松花江综合治理项目，恢复流域湿地生态系统，保护水生生物生境。

（2）完善基础设施建设，减少环境污染

项目紧靠头道松花江，为保障水源不受污染，规划并建设污水处理厂及中水收集池，经过处理的污水汇集到中水收集池，用于滑雪场冬季的人工造雪及夏季苗木灌溉。积极响应"双碳"目标，实行绿色能源替代，开展绿电直供进园区。通过在园区国际会议中心、山地滑雪场、办公楼及宿舍楼多区域广泛安装分布式光伏发电设施，装机容量 74.8 kW，年均可提供约 8.80 万 kW·h 的绿色电能，每年节约标准煤约 27.5 t，减少排放二氧化碳约 67.8 t。

（3）加强环境治理，打造湿地公园

为了减少项目建设对当地自然环境破坏，保护生物多样性，利用原有洼地形成的水塘，构建湿地环境，在水塘周边补种香蒲等植被，并投放适量鱼苗，为中华秋沙鸭、苍鹭、绿头鸭等禽类提供丰富的食物来源。目前已在园区内建立多处中华秋沙鸭人工巢供秋沙鸭繁殖，同时建立两处水塘栖息地，为中华秋沙鸭提供良好的生存环境。

（4）开展生物多样性科普活动

园区根据需求及当地特有植物特色，建设森林讲堂，设置宣传展示区域，对重要的植物种类标定，设置标识牌并印二维码，可通过扫码获得植物种类简介、主要习性特征及分布等主要内容，加大动植物科普保护力度。2021 年 7 月鉴于园区在青少年自然科普教育方面的成就，被授予"吉林省科普工作示范基地"。

3.4　公司生物多样性保护工作短板与不足

中国绿发结合主营业态发展，积极探索生物多样性保护实践，在项目园区物种保护、生境保护与恢复、融合产业可持续发展等方面取得明显成效。然而，公司生物多样性保护行动尚且处于起步阶段，依然面临着诸多问题与挑战。

3.4.1　公司员工对生物多样性及其价值认识不足

公司主营的能源、旅游、低碳城市业态其生产经营活动、上下游供应链与相关投资活动，均会对生物多样性产生一定程度的影响。生物多样性及其价值的重要性不言而喻，但鉴于生物多样性跨学科的复杂性，生物多样性丧失呈现长周期且不明显的特点，企业活动对生物多样性造成的影响对公众来说不易直接察觉。公司大多数员工没有接受过生物多样性相关学科的专业培训或教育，对生物多样性的基本概念并不了解，对生物多样性及其价值的重要性认识不足。公司领导层充分认识到采取生物多样性行动的必要性及对企业可持续发展的重要意义，但生物多样性保护的理念在全公司推广覆盖范围有限，仅有个别下属公司开始采取行动，大多数子公司仍未认识到生物多样性保护与公司可持续发展高度融合的关联性，以及保护生物多样性的紧迫性，以至于全公司生物多样性保护的行动力和成效有限。

生物多样性不仅为人类提供了基本的生态系统服务功能，也与人类生计和社区发展等密切相关。例如，生物多样性可以支持农业、渔业和林业的可持续发展，也可以通过生态旅游等方式为社区带来经济收益。然而公司员工对生物多样性可持续利用的深层机制与原理并不了解，也不清楚如何将生物多样性保护与产业发展相结合，在推进公司可持续发展与产业可持续经营方面创新融合不够，存在"为了保护而保护"的被动状况，难以真正将生物多样性纳入公司绿色发展的全过程，与建设生物多样性保护领跑企业的目标差距仍然较大。

3.4.2　缺乏有效的政策标准加以指导

当前我国政府在支持商业决策生物多样性主流化和企业生物多样性行动方面仍然处

于起步阶段，尚未建立有效的引领性导则和实施规范加以指导，《昆明-蒙特利尔全球生物多样性框架》中已经对企业和金融机构的监测、评估和报告提出了生物多样性风险方面的内容要求，但尚未形成类似《巴黎协定》的影响力和约束力，相关配套的指导性或建议性文件有待完善，对企业和金融机构的强制性要求、奖励补贴或惩罚约束等机制亟待细化落实，企业生物多样性信息披露相关政策标准缺失，导致公司采取行动无据可依。

中国绿发提出建设生物多样性保护领跑企业的目标，但在现行法规政策框架下仍然存在目标不清和思路不明的问题，缺乏明确的、可量化的评价指标和目标，影响了行动的设计、衡量和评价，难以切中企业运营的实质性问题。公司生物多样性实践行动处于探索阶段，政策的不确定性也可能对企业在生物多样性保护方面的投入和收益产生影响。

此外，任何商业活动都需要企业与其他利益相关方共同完成，企业在参与生物多样性保护时，需要与其他利益相关方进行协调，包括政府、非政府组织、其他企业等，然而企业与政府、社会机构、公众的协同机制尚未搭建起来，政、产、学、研、用尚未充分融合，这也可能会给企业带来一定的挑战和不确定性。

3.4.3 公司采取生物多样性保护行动的能力水平有限

公司在采取生物多样性保护行动过程中可借鉴、可参考经验有限，生物多样性保护相关科技创新和技术手段较为落后，参与生物多样性保护治理能力与保护治理需求仍不相适应。公司经营范围内尚未建立生物多样性监测设施，项目场地生物多样性本底不清，缺乏足够的数据和信息支持，难以准确了解其保护对象的生态状况。此外，还存在其他一些技术性难题，包括如何有效地保护项目场地的生物多样性，如何处理生物多样性保护和公司业态发展之间的关系等问题。

生物多样性保护需要大量的资金支持，包括科研资金、保护资金、管理资金等。然而，公司在支持生物多样性行动方面的专项资金较为有限，尤其一些子公司在生产经营中本身就面临资金短缺问题，很难在生物多样性保护方面安排资金投入，这在一定程度上影响了公司生物多样性总体行动的效果。

第 4 章

中国绿发生物多样性保护行动战略与
目标任务研究

立足公司总体发展定位，对标《昆明-蒙特利尔全球生物多样性框架》及国家生物多样性保护战略行动计划关于企业生物多样性决策的目标要求，综合建设美丽中国、碳达峰碳中和、乡村振兴等重大战略实施，科学制定中国绿发建设生物多样性领跑企业的战略思路和行动目标。

4.1 行动意义

4.1.1 贯彻习近平生态文明思想和习近平总书记重要讲话精神的重要实践

生物多样性保护是新时期生态文明和美丽中国建设的重要内容，是习近平生态文明思想的重要组成部分，是实现人与自然和谐共生现代化的关键途径。习近平总书记高度重视生物多样性保护工作，多次亲自部署谋划相关工作。2021 年 10 月，习近平主席在 COP15 第一阶段领导人峰会上讲话指出，"'万物各得其和以生，各得其养以成'。生物多样性使地球充满生机，也是人类生存和发展的基础。保护生物多样性有助于维护地球家园，促进人类可持续发展"。2022 年 12 月，习近平主席在 COP15 第二阶段高级别会议上致辞，提出凝聚生物多样性保护全球共识、推进全球进程、推动绿色发展、维护公平合理的全球秩序四点主张，阐述了中国行动方案，为会议的成功注入强大动能，开启了构建地球生命共同体的新篇章。作为聚焦绿色发展的中央企业，积极将生物多样性保护融入产业绿色低碳发展，努力建设生物多样性保护领跑企业，是贯彻落实习近平生态文明思想和习近平总书记重要讲话精神的重要实践。

4.1.2　落实国家生物多样性保护战略部署的关键举措

党的十八大以来，我国生物多样性主流化持续推进，生物多样性保护法规政策不断完善，生物多样性被纳入国家发展战略、空间规划、法规政策中。《中华人民共和国国民经济和社会发展第十四个五年规划和 2035 年远景目标纲要》明确要求，"十四五"期间围绕"推动绿色发展，促进人与自然和谐共生"，要求提升生态系统的质量和稳定性，持续改善环境质量，加快发展方式绿色转型。2021 年 10 月，中共中央办公厅、国务院办公厅印发《关于进一步加强生物多样性保护的意见》，全面部署新时期生物多样性保护工作，提出鼓励企业和社会组织自愿制订生物多样性保护行动计划、激励企事业单位积极参与生物多样性保护等方面的任务措施。2022 年 10 月，党的二十大报告指出，中国式现代化是人与自然和谐共生的现代化，强调"提升生态系统的多样性、稳定性和持续性，实施生物多样性保护重大工程"，再次将生物多样性保护提升到党中央决策和国家战略的高度。2024 年 1 月，生态环境部正式发布实施新一轮国家生物多样性保护战略行动计划，首次将"企业与生物多样性"作为推动生物多样性主流化的优先行动重点布局，中国绿发主动担起央企责任，共同推动生态环境的改善和生物多样性保护，是企业落实国家生物多样性工作部署的必要行动。

4.1.3　顺应发展规律、展现央企担当、打造长青基业的内生动力

"万物并育而不相害，道并行而不相悖"，这是宇宙的自然法则。人与自然是生命共同体，携手应对气候变化、自然环境和生物多样性丧失、污染和废弃物这三重地球危机，共建地球生命共同体，共建清洁美丽世界，促进人类可持续发展是全人类的最大福祉和共同期待。当前，我国进入了全面建设社会主义现代化国家、向第二个百年奋斗目标进军的新发展阶段，我国生态文明建设进入了以降碳为重点战略方向、推动减污降碳协同增效、促进经济社会发展全面绿色转型、实现生态环境质量改善由量变到质变的关键时期，要求形成节约资源和保护环境的空间格局、产业结构、生产方式、生活方式，统筹污染治理、生态保护、应对气候变化，促进生态环境持续改善，努力建设人与自然和谐共生的现代化，对企业深化绿色低碳转型提出新挑战。

生物多样性是建设人与自然和谐共生的美丽中国的重要表征，中国绿发坚持生态优先、绿色发展，积极采取相关的管理和行动措施，将生物多样性保护融入企业生产经营的全业态和全过程，以保护和提升生态系统的多样性、稳定性和持续性，促进保护与发展的良性循环，助力建设美丽中国、实现碳达峰碳中和、乡村振兴、健康中国等战略实施，是顺应自然规律和经济社会发展规律的必然选择，是履行央企责任担当、建设美丽中国使命的生动见证，是实现可持续发展、打造长青基业的内生动力。

4.2　总体战略

4.2.1　指导思想

以习近平新时代中国特色社会主义思想为指导，全面贯彻党的十九大和党的二十大精神，深入贯彻习近平生态文明思想，认真落实习近平总书记关于生物多样性保护的重要讲话和指示精神，完整、准确、全面贯彻新发展理念，立足"推进绿色发展，建设美丽中国"的企业使命，对标全球及国家生物多样性治理行动目标，综合建设美丽中国、实现碳达峰碳中和、乡村振兴、健康中国等重大战略实施，找准企业绿色低碳产业发展与生物多样性保护的融合点，推动打造生物多样性保护领跑企业，激发公司绿色低碳发展的核心竞争优势，更好地服务和融入新发展格局，为有效应对全球生物多样性挑战、共建地球生命共同体贡献力量。

4.2.2　基本原则

尊重自然，保护优先。牢固树立尊重自然、顺应自然、保护自然的生态文明理念，在企业生产经营中将生物多样性保护作为可持续发展的目标和手段，尽可能避免和减缓开发建设对生物多样性的负面影响。

绿色引领，融合发展。正确处理企业绿色能源、低碳城市、幸福产业等核心业态发展与生物多样性保护的耦合关系，推动供应链上下游生产生活方式的转型升级，实现高水平保护与高质量发展的双赢。

上下联动，因地制宜。明确集团和分公司生物多样性保护和管理事权，在集团层面做好战略规划等顶层设计，分公司落实主体责任，因地制宜执行生物多样性保护行动，上下联动，密切协作，信息互通，形成合力。

创新驱动，探索共赢。针对企业经营中生物多样性治理的薄弱环节，发挥制度牵引作用，创新生物多样性影响评价、价值核算、补偿等机制，研发绿色环保先进技术，以生物多样性保护行动激发企业竞争优势。

4.2.3　公司生物多样性保护"1166"战略

紧抓 1 个核心目标：建设生物多样性保护领跑企业。生物多样性保护是建设美丽中国不可或缺的一部分。将生物多样性保护融入绿色低碳产业生产经营全过程，以自然之道，养万物之生，从保护自然中寻找发展机遇，努力实现保护与发展的双赢，成为生物多样性保护领跑者，为建设美丽中国贡献智慧和力量。

牢铸 1 条主线：绿色低碳发展。绿色决定发展的成色。聚焦公司绿色发展主责主业，高质量发展绿色能源、低碳城市、幸福产业和战略性新兴产业，协同促进降碳、减污、扩绿、增长，推进生态优先、节约集约、绿色低碳发展。

实施 6 项优先任务：①将生物多样性保护上升为企业发展战略，推动将生物多样性保护融入企业生产经营全过程；②协同促进绿色能源发展与生物多样性保护，积极应对气候变化和生物多样性丧失危机；③以低碳城市建设提升城市生物多样性，推动建设人与自然和谐的美丽家园；④以幸福产业运营挖掘优质生态价值，不断满足人民群众对美好生活和优质生态环境的需要；⑤有序开展生物多样性监测与评估，及时采取保护或恢复措施以减缓影响；⑥完善生物多样性保护执行与保障机制，稳妥推动生物多样性保护行动取得积极成效。

力争实现 6 个引领：①以习近平生态文明思想为引领，争当习近平生态文明思想的忠实践行者；②以建设人与自然和谐共生的现代化为引领，争当中国式现代化的推动者；③引领发展方式绿色低碳转型，做绿色低碳转型发展驱动者；④引领打造健康宜居美丽家园，做天蓝、水清、地绿的美丽中国建设者；⑤引领创造幸福生活新风尚，做幸福生活创造者；⑥引领央企生物多样性保护新作为，做生物多样性保护的先行者和示范者。

4.3　目标指标

4.3.1　全球生物多样性目标指标

4.3.1.1　爱知目标

继 1992 年全球各缔约方共同签署《生物多样性公约》，2010 年 10 月在日本名古屋召开的《生物多样性公约》缔约方大会第十次会议通过了"爱知目标"，设立了 5 个战略目标和 20 个行动目标，为中长期全球生物多样性治理设定了框架，这也是全球第一个以 10 年为期的生物多样性保护目标，详见表 4-1。

表 4-1　爱知目标框架

战略目标 A	生物多样性得到政府和社会的普遍重视，从根本上解决生物多样性丧失的问题
目标 A1	使人们认识生物多样性的价值并做到对生物多样性的保护和可持续利用
目标 A2	生物多样性的价值被主流化到国家和地方的发展、减贫战略以及规划过程中，并以适当的方式纳入国家核算与报告体系

目标 A3	改善激励机制,包括取消、淘汰或改进对生物多样性不利的各种补贴机制,以减轻或避免对生物多样性的不利影响,推出有利于生物多样性保护与可持续利用的积极的激励机制,做到与《生物多样性公约》和其他国际义务协调一致,并考虑国际上的社会经济条件
目标 A4	所有政府、企业和利益相关者都采取行动,实现或者实施可持续的生产与消费计划,确保对自然资源利用所产生的影响维持在非常安全的生态界限内
战略目标 B	**减少对生物多样性的直接压力,促进自然资源的可持续利用**
目标 B1	所有自然栖息地,包括森林的丧失速度减缓50%,在可能的地区使丧失得到完全遏制,退化与破碎化得到显著降低
目标 B2	所有鱼类、无脊椎动物和水生植物都得到可持续、合法与生态系统方法的管理和利用,避免过度捕捞。对所有濒危种制订恢复计划并采取恢复措施,渔业不再对受威胁的物种和脆弱生态系统产生负面影响,使渔业对资源、物种和生态系统的影响维持在安全的生态界限内
目标 B3	农业、水产和林业用地得到可持续管理,其中的生物多样性得到保护
目标 B4	污染,包括富营养化,被降低到不再危害生态系统功能和生物多样性的水平
目标 B5	外来入侵物种及其入侵途径得到确认和危害排序,危害较大的外来入侵物种得到控制或被根除,采取措施控制入侵途径,防止入侵物种的进入和定居
目标 B6	将对气候变化或海洋酸化影响下的珊瑚礁和其他脆弱生态系统的各种人为压力减至最低,以确保珊瑚礁和生态系统的完整性和发挥功能
战略目标 C	**通过保护生态系统、物种和遗传基因多样性,改善生物多样性现状**
目标 C1	至少17%的陆地与内陆水域以及10%的海岸与海洋,尤其是那些生物多样性和生态系统服务重要的地区得到保护,主要是通过有效合理的管理、建立生态典型区域及保护地等良好的连通体系、其他有效的区域保护措施以及把这些纳入范围更大的景观管理和海洋景观管理来实现
目标 C2	防止已知的受威胁物种的灭绝,这些物种,尤其是那些数量锐减的物种的保护状况得到改善和持续保护
目标 C3	栽培植物、养殖与驯化动物以及这些动植物的野生亲缘种,包括其他具有社会-经济和文化价值的物种的遗传多样性得到保护,制定并实施最小化遗传侵蚀和保护遗传多样性的战略
战略目标 D	**加强生物多样性和生态系统为全人类服务**
目标 D1	提供重要服务的生态系统,包括与水资源有关的服务、对健康与生计以及福祉有益的服务等,得到恢复与保护,同时考虑妇女、土著和当地社区以及贫困人口和脆弱人口的需求
目标 D2	通过保护与恢复措施,使生态系统弹性和生物多样性对碳汇的贡献得到提升,实现途径是保护与恢复,包括恢复至少15%的退化生态系统,以提升对减缓和适应气候变化以及防治荒漠化的贡献
目标 D3	《名古屋议定书》生效并运行,并与国内立法保持一致

战略目标 E	通过参与规划、知识管理和能力建设强化战略目标实施
目标 E1	每个缔约方制订并开始实施一个有效的、参与式的和更新的国家生物多样性战略与行动计划，使之成为一种政策工具
目标 E2	与生物多样性保护和可持续利用有关的传统知识、创新和土著与地方社区的实践，以及他们对生物资源的传统利用都得到尊重，与国家立法和相关国际义务保持一致，完全纳入《生物多样性公约》的履约行动中，并在履约时充分得到反映，即土著和地方社区在各个层面上能充分、有效地参与
目标 E3	生物多样性相关的知识与科技、生物多样性的价值、功能、状况与趋势，以及生物多样性丧失的后果等得到改善或减缓，并使这些技术和方法得到广泛分享、转移和应用
目标 E4	为有效实施《2011—2020 年生物多样性战略计划》，调动所有能调动的资金，确保融资程序与已经通过的《资源调动战略》保持一致。融资应在现有基础上具有显著增加，该目标将根据缔约方开展的资金需求评估报告的变化而变化

4.3.1.2　《昆明-蒙特利尔全球生物多样性框架》

《昆明-蒙特利尔全球生物多样性框架》从保护重点物种、恢复生态系统及其服务、遗传资源的获取与惠益分享、生物多样性治理机制与水平等方面描绘了 2050 年 4 个长期目标，详见表 4-2。

表 4-2　《昆明-蒙特利尔全球生物多样性框架》2050 年长期目标

行动目标	具体内容
长期目标 A	在 2050 年之前维持、增强或恢复，大幅增加生态系统的完整性、连通性和复原力；制止已知受威胁物种的人为灭绝，到 2050 年，所有的物种灭绝率和风险减少 90%，本地野生物种的数量增加到健康和有复原力的水平；野生和驯化物种种群内的遗传多样性得以保持，从而保护它们的适应潜力
长期目标 B	到 2050 年，生物多样性得到利用和管理，自然对人类的贡献，包括生态系统功能和服务的贡献得到重视，与通过保护得到维护和加强，恢复目前正在下降的生态系统，支持可持续发展，造福今世后代
长期目标 C	利用遗传资源、遗传资源数字序列信息以及与遗传资源相关的传统知识（如适用）所产生的货币和非货币利益得到公平和公平的分享，包括酌情与土著人民和当地社区分享，并到 2050 年大幅增加，同时确保与遗传资源相关的传统知识得到适当保护，从而根据获取和惠益分享的国际文书，促进生物多样性的保护和可持续利用
长期目标 D	所有缔约方，特别是发展中国家，尤其是最不发达国家和小岛屿发展中国家，以及经济转型国家，都有充分的执行手段，包括财政资源、能力建设、技术和科学合作，以及获取和转让技术，以充分执行《昆明-蒙特利尔全球生物多样性框架》，逐步缩小每年 7 000 亿美元的生物多样性资金缺口，并使资金流动与《昆明-蒙特利尔全球生物多样性框架》和 2050 年生物多样性愿景保持一致

　　《昆明-蒙特利尔全球生物多样性框架》从减少对生物多样性的威胁、通过可持续利用和惠益分享满足人类需求、执行工作和主流化的工具及解决方案 3 个层面，设立了 23 个面向 2030 年前必须采取行动的目标计划，详见表 4-3。其中行动目标 15 从生物多样性评估、促进可持续消费、发布生物多样性报告等方面确定企业生物多样性保护的目标要求。

表 4-3　　《昆明-蒙特利尔全球生物多样性框架》2030 年行动目标

序号	具体目标
A. 减少对生物多样性的威胁	
行动目标 1	确保所有区域，处于参与性、综合性、涵盖生物多样性的空间规划和/或其他有效管理进程之下，2030 年前使具有高度生物多样性重要性的区域，包括生态系统和具有高度生物多样性的区域的丧失接近于零，同时尊重土著居民和地方社区的权利
行动目标 2	确保到 2030 年，至少 30% 的陆地、内陆水域、沿海和海洋生态系统退化区域得到有效恢复，以增强生物多样性和生态系统功能和服务、生态完整性和连通性
行动目标 3	确保和促使到 2030 年至少 30% 的陆地、内陆水域、沿海和海洋区域，特别是对生物多样性和生态系统功能和服务特别重要的区域，通过具有生态代表性、保护区系统和其他有效的基于区域的保护措施至少恢复 30%，在适当情况下，承认当地和传统领土融入更广泛的景观、海景和海洋，同时确保在这些地区适当的任何可持续利用完全符合保护成果，承认和尊重土著居民和地方社区的权利，包括对其传统领土的权利
行动目标 4	确保采取紧迫的管理行动，停止人为导致的已知受威胁物种的灭绝，实现物种特别是受威胁物种的恢复和保护，大幅降低灭绝风险，维持本地物种的种群丰度，维持和恢复本地、野生和驯化物种之间的遗传多样性，保持其适应潜力，包括为此实行就地和移地保护和可持续管理做法，并有效管理人类与野生动物的互动，减少人类与野生动物的冲突，以利共处
行动目标 5	确保野生物种的使用、采猎、交易和利用是可持续的、安全的、合法的，防止过度开发，减少对非目标物种和生态系统的影响，减少病原体溢出的风险，采用生态系统方法，同时尊重和保护土著居民和地方社区的可持续的习惯使用
行动目标 6	通过确定和管理引进外来物种的途径，防止重点外来入侵物种的引入和定居，消除、尽量减少、减少和/或减轻外来入侵物种对生物多样性和生态系统服务的影响，到 2030 年，将其他已知或潜在入侵外来物种的引进定居率至少降低 50%，消除或控制入侵外来物种，特别是在岛屿等优先地点
行动目标 7	考虑累积效应，到 2030 年将所有来源的污染风险和不利影响减少到对生物多样性和生态系统功能和服务无害的水平，包括：减少至少一半流失到环境中的过量养分，包括提高养分循环和利用的效率，总体上将有关使用农药和剧毒化学品的风险减少至少一半，以科学为根据，考虑粮食安全和生计；又防止、减少和努力消除塑料污染
行动目标 8	最大限度地减少气候变化和海洋酸化对生物多样性的影响，并通过缓解、适应和减少灾害风险行动，包括通过基于自然的解决方案和/或基于生态系统的办法，同时减少不利影响，促进对生物多样性的积极影响

序号	具体目标
	B. 通过可持续利用和惠益分享满足人类需求
行动目标 9	确保野生物种的管理和利用可持续，从而为人民，特别是处境脆弱和最依赖生物多样性的人提供社会、经济和环境福利，包括通过可持续的生物多样性活动，能增强多样性的产品和服务，保护和鼓励土著居民和地方社区的生计和可持续的习惯使用
行动目标 10	确保农业、水产养殖、渔业和林业领域得到可持续管理，特别是通过可持续利用生物多样性，包括通过大幅增加生物多样性友好做法的应用，如可持续集约化，农业生态和其他创新方法促进这些生产系统的恢复力和长期效率和生产力，促进粮食安全，保护和恢复生物多样性，并保持自然对人类的贡献，包括生态系统功能和服务
行动目标 11	恢复、维持和增进自然对人类的贡献，包括生态系统功能和服务，例如调节空气、水和气候、土壤健康、授粉和减少疾病风险，以及通过基于自然的解决方案和/或基于生态系统的方法、造福所有人民和自然
行动目标 12	通过将生物多样性的保护和可持续利用纳入主流，大幅提高城市和人口密集地区绿地和绿地的面积、质量和连通性，并可持续地利用绿地和绿地，确保城市规划中的生物多样性包容性，增强本地生物多样性、生态连通性和完整性，提高人类健康和福祉以及与自然的联系，促进包容性和可持续的城市化以及提供生态系统功能和服务
行动目标 13	酌情在各层面采取有效的法律、政策、行政和能力建设措施，确保公正和公平分享利用遗传资源和遗传资源数字序列信息以及与遗传资源相关的传统知识所产生的惠益，便利获得遗传资源，根据适用的获取和分享惠益国际文书，到 2030 年促进更多地分享惠益
	C. 执行工作和主流化的工具及解决方案
行动目标 14	确保将生物多样性及其多重价值观充分纳入各级政府和所有部门的政策、法规、规划和发展进程、消除贫困战略、战略环境评估、环境影响评估，并酌情纳入国民核算，特别是对生物多样性有重大影响的部门，逐步使所有相关的公共和私人活动、财政和资金流动与该框架的目标和指标相一致
行动目标 15	采取法律、行政或政策措施，鼓励和推动商业，确保所有大型跨国公司和金融机构： （a）定期监测、评估和透明地披露其对生物多样性的风险、依赖程度和影响，包括对所有大型跨国公司和金融机构及其运营、供应链和价值链和投资组合的要求； （b）向消费者提供所需信息，促进可持续的消费模式； （c）遵守获取和惠益分享要求并就此编制报告； 以逐步减少对生物多样性的不利影响，增加有利影响，减少对商业和金融机构的生物多样性相关风险，并促进采取行动确保可持续的生产模式
行动目标 16	确保鼓励人们并使人们能做出可持续的消费选择，包括通过建立支持性政策、立法或监管框架，改善教育和获得相关准确的信息和其他选择，到 2030 年，以公平的方式减少全球消费足迹，包括将全球粮食浪费减半，大幅减少过度消费，大幅减少废物产生，使所有人都能与地球母亲和谐相处
行动目标 17	按照《生物多样性公约》第 8（g）条的规定，在所有国家建立、加强和实施生物安全措施的能力，按照《生物多样性公约》第 19 条的规定采取生物技术处理和惠益分配措施

序号	具体目标
行动目标 18	到 2025 年，以相称、公正、公平、有效和公平的方式确定并消除、逐步淘汰或改革激励措施，包括对生物多样性有害的补贴，同时到 2030 年，每年大幅逐步减少至少 5 000 亿美元，首先减少最有害的激励措施，扩大生物多样性保护和可持续利用的积极激励措施
行动目标 19	根据《生物多样性公约》第 20 条，以有效、及时和容易获得的方式，逐步大幅增加所有来源的财务资源量，包括国内、国际、公共和私人资源，以执行国家生物多样性战略和行动计划，到 2030 年每年至少筹集 2 000 亿美元，包括通过： （a）增加从发达国家和自愿承担发达国家缔约方义务的国家流向发展中国家特别是最不发达国家和小岛屿发展中国家以及经济转型国家的与生物多样性有关的国际资金总量，包括海外发展援助，到 2025 年每年至少达到 200 亿美元，到 2030 年每年至少达到 300 亿美元； （b）制定和实施国家生物多样性融资计划或类似工具，根据国家需要、优先事项和国情，大幅增加国内资源调动； （c）利用私人资金，促进混合融资，实施筹集新的和额外资源的战略，鼓励私营部门向生物多样性投资，包括通过影响基金和其他工具； （d）激励具有环境和社会保障的创新计划，如生态系统服务付费、绿色债券、生物多样性补偿和信用、惠益分享机制等； （e）优化生物多样性和气候危机融资的共同惠益和协同作用； （f）加强集体行动的作用，包括土著居民和地方社区的集体行动、以地球母亲为中心的行动和非市场办法，包括基于社区的自然资源管理和民间社会旨在保护生物多样性的合作和团结措施； （g）提高资源提供和使用的效力、效率和透明度
行动目标 20	加强能力建设和能力发展，加强技术获得和转让，促进创新和科技合作的发展和获得，包括通过南南合作、南北合作和三边合作，以满足有效执行框架的需要，特别是在发展中国家，促进联合技术开发和联合科研方案，保护和可持续利用生物多样性，加强科研和监测能力，与框架的长期目标和行动目标的雄心相称
行动目标 21	确保决策者、从业人员和公众能够获取最佳现有数据、信息和知识，以便指导实现有效和公平治理和生物多样性的综合和参与式管理，并加强传播、提高认识、教育、监测、研究和知识管理，以及在这种情况下，应遵循国家法律仅在得到其自由、事先知情同意的情况下，获取土著居民和地方社区的传统知识、创新、做法和技术
行动目标 22	确保土著居民和地方社区在决策中有充分、公平、包容、有效和促进性别平等的代表权和参与权，有机会诉诸司法和获得生物多样性相关信息，尊重他们的文化及其对土地、领地、资源和传统知识的权利，以及妇女和女童、儿童和青年以及残疾人，并确保对环境人权维护者的保护及其诉诸司法的机会
行动目标 23	确保性别平等，确保妇女和女童有平等的机会和能力采用促进性别平等的方法为《生物多样性公约》的 3 个目标作贡献，包括承认妇女和女童的平等权利和机会获得土地和自然资源，以及在与生物多样性有关的行动、接触、政策和决策的所有层面充分、公平、有意义和知情地参与和发挥领导作用

表 4-6　《中国生物多样性保护战略与行动计划（2023—2030 年）》行动目标指标体系

领域	指标	2030 年	2035 年
生物多样性管理机制	生物多样性保护相关政策、法规、制度、标准和监测体系	基本建立	全面完善
生物多样性调查监测	生物多样性保护优先区域和国家战略区域的本底调查与评估	持续推进	—
	国家生物多样性监测网络	基本建成	—
公众参与	全民共同参与生物多样性保护的良好局面	形成	—
生态系统保护恢复	陆地、内陆水域、沿海和海洋退化生态系统恢复占比	至少 30%	—
重要生态空间保护与管控	陆地、内陆水域、沿海和海洋区域得到有效保护和管理的面积占比	至少 30%	—
	以国家公园为主体的自然保护地面积占比	18% 左右	18% 以上
	陆域生态保护红线面积占比	不低于 30%	—
	海洋生态保护红线面积	不低于 15 万 km²	—
水生生物保护	长江水生生物完整性指数	有所改善	显著提高
遗传资源获取与惠益分享	利用遗传资源和 DSI（数字化序列信息）及其相关传统知识所产生的惠益得到公正和公平分享	实现	—

4.3.3　构建企业生物多样性行动目标指标体系

对标国内外生物多样性保护行动目标制定，中国绿发立足公司产业发展状况及生态管理制度建设基础，响应"1166"战略，从生物多样性保护、可持续生产与经营、协同治理、治理机制与能力建设 4 个领域，构建生物多样性行动目标指标体系，包含 17 项具体的定性或定量指标。详见表 4-7。

表 4-7　企业生物多样性保护目标指标体系

一级指标	二级指标	目标解释
A 生物多样性保护	A-1 场地布局选址	（1）企业园区或建设项目布局选址应严格落实生物多样性相关空间管控要求，合理避让生态环境敏感区； （2）园区科学布局功能分区，坚持最小干扰原则，尽量减小对野生动植物及其栖息地的负面影响； （3）对于企业拥有、租赁、位于或临近保护地和保护地以外的生物多样性丰富区域和生态环境敏感区域，采取可持续管理
	A-2 生物多样性恢复	（1）对因生产经营活动产生的生态系统结构受损、服务功能下降的生境，制定并实施科学可行的修复措施，促进退化生态系统的整体改善、连通度提高和生态系统服务能力的全面增强； （2）生产经营园区绿化使用本土物种，并充分考虑物种多样性配置； （3）采取其他有效区域的保护措施（other effective area-based conservation measures，OECMs）
	A-3 防控外来入侵物种	（1）通过管理引进外来物种的途径，防止重点外来入侵物种的引入和定居； （2）基于调查监测，对已识别的外来入侵物种采取措施进行治理和清除，尽量减轻外来入侵物种的负面影响
B 可持续生产与经营	B-1 建立生物多样性友好的供应链	（1）制定覆盖研发设计、原材料采购、生产、物流、销售、回收等全链条的有利于生物多样性维护的绿色供应链管理方案； （2）建立绿色供应商评选制度，优先选择生物多样性友好的供应商合作； （3）采用交流、合作、宣传、培训等方式，带动产业上下游共同采取生物多样性保护与可持续利用行动
	B-2 推广采用生物多样性友好的技术工艺	（1）在生产经营的关键环节推广采用节能降耗、减少污染、改善生态、循环利用的前沿技术； （2）通过采用生物多样性友好的技术工艺，有效降低消除对生物多样性、生态系统功能和人类健康的不利影响
	B-3 供给绿色产品与服务	（1）企业生产经营活动向社会供应的以绿色产品或服务为主，应具备对生物多样性不造成负面影响、资源能源消耗少、品质高等特点； （2）提供的绿色产品和服务通过国内外专业机构认证
C 协同治理	C-1 应对气候变化	（1）重点排放单位温室气体排放强度达到管控要求； （2）制定碳达峰碳中和行动计划与目标； （3）开展企业战略和商业模式对气候相关变化、发展和不确定性有关的气候韧性（climate resilience）分析； （4）将气候变化因素融入企业风险管理体系，开展气候相关机遇和风险识别、评估、排序与监控，评估其对企业的财务影响

一级指标	二级指标	目标解释
C 协同治理	**C-2 污染防治**	（1）企业生产经营过程中排放到空气中的污染物浓度达标； （2）企业生产经营过程中向水体排放的污染物浓度达标； （3）企业生产经营活动建设用地土壤污染风险达到管控要求； （4）企业一般工业固体废物综合利用、危险废物处置达标
	C-3 维护人类健康	（1）生产经营过程中减少对非目标物种和生态系统的影响，减少病原体溢出的风险； （2）减少基于自然的疾病风险驱动因素
D 治理机制与能力建设	**D-1 制定实施企业生物多样性相关规划**	（1）根据自身发展基础和主营业态特点，充分考虑企业全产业链对生物多样性的依赖、影响和风险，制定实施企业生物多样性行动规划或方案； （2）规划方案应包含企业生物多样性愿景、总体目标和阶段性目标，以及科学合理、切实可行、互利共赢的生物多样性行动举措
	D-2 落实生物多样性管理责任	（1）设立生物多样性管理机构，并明确机构架构、职责定位、机构运行机制等； （2）建立机构年度重点工作台账，分解落实目标任务，明确实施计划等
	D-3 开展生物多样性影响评价	（1）企业建设项目开展生态环境影响评价时应同步开展生物多样性影响评价，围绕项目规划设计、施工、运行维护、停运和恢复期间等全生命周期阶段，评估建设项目对生物多样性影响，包括积极和负面的影响、实际和潜在的影响； （2）建设项目生态环境影响评价报告中应包含生物多样性专章
	D-4 披露生物多样性相关信息	（1）制订并披露生物多样性专项报告，定期向社会公众公布其生物多样性影响、行动策略以及行动目标的实施情况； （2）向消费者公开所需信息，促进可持续的消费模式； （3）披露其遵守获取和惠益分享要求的举措和成效
	D-5 开展生物多样性监测评估	（1）制定生物多样性监测计划，对生产经营范围及周边区域的生物多样性开展常态化调查和监测； （2）及时评估生物多样性的动态变化趋势及保护恢复成效，为生物多样性保护和利用提供基础数据和科技支撑，动态调整生物多样性保护与利用措施
	D-6 设立生物多样性专项资金	设立专项资金，支持开展： （1）生物多样性保护与恢复工程； （2）生物多样性相关科技研发项目； （3）宣教传播、科普体验设施建设等； （4）建立数字化智能化管理平台

一级指标	二级指标	目标解释
D 治理机制与能力建设	D-7 提升员工及周边社区生物多样性及其价值的认识	（1）定期举办和开展生物多样性相关的宣传和培训活动，全面普及员工生物多样性及其价值的认识； （2）采取宣传标语、展板、科普活动等方式，带动提升周边社区群众有关生物多样性及其价值的认识
	D-8 取得生物多样性相关科研成果	积极探索生物多样性保护、可持续生产与经营、生物遗传资源惠益分享等方面的关键技术，产出以下科研成果： （1）相关发明专利； （2）商标、著作权等知识产权； （3）新产品研发、技术开发科技成果等

4.4 任务设计

对应公司生物多样性保护目标，从生物多样性保护与恢复、采取可持续生产与经营、推进协同治理、完善治理机制和能力建设等方面，研究提出中国绿发生物多样性保护的重点任务和关键技术措施。

4.4.1 生物多样性保护与恢复

生物多样性保护与恢复对企业来说是最基本也最易于实施的行动，通常包括企业规划建设项目应符合国土空间规划"三区三线"管控要求，尤其是守住空间管控红线即耕地和生态保护红线；针对生产经营项目造成的生态破坏或退化，及时采取有效措施进行保护恢复；加强对企业经营范围内重点珍稀物种的保护，如国家级保护野生动物或植物、列入中国生物多样性红色名录的受威胁物种、区域特有物种等；注重对场区内外来入侵物种的防范，尤其一些外来植物、水生生物等，维护场区正常的生态服务功能。

4.4.1.1 场地规划布局或选址严守空间管控红线

针对已建或正在生产运营的项目，涉及生态保护红线、自然保护地、海洋特别保护区、基本农田等重要生态功能区和生态环境敏感区脆弱区，以及重点保护野生动物栖息地，重点保护野生植物生长繁殖地，重要水生生物的自然产卵场、索饵场、越冬场和洄游通道，天然渔场，水土流失重点预防区和重点治理区、沙化土地封禁保护区、封闭及半封闭海域等重要的生物多样性维护功能区，应严守国家相关空间管制要求，依法依规进行管理经营，严禁扩大现有规模与范围，项目到期后按要求做好生态修复。针对即将计划投资建设的项目，应在选址阶段合理避让，严格落实环境影响评价制度，将努力降低项目建设工程对野生动植物栖息地的影响纳入项目规划、选址、选线原则，尽可能保护项目及周边区域森林、草地、湿地等自然生态系统，维护自然生态原貌，保护生物多样性。不能避让的，采用减缓影响、生态修复和生态补偿等措施，将对生物多样性及环境的影响降到最低。

4.4.1.2　实施退化生态系统保护修复

针对项目区域内的裸地或沙地，水土流失等退化生态区域，以及质量偏低的森林、草地、湿地生态系统，按照"山水林田湖草沙生命共同体"理念，实施生态系统保护修复工程，依托场地现状和生物物种生境特征，采用基于自然的解决方案，尽量减少人为干预措施，引导场地植物群落的自发性演替，维护场地生态系统可持续发展状态。恢复重建生态廊道，局部小范围地块通过打造口袋花园、小微生境、雨水花园等海绵设施作为生物栖息战略点，改善场地生物多样性空间网络，全面提升生态系统的完整性和连通性。选取传统乡土树种，采用多元化的植物种类，构建丰富的植物结构层次，通过提供食物、居住环境和筑巢地等方式间接吸引野生动物，营造原生态的栖息地环境。保护和恢复受损的海洋栖息地，如珊瑚礁、海草床、河口湿地和海岸带等，采用绿色植物修复技术或其他生物修复技术等，减缓和逆转生态系统的退化和破坏。针对项目场地生态系统全生命周期的不同阶段，开展适应性管理。

4.4.1.3　保护重点珍稀物种

基于生物多样性监测评估结果，针对项目区域内存在的国家级保护物种、珍稀濒危物种、当地旗舰物种和特有种，联合相关政府部门和专业机构，因地制宜采取就地和迁地保护措施。通过建立原生境保护小区、保护点等形式，控制人为活动干扰，禁止生产生活垃圾、废弃物等对物种生境造成破坏，创造相对安全稳定的栖息地环境。结合生态研学等，设立野生动物及鸟类救护站，探索建立种质资源库（圃）、保育场等迁地救护设施。加强对极小种群野生植物、珍稀濒危野生动物和原生动植物种质资源拯救保护，加强外来林业有害生物预防和治理，提升生态系统稳定性。

4.4.1.4　外来入侵物种防控

外来物种入侵是导致生物多样性丧失的五大驱动因素之一，入侵物种聚集和繁殖会破坏当地生态平衡和生物多样性。在实施生态修复工程中避免使用外来入侵物种，通过开展生物多样性调查监测，及时发现项目区域外来物种的出现情况，建立卫生隔离区，使用生物制剂或生态调节措施，改善群落关系，控制其繁殖和扩散；对于已经入侵而无法控制繁殖的物种，可考虑采取人工消灭控制措施，如土地治理、野火消除、树木伐剪等。

4.4.2 采取可持续生产与经营

对于商业活动来说，企业在运营过程中应充分考虑自然因素，将自然资本理念纳入企业决策，对自身生物多样性保护和可持续利用实践进行量化管理。企业参与生物多样性不仅需要自身参与，更需要将生物多样性的理念延伸到整个供应链中，采取可持续的生产与经营，建立生物多样性友好的供应链，推广采用生物多样性友好的技术工艺，供给绿色产品与服务。

4.4.2.1 建立绿色供应链

公司应制定覆盖研发设计、原材料采购、生产、物流、销售、回收等全链条的有利于生物多样性维护的绿色供应链管理方案。建立绿色供应商评选制度，优先选择生物多样性友好的供应商合作，携手供应商共同推进节能减排、使用更多的可再生能源，尽可能减少生产过程中的能源和资源消耗以及废弃物的产生，降低对生态环境的负面影响，建立可持续、高效和健康的供应链，推动全产业链绿色发展。促进公司内部和横向企业之间的合作，加强与不同地区、组织之间的良性互动，使生物多样性与生态保护的行动产生更广泛的积极影响。采用交流、合作、宣传、培训等方式，带动产业上下游共同采取生物多样性保护与可持续利用行动。

4.4.2.2 供给绿色产品和服务

公司在生产经营的关键环节应自主研发并推广选用生物多样性友好的关键技术，涵盖生态系统恢复和修复、珍稀濒危物种保护、公众科普与自然教育、保护政策研究与传播、生态友好型的生活方式以及生态友好型的产业转型等方面，包括节能降耗、减少污染、改善生态、循环利用等新质生产力。加强技术合作与交流，与国际领先的技术企业建立战略合作关系，共同研究和开发生物多样性友好的技术工艺，并带动供应链上下游的合作方共同采用。通过采用生物多样性友好的技术工艺，有效降低消除对生物多样性、生态系统功能和人类健康的不利影响。此外，公司生产经营活动向社会供应的以绿色产品或服务为主，应具备对生物多样性不造成负面影响、资源能源消耗少、品质高等特点；提供的绿色产品和服务通过国内外专业机构认证。

4.4.3　推进协同治理

4.4.3.1　持续深化污染防治

公司应将打好污染防治攻坚战作为重点任务，协同推进减污、降碳、扩绿、增长。一方面强化大气污染物的协同管控和减排，加强施工扬尘综合治理，实施固定源污染综合防治，全面淘汰老旧锅炉设备，严格控制餐饮油烟排放。项目建设运营过程中施工污泥水、含油污废水、化学溶剂残料、生活污水应专门处置或委托有资质的单位处置，严禁未经处理直接排放。加强海洋生态保护与污染防治，特别是海上风电项目应重视船舶污染控制，海上污染物统一定期运回陆上处置。强化土壤和地下水环境污染系统治理，守住土壤环境风险防控底线。开发过程涉及有毒有害物质可能造成土壤污染的，应专门制定并落实土壤和地下水污染防治方案，推动土壤安全利用。最大化减少光和噪声污染，项目开发建设中尽可能减少反光材料的使用，避免强光靠近或干扰野生动物营建的休憩场所和绿色廊道，扰乱其昼夜生活节律。倡导引用降噪、隔音、消声等噪声控制措施，推广应用噪声控制和减少噪声传播的新技术、新工艺和新设备，减少对野生动物吸引配偶、进食、躲避天敌等的干扰。跟进防控其他新污染物风险。跟踪并及时开展其他新污染物的治理。

4.4.3.2　协同应对气候变化

在当前"双碳"目标背景下，公司应持续推进产业优化升级，降低碳排放，减缓气候变化。大力开展清洁能源重大技术攻关，强化基础研究和前沿技术布局，积极支持新型储能研究与规模化应用，促进绿色能源高质量发展，助力构建清洁低碳、安全高效的能源体系。以绿色低碳理念促进低碳城市建设，打造行业领先的健康家园产品，继续实施绿色建筑和健康建筑认证，助力城市低碳排放、零碳排放，形成健康、简约、低碳的城市建设和居民生活方式。加强对文旅等绿色服务业态的管理，控制项目区域内垃圾产生和能源消耗量，改进提升垃圾处理方法，推广旅游业实行低碳可持续发展。

面向国家重大需求，成立双碳研究发展中心，重点研究和规划绿色能源+数据中心、新材料、绿色氢能、碳资产管理等新兴产业，助力关键核心技术新突破，推动战略性新兴产业融合化、集群化、生态化发展，培育绿色低碳增长新引擎。根据项目所在城市地域与气候特征，构建具有有效抵抗暴雨、洪灾、台风等极端气候的绿色基础设施，提升生态系统韧性。综合考虑应对平时、极端等多种情景，加强应急预案体系建设，强化队伍、装备、物资应急准备，持续提升快速响应和处置能力，有力应对突发灾害、极端天气等风险挑战。

4.4.3.3　维护人类健康

现有研究表明，生物多样性对人类健康至关重要。比如我们饮用的水、食用的食品和呼吸的空气，其质量均有赖于自然界生态系统的健康得以维持，人类需要健康的生态系统帮助实现可持续发展目标，应对气候变化等挑战。生物多样性可以确保土壤的可持续生产力，并提供所有作物、牲畜和食用海洋物种的基因资源，要保证健康的当地饮食，在营养充足方面达到平均摄入量水平，就必须保持较高的生物多样性水平。生物多样性对人类健康的影响，还体现在它对于卫生研究和传统医学的重要性。在世界各地，使用药用植物是传统医学和补充疗法中最常见的治疗方法，药用植物通过收集野生生物的特性，来治疗各种疾病。

此外，生物多样性的存在是当今发生所有感染性疾病的一个非常重要的基础。人类在自然界中也是生物多样性的一个物种，随着科学研究的深入，人们发现许多传染病其实是由动物传播给人类的。因此，公司在生产经营过程中应尽量减少对场区物种和生态系统的影响，降低病原体溢出的风险。通过健康管理、饮食管理、环境管理和应急管理等多方面的努力，有效地降低基于自然的疾病风险驱动因素。这不仅可以提高员工的健康水平，也可以提高企业的整体运营效率和竞争力。

4.4.4　完善治理机制与能力建设

许多企业受各种内外部因素的限制，在推进生物多样性保护时存在缺乏远见和洞察力、缺乏坚定的行动力、缺乏广泛的辐射力等挑战。因此，如何在企业运营过程中以制度规范生物多样性行动、提升生物多样性管理能力，是企业推进可持续生产经营、实现高质量发展亟须解决的问题。完善企业生物多样性治理机制与能力建设，核心在于将生物多样性纳入企业战略决策和管理机制，编制实施企业生物多样性行动规划计划，落实企业生物多样性管理责任，开展生物多样性影响评价，实施企业生物多样性信息披露，提升企业生物多样性监测、评估、资金、技术等能力建设水平。

4.4.4.1　将生物多样性保护纳入企业战略决策和规划计划

提高对生物多样性的价值和重要性的认识，将生物多样性保护作为公司可持续发展战略的重要组成部分，制订并实施生物多样性保护行动计划，统一公司对生物多样性保护的认知和行动，明确公司在生物多样性保护方面的理念、目标和行动准则，并对其进行可持续的实施和管理。鼓励分公司因地制宜制定本公司生物多样性保护行动方案，明确目标任务。

4.4.4.2　持续优化企业生物多样性管理机制

健全公司生物多样性保护管理机制，将保护和恢复生物多样性全面纳入公司决策事项和流程管理要求，融入公司日常的生产和管理过程。出台有利于生物多样性保护的技术规范，推进开展项目开发建设全生命周期的生态环境影响评估，建立以能效为导向的激励约束机制，引导优先采用先进高效的产品设备，加快淘汰落后低效设备，不断优化公司的生物多样性保护及可持续生产经营方式，从制度和管理层面严格管控项目建设的关键环节，避免人为的生态环境破坏。建立生物多样性保护定期报告机制，发挥生态环境保护管理部门的监督作用，实施跟踪督导。

将生物多样性保护纳入绩效考核。将生物多样性保护成效纳入公司绩效考评体系，作为领导干部和员工综合考核评价及责任追究的重要参考，修编细化生态环境保护责任清单，强化考核激励和追责问责。获得省级以上示范表彰的优先获得企业表彰及定额绩效奖励。

建立信息披露机制。建立公司生物多样性保护信息披露机制，积极参与绿色金融与自然相关环境信息披露，定期发布生物多样性报告，向公众、投资者和生态领域专家学者公开公司生物多样性保护的目标、计划、具体工作进展和实施成效。通过公开和透明的信息，回应利益相关方的诉求，加强社会公众的监督，也可以让管理部门更好地发挥监管作用，落实各相关方的责任。

4.4.4.3　开展生物多样性调查监测

针对涉及自然保护区、国家公园、饮用水水源地等重要生态功能区以及生态环境敏感区脆弱区的计划投资项目或运营项目场地，开展生物多样性调查，设立常态化监测设施，对建设范围内动植物分布、活动范围、种群密度、受威胁情况、栖息地破坏及恢复等方面开展动态监测，跟踪项目场地生物多样性及变化情况，防范生态风险。

定期进行生物多样性评估。邀请专家或科研团队定期开展涉重点生态功能区和环境脆弱区敏感区的新建或运营项目场地生物多样性评估，评估项目区域重点物种、生态系统、遗传资源多样性状况及受威胁因素，识别、分析和管理企业生产经营活动可能对生态环境和生物多样性产生的影响和风险。每 5 年开展一次生物多样性保护评估，从公司生物多样性保护相关的管理制度、现场实践和社会影响等方面，全面评估公司生物多样性保护的战略、措施和成效，总结典型案例和经验模式，并向社会公开发布公司生物多样性报告。

搭建生物多样性管理数据平台。推进生物多样性保护信息化和现代化建设，借助 5G、大数据、人工智能等新型信息技术手段，推动公司生物多样性保护的数字化、智能化、动态化管理。开展生物多样性智慧监测试点，探索建立集数据采集、回传、识别鉴定、应用产出于一体的生物多样性全天候、智能化监测体系和信息化数据平台，使集团与分公司生态监测数据互联互通，实现实时动态、可视化、可追踪的全程全面监测监管。

4.4.4.4　强化资金与技术保障

筹集成立生物多样保护专项基金。与其他合作伙伴共同发起成立生物多样性保护基金，用于支持开展濒危物种调查与保育、生物多样性调查评估、生物多样性相关技术、设备及方法开发、研究与推广、生物多样性与环境保护相关宣传讲座及公众活动等。基金支持物种及区域包括但不限于集团项目所在地区及省份。

加强科研合作和交流。加强与专业机构与高等院校的合作交流，通过开展物种、生物多样性和生态保护项目、专题讲座和培训、签订专家服务协议等方式合作开展生物多样性保护和减污降碳等工作。参与行业、政府和非政府组织等发起的生物多样性保护倡议和合作活动，加强交流合作和资源共享，参与制定行业共识和标准。

4.4.4.5　提升公司公信力和影响力

开展生物多样性宣传教育。利用生物多样性日、世界地球日、六五环境日等重要时间节点，采取对员工、供应商、消费者等利益相关方开展宣传、培训、教育、科普等措施，全面提升公司员工及利益相关方有关生物多样性的科学认知和保护意识，共同投入生物多样性保护行动。推行绿色办公，通过无纸化办公、线上会议以及节约用水、用电、鼓励绿色出行等，减少公司办公环境的能源和水资源消耗。定期组织开展公司内部生物多样性保护交流活动，分享先进做法和典型经验。

参与社会公益活动。通过捐赠或资助的方式，支持国家公园、自然保护区等自然保护地应用绿色能源产品和服务。依托文旅项目采取小视频、宣传栏、展览、自然教育、研学课堂等多种方式，组织发起生物多样性保护相关的公益科普活动，向公众宣传生物多样性保护的重要性，提高公众参与生物多样性保护的主动性和积极性。开展古树保护、义务植树、野外救援等行动，对项目区域内重点保护物种，组织专家团队实施针对性的保护修复。鼓励员工参与生物多样性保护志愿者活动。

及时跟踪并争取国内外生物多样性相关的激励措施，申请生物多样性友好型企业认证。积极参加国际国内生物多样性保护、生态保护修复、绿色低碳发展等主题的重大会议活动，宣传展示公司生物多样性保护战略和成果，讲好公司生物多样性保护故事，提升公司社会形象和影响力，更好地促进与客户、关键利益相关者合作，推动公司可持续发展。

第5章

幸福产业生物多样性保护行动研究及案例

基于中国绿发幸福产业发展基础，分析幸福产业开发过程对生物多样性的依赖与影响关系，围绕建设生物多样性保护领跑企业的战略目标，从实施生态保育养护、减缓施工过程对野生动植物的影响、推行可持续运营管理、延伸生物多样性产业链等方面，设计行动体系和任务措施。

5.1 幸福产业发展与生物多样性

幸福产业是指以提供幸福感和满足人们精神、心理、社交等需求为主要目标的产业。它涉及生活的方方面面，包括但不限于旅游、休闲娱乐、健康养生、文化艺术等。当前，中国社会进入高质量发展阶段，人民对美好生活的追求使得幸福产业也被赋予了更多的内涵和价值。习近平总书记指出，发展旅游业是推动高质量发展的重要着力点，要求必须以满足人民日益增长的美好生活需要为出发点和落脚点，把发展成果不断转化为生活品质，不断增强人民群众的获得感、幸福感、安全感。改革开放特别是党的十八大以来，我国旅游发展步入快车道，形成全球最大国内旅游市场，成为国际旅游最大客源国和主要目的地，旅游业日益成为新兴的战略性支柱产业和具有显著时代特征的民生产业、幸福产业，成功走出了一条独具特色的中国旅游发展之路。中国绿发坚持以人为本，以创造美好生活为己任，深挖商办物业、健康养老、主题娱乐、度假休闲、特色商业、全国换住等产业的深厚潜力，大力发展幸福产业，努力成为绿色低碳生活的践行者和推动者。结合中国绿发幸福产业发展的特点，以旅游业为切入点，分析生物多样性与幸福产业发展的依赖和影响机制。

5.1.1 生物多样性对旅游业发展的重要意义

生物多样性对旅游产业至关重要，健康的生态环境是旅游业竞争力的关键因素。许多旅游目的地的保护工作很大程度上依赖于旅游收入。海岸、山脉、河流和森林是吸引世界各地游客的主要景点。生物多样性是旅游业，尤其是生态旅游业发展最基本的物质来源和重要保障，是以自然为基础的旅游产品的核心，例如野生动物观赏、水肺潜水或自然保护地旅游。旅游将人与自然联系起来。自然景观和生态环境是生态旅游的主体，生物多样性保护和可持续发展是生态旅游开发的重要目标，人们在生态旅游过程中不仅愉悦了身心，增长了知识，更增加了对大自然的敬畏和热爱。生态旅游的发展也对生态环境提出了更高的要求，并确保了生物多样性保护得到最有力的保障。

正是基于生物多样性之于旅游产业至关重要的意义，多年来，联合国旅游组织（UN Tourism）在各个层面积极解决生物多样性问题，包括参加《生物多样性公约》各缔约方会议，就《生物多样性和旅游发展指南》展开关于旅游和生物多样性的讨论。同时，《生物多样性公约》秘书处发布了《生物多样性与旅游发展指南》（*Guidelines on Biodiversity and Tourism Development*）以及《自然与发展旅游：优秀实践指南》（*Tourism for Nature and Development：A Good Practice Guide*）等生物多样性与旅游相关的重要文件。

2010 年，在国际生物多样性年和《生物多样性公约》第十次缔约方大会的背景下，《生物多样性：实现可持续发展的共同目标》（*Biodiversity，Achieving Common Goals Towards Sustainability*）由联合国旅游组织编写出版。2016 年，《生物多样性公约》第 13 次缔约方会议《关于将保护和可持续利用生物多样性促进福祉主流化的坎昆宣言》（*Cancun Declaration on Mainstreaming the Conservation and Sustainable use of Biodiversity for Well-Being*）承认旅游业是变革的推动力，旅游部门是全球经济的主要部门之一，有助于生物多样性保护，以及提高对生物多样性重要性的认识。

2022 年 12 月，随着《生物多样性公约》第十五次缔约方大会（COP15）第二阶段会议在加拿大蒙特利尔举行，大会重要成果——《昆明-蒙特利尔全球生物多样性框架》顺利通过。2022 年 12 月，在蒙特利尔举行的第 15 届联合国气候变化大会上，世界旅游及旅行理事会（The World Travel & Tourism Council，WTTC）、联合国旅游组织和可持续酒店联盟（the Sustainable Hospitality Alliance）宣布开展一项新的合作，联合公共和私营部门，共同努力实现自然向好型旅行和旅游业（Nature Positive Travel & Tourism），促进实现到 2030 年制止和扭转生物多样性丧失的愿景。签署国承诺对旅游业采取自然向好的态度，包括整合生物多样性保护措施、减少碳排放、减轻污染影响、限制资源的不可持续利用，以及保护和恢复自然和野生动物。该联盟旨在鼓励和支持政府、企业和社会组织实施《昆明-蒙特利尔全球生物多样性框架》，特别是目标 14、目标 15 和目标 16，分别侧重于主流化、评估和减少影响以及促进可持续利用。作为可持续利用生物多样性的主要手段之一，旅游在实施生物多样性框架方面发挥着关键作用。

全球生物多样性丰富的地区大多在欠发达国家，这些地区具有珍贵和稀有的生物、壮观和特有的景色。随着旅游业在全球的迅速发展，旅游对生物多样性的影响表现得越来越突出，特别是在世界生物多样性的热点地区。根据《世界旅游经济趋势报告（2019）》，传统的旅游热点区如欧洲入境旅游显著下降，而亚太、非洲、美洲等生物多样性丰富的地区旅游增长显著，近几十年旅游业迅速发展，这就意味着生物多样性保护和可持续利用不能忽视旅游业的影响，必须寻求旅游业发展与生物多样性保护和谐发展的道路。

5.1.2　旅游业发展对生物多样性的影响

旅游业相对其他资源消耗型产业对环境影响较小、能为自然和文化保护提供资金来源、扩大公共教育和为当地居民提供替代生计等多种作用而被认为是可持续发展的重要方式之一。许多案例也表明通过旅游收入的经济刺激能够激励生物多样性保护，替代不可持续性的发展方式，如伐木、开矿、野生生物的消耗性利用等。

然而，旅游无论以什么样的形式发展都不可避免地建造各种基础设施，消耗和占用一定的土地，以及游客的行为等都会给环境和生物多样性带来一定的影响。因此，旅游业在一个地区的快速发展会导致景观在短期内大幅度变化，如森林破坏、湿地丧失。这种生境的破坏会导致生物多样性的显著丧失，在许多环境敏感生物多样性丰富或生态系统脆弱的区域这一问题会更加严重。另外，与旅游相关的资源消耗、生境损害、废弃物和水污染等问题对生物多样性保护带来多种不利影响。

旅游业对社会、经济、环境的影响复杂而广泛，随着旅游业的发展，大规模高强度的旅游活动对脆弱生态系统的压力越来越大，通常短视的获利行为缺乏长期的环境考虑，所以旅游的发展对生物多样性构成潜在的严重威胁。如不采取有效的方法以应对旅游发展给生物多样性所造成的影响，生物多样性必将受到严重损失。

5.1.2.1　旅游基础设施建设对生物多样性的影响

生境破坏是全球生物多样性遭受威胁的主要原因，而基础设施建设在生境的变化中扮演着重要的角色。一个区域的旅游发展一般始于基础设施的建设，规模较大的旅游基础设施有公路、机场、码头、购物中心、宾馆、饭店、观光索道、滑雪场、高尔夫球场等，而小规模的基础设施则有游步道、观景台、栈道、小屋、凉亭等，其用途虽不尽相同，但都能导致建设区土地利用方式的改变、景观多样性的变化、生态系统的颠覆性破坏，以及生境的隔离和片断化。

世界旅游组织把旅游接待设施分为宾馆、饭店、汽车旅馆、度假村、野营地等 80 余类，这些接待设施是在旅游发展中引起土地利用方式改变的主要因素。各种接待设施的修建使自然景区向城镇化方向发展，大面积植被遭到破坏，景观多样性发生显著变化，自然生态环境受到强烈的人为干扰，生物多样性因此受到不利影响。

旅游发展与宏观、微观交通条件的改善息息相关，公路、铁路、机场、港口及其他交通设施在旅游发展过程中必不可少。线性延伸的公路比其他设施建设更容易影响自然生态系统，其建设会给生态系统带来直接和间接的影响。直接影响包括公路工程建设引起的生境丧失、生境片断化、生物走廊隔离、塌方、土壤侵蚀等；而间接影响包括土壤养分流失、动植物沿公路传播引起的生态系统不稳定、生物入侵和病原体扩散、沿路的环境污染及火灾隐患等。

海南岛是我国森林生态系统最丰富的地区，发育并保存了我国最大面积的热带雨林，素有"森林之岛"美誉，包括热带雨林、山地雨林、季雨林、山地常绿林、山地常绿矮林、热带针叶林、红树林等森林植被类型。海南岛孕育了丰富的生物多样性资源，现已发现野生及栽培的维管植物共计 285 科 1 875 属 5 860 多种，其中海南特有植物 502 种，海南本地野生种 4 596 种，有 48 种植物被列入国家一级、二级重点保护野生植物名录。野生动物方面，全岛已发现陆地脊椎动物 648 种，其中 21 种为海南特有，有 18 种列入国家一级重点保护野生动物名录，有 105 种列入国家二级重点保护野生动物名录。然而，旅游业开发商、运营商、度假村及房地产商所进行的旅游景区布置、游乐设施建设及自然地段选址等活动直接改变了土地利用类型，将当地植被类型改为人工景观以致对自然生态造成重大影响。宁镇亚（2006）在对海南铜鼓岭自然保护区生境破碎化监测研究中发现，1993—1999 年，斑块密度指数增加 0.012，斑块面积减少 4.35 hm^2，景观破碎指数增加 0.906 1，这表明在这 6 年的时间里，铜鼓岭保护区斑块数量不断增加，景观破碎化加剧。生境的丧失和破碎化直接威胁森林野生动物生存，造成物种近亲繁殖，致使遗传杂合度下降。

淮河源位于河南省南部，是中国南北过渡地带生物多样性最丰富的地区之一，被誉为天然的物种"基因库"。多样的生物物种为淮河源提供了丰富的旅游资源。以此为依托，20 世纪 90 年代以来淮河源各级政府大力推进旅游业发展。淮河源快速发展的旅游业为生物多样性保护提供了较好的物质条件，但旅游活动对生物多样性的破坏也随处可见。近年来，淮河源各县（区）在促进旅游业发展过程中都热衷于建设新的旅游景点、开发新的旅游项目、完善景区交通网络。随着景区交通网络的逐步完善，不少天然生态系统被旅游线路分割，动物的扩散交流受到了极大的干扰。调查发现，淮河源多数旅游线路上的植被都遭到了游客不同程度的践踏，导致地表裸露、土壤板结、降水难以下渗、地表径流增加，出现水土流失。新的旅游项目与基础设施的建设既破坏了地表植被，增加了滑坡风险，也产生了巨大的噪声，不同程度地影响了野生动物的正常繁殖。

5.1.2.2　旅游活动对生物多样性的影响

旅游活动的形式多种多样，简单的旅游活动有徒步游览、登山、观光浏览等，而有些旅游活动则需要借助一定的设备，如山地自行车游玩、攀岩、山地车驾驶、野营等。然而无论哪种野外旅游活动都会对生物的多样性产生一定影响。

旅游活动中游客的无序穿行、骑马和露营所引起的践踏在景区内普遍存在。践踏对土壤、植被、土壤微生物都产生了直接的影响，首先，土壤被压实，密度增加，透水、透气性变差，凋落物和腐殖质层丧失，产生增加地表径流和土壤侵蚀等一系列物理性质变化；其次，土壤的化学和生物特性及 pH 也因此发生改变，有机质和氮、磷、钾流失，微生物量和土壤酶的活性降低。践踏直接导致植物受伤，改变其生理代谢功能，同时使土壤理化性质产生变化，致使植株营养物质缺乏、生长受阻、长势变弱，生物量产量下降，进而影响植物的开花结果与更新。践踏还能引起植物群落变化，随着践踏的加强植物种数逐渐减少，最先消失的是对局部生境条件要求较高的苔藓等耐阴喜湿植物；随着长时间的践踏，不耐干扰的植物种类数量减少，耐干扰的植物种类数量增加，植物群落组成和结构发生改变，甚至产生逆向演替或植被退化的现象。

在芦芽山进行的旅游干扰下不同植被景观区物种多样性比较的研究发现，敏感水平与物种丰富度指数、均匀度指数和多样性指数均呈负相关，表明敏感水平越大，即旅游活动量越大，物种的丰富度、均匀度和多样性均趋于减小；旅游影响系数与物种丰富度指数、均匀度指数和多样性指数呈负相关，其中，其与辛普森多样性指数（Simpson 指数）、香农-威纳指数和希尔（Hill）多样性指数等 3 个生物多样性指数均呈现极显著的相关性，与均匀度指数也呈现显著或极显著的相关性，表明随着旅游影响程度的增加，物种的多样性和均匀度都有显著减小的趋势。芦芽山旅游开发对不同植被层物种多样性的影响研究结果表明，就香农-威纳指数和希尔多样性指数而言，在旅游干扰较小的地方，乔木种的多样性最大，干扰最大的地方乔木种的多样性次之，在中度干扰的区域乔木种的多样性较低；对于灌木种而言，物种多样性随着旅游干扰增加而下降，在旅游干扰严重的区域，灌木物种丰富度最低。

野生动物观赏、徒步游览、摄影、野营、山地车和机动船观光等各种旅游活动都会对景点区域内的野生动物产生不同程度的惊扰，而旅游惊扰对野生动物的行为、生理、繁殖、种群动态和种类组成均产生影响。野生动物对旅游活动惊扰的反应较为复杂，不同野生动物对于惊扰有不同的反应。大多数动物对旅游活动惊扰产生回避反应，而频繁的惊扰就会使动物放弃其适应的生境，尤其是在关键性的生境因子如筑巢地、觅食地、迁徙路线、水源地等被旅游行为严重干扰时。

另外，游客的采摘行为会导致旅游区观赏性较强的植物数量减少；刻画行为会对易接触到的树木产生伤害；热带海域潜水观赏珊瑚的行为会引起海水浑浊，进而影响珊瑚的生长，船只的抛锚停靠则对珊瑚礁形成持续伤害。

5.1.2.3 旅游环境污染对生物多样性的影响

旅游业在发展过程中产生的水、空气和固体废物的污染不仅使旅游区的生物多样性受到影响，甚至扩散到了旅游区域外，成为具有地域范围性质的环境污染。

污水是旅游活动中产生的主要污染物，其破坏了景点地区的生态平衡，减少了水体和沉积物中的溶解氧，增加了水的浑浊度，加速了水体的富营养化，导致物种多样性明显减少。在我国以湖泊、河流为主要旅游资源的景区，许多水体都曾经受到不同程度的污染，导致水质恶化，水生生物多样性下降。

此外，旅游发展过程中需要大量的淡水供应以满足景区的饮用、洗漱、清洁、游泳、绿化灌溉等用水需求，这也引发了景区淡水供应紧张甚至枯竭的现象。无论是地中海旅游区，还是环赤道的非洲、太平洋和加勒比海的热带旅游胜地，旅游业的快速发展使许多小岛或石灰岩岛屿都普遍缺乏淡水，在沿海旅游地带，由于淡水被过度利用、污水的排放和垃圾的丢弃，产生了地下水水平面下降、海水倒灌、沿海水质污染、海藻泛滥等一系列生态环境问题。

旅游区内的取暖、做饭、机动车的耗能大多直接来自煤、石油和天然气的燃烧，因而在接待区和停车场附近，大量二氧化硫、氮氧化物、粉尘等有害物质排入大气。有研究表明，张家界国家森林公园自 1984 年发展旅游业以来，由于煤的燃烧和旅游车辆的增多，其空气污染急剧加大，至 1999 年，公园接待区的杉木、柳杉、枫杨叶片中氟化物及二氧化硫含量较对照区增大了 1.6～16 倍，杉木的直径生长量较对照区降低了 32.3%～57.1%，空气污染严重影响了张家界景区植物的生长。

旅游发展不仅对旅游地本身，而且对旅游地以外的其他地区也产生着深刻的生态影响，其生态影响具有跨地区扩散和地域范围影响的特性，如上游河流的污染可以影响到下游区域，湖泊的污染可以影响到湖周区域等。研究发现，2004 年，九寨沟旅游废弃物生态足迹的空间分割比例，景区本身只占 1.26%，成都—九寨沟段占 34.8%，其他区域占63.94%；而黄山风景区旅游废弃物生态足迹空间分割比例，景区占 14.6%，黄山市占31.97%，市区以外占 53.43%，这表明旅游活动对景区外的污染远大于景区内的污染。

5.1.2.4 旅游业生计对生物多样性的影响

旅游是一种经济活动，其发展必然带来社会和经济的变化，而这种变化作用于自然环境和生物多样性则表现出多种影响结果，在某些情形下为消极影响，某些情形下又为积极影响，或者出现消极和积极影响交织的情况。

受经济利益的驱使，在缺乏有效管理和监督的情况下，旅游景区的无序化发展，当地居民盗猎、把珍稀濒危动植物作为旅游纪念品的行为都会导致当地生物多样性的严重损害。20 世纪 90 年代，在越南国家公园外围，受市场利益的驱使，野生动物餐馆的数量不断增多，旅游发展成为破坏越南生物多样性的重要原因之一。

旅游发展可为当地社区提供就业机会，增加社区居民收入，从而增强当地居民的自然保护意识，减缓其对自然资源的依赖程度，生物多样性因此能得到更好的保护。很有名的一个案例：澳大利亚当地的土著居民有捡拾海龟蛋、猎杀海龟的习惯，海龟的生存因此受到威胁。而随着旅游业的发展，当地居民有了更多就业机会，收入增加了，其用购买的肉类和蛋类替代海龟，同时也在旅游业的发展过程中增强了保护海龟的意识。

5.1.3 旅游可持续发展与生物多样性

可持续旅游是随着全球可持续发展这一新观念的出现而出现的，并逐渐成为受到广泛关注的论题。可持续发展观强调发展必须以不破坏或少破坏人类赖以生存的环境和资源为前提。实现这种发展需要通过有效的资源管理，使资源使用的速度低于更新的速度，从利用不可再生资源或再生速度较慢的资源转向利用可再生资源和再生速度较快的资源，保证现代社会和后代社会的发展有充足的可利用的资源。

由于自然旅游的兴起，以自然保护区、自然遗产地、湿地等生物多样性丰富的自然景观为依托的旅游区正在我国高速发展。据统计，我国绝大多数自然保护区都在开展旅游，但也都普遍存在生态环境的破坏问题。如何实现经济效益和生态效益的双赢，在发展旅游业的同时有效保护好生物多样性，走可持续道路，是我国旅游业发展面临的艰巨问题。基于对现有文献资料的梳理，将生物多样性保护纳入旅游业可持续发展的全过程，需在以下几方面革新理念、采取行动并完善保障措施。

5.1.3.1 充分重视旅游规划与建设项目对生物多样性影响评价

在旅游发展初期，充分认识旅游发展过程中各个环节给生物多样性带来的影响，合理规划旅游发展布局，有效调控旅游发展规模，有预见性地避免或减缓旅游发展给生物多样性带来的不利影响，是实现生物多样性保护和旅游可持续发展的重要途径。目前关于旅游对生物多样性影响的评价还相对薄弱，部分旅游规划环评报告中虽然考虑了生物多样性保护，但多限于简单的定性描述而非动态预测分析。其主要原因可能包括：一是目标区域生物多样性资源家底不清，对受影响物种的数量、空间分布、生理习性、行为习性等缺乏足够的了解；二是由于物种具有典型的区域差异性和动态变化性，加之影响因素众多，导致很难全面把握评价的内容；三是就评价技术而言，目前的生物多样性影响评价更多地以类比、对比、专家咨询等传统的评价方法为主。应广泛采用新技术，以提高评价的科学性与准确性。例如，可以充分利用融合地理信息系统（GIS）技术的图形叠置法、生态机制分析法等方法评价旅游活动对物种生态习性、生态系统结构完整性以及景观异质性等方面的影响，从而准确预测旅游活动的生物多样性影响。

5.1.3.2 注重旅游资源的科学开发与利用

可持续开发旅游资源，应强化生态保护，制定好规划和标准，对已开发的旅游区要严格控制与风景及游览无关的设施建设，在新的旅游项目的建设中，应明确生物多样性保护的主体地位，凡是不利于生物多样性保护恢复的项目必须禁止开发，对生物多样性保护造成影响的项目要限制开发。在新开发的过程中要尽可能地减少对自然景观的破坏，要慎重对生态环境脆弱的地区进行开发，除旅游区外需建立生态保护区，以植被保存和动物保护为主要目的，适时、适地、适度地保护生物多样性，使珍稀濒危动植物种、地方特有物种以及高观赏价值的物种得以保护以保证其种群数量，继而使其在较适合的时期，较适合的区域正常地繁衍生息，丰富物种多样性。该区域应禁止游人进入，严禁人为设施建设，保存其最原始的形态。在开发过程中同时也要考虑经济效益，合理利用资源，例如在开发过程中注意路线景点的选择，设计不同的线路，有计划地引导游客到各点位进行游览，使丰富的旅游资源得到充分利用。

5.1.3.3 避免环境污染对生物多样性的破坏

可持续旅游强调在发展过程中建立和发展与自然及社会环境的正相关关系，减少或消除负相关关系。但是旅游业经济利益与环境保护和传统文化保护需求之间的矛盾是客观存在和不可避免的。如一些旅游区存在旅游淡季太淡、旺季过旺的问题，旺季过多的游客就对旅游区生态保护和可持续发展造成了不小的压力。如果仅以经济效益为标准，游客人数必定超出环境容量，造成环境破坏；如果以环境容量为标准，游客人数必须低于环境容量，同时也达不到门槛人口数量，旅游业难以获得经济效益。上述两种容量之间的关系是动态的，随技术水平和管理水平而变化，但在一定时期，这种关系具有一定的稳定性。所以需要建立环境容量的评估体系，使地方旅游业在获取经济效益的情况下，又能避免对环境造成永久性的伤害，进而避免环境污染对生物多样性的破坏。

5.1.3.4 严格旅游活动中的生物多样性保护管理与执法

一些旅游区受管理范围限制，对部分区域开山采石、乱砍滥伐和挖煤采矿等严重破坏旅游区生态环境的行为无权制止，对旅游区的环境和资源造成严重的影响。对此必须要加强管理规划，探索高效、统一的具有地方执法和行政相结合的新型管理模式。必须抛弃把生物多样性保护作为旅游规划及相关旅游政策"外衣"的传统思想，换言之，生物多样性保护不能只停留在各级旅游规划与相关政策的"基本原则"或"指导思想"上，而要切实制定生态功能与生物多样性保护的具体内容，并将其贯穿于旅游业发展的整个过程之中，从而实现"以优良生态环境促进旅游业发展，以旅游业发展推动生态环境保护"的目的（卢悦衡等，2012）。

加快旅游立法是培育、规范旅游市场秩序，保护生态功能与生物多样性的客观需要，同时也是建立我国旅游法律体系的重要内容和步骤。以立法的形式制止破坏旅游生态环境的行为发生。对旅游过程中以经济利益为目的，超负荷接待游客，乱建滥造，乱砍滥伐，导致自然及人文环境遭受破坏行为要追究民事或刑事的责任。建章立法，人人服从并遵守。保护自然、人文景观和生态环境与发展旅游紧密结合，努力提高旅游区的知名度，以实现最优环境效益、社会效益、经济效益为总目标。同时要处理好旅游区建设与当地居民生产生活的矛盾，保持旅游区社会稳定与经济持续发展。

我国是全球生物多样性资源最为丰富的国家之一，我国的生物多样性蕴藏着极为丰富的旅游资源。随着我国旅游业的不断发展，生物多样性将受到不同程度的影响。生物多样性是开展旅游必要的物质基础，在旅游发展过程中，必须全面认识到发展过程中的各个环节对生物多样性的影响，以"保护为主、保护与利用并举"为原则，合理规划旅游发展布局，有效调控旅游发展规模，预见性地避免或减轻旅游发展给生物多样性带来的不利影响，协调好生物多样性、游客、当地社区三者之间的关系，力求生物多样性的永续利用。此外，开展生物多样性监测是准确评估生物多样性的重要保证，及时了解和掌握生物多样性状况及变化趋势，对有针对性地开展多样性保护工作具有重要的现实意义。

5.1.3.5　融入生物多样性保护宣传教育

生态旅游不应该仅局限于大自然的生态旅游，还应当包括生存于大自然中的人类所创造的文化。人类文化与大自然的和谐，体现了人地关系的和谐共生，这就是天人合一的、人与自然高度协调的人类文化生态。从之前的"天人合一"思想到目前的可持续发展战略，人与自然和谐相处、保护生态环境的理念应当成为当今旅游文化的核心内涵。

开展教育和宣传等活动可以为公众传达信息，宣传保护生物多样性的重要性，让公众对生物多样性保护的认知度达到一个较高的水平，形成良好的社会风气。这里所指的公众不仅包括游人，还包括当地居民以及管理者，通过宣传和教育能让他们了解到生物多样性保护的重要意义，让公众自觉地加入到生物多样性保护行列中，实现可持续旅游发展。

5.1.4 中国绿发幸福产业与生物多样性

中国绿发经营的幸福产业覆盖生态旅游、商住服务、商业等业态，包含酒店、物业、商业等板块，其中，酒店板块主要分布在上海、杭州、长白山、大连、九寨沟、三亚、文安等旅游城市或风景名胜区周边，物业和商业主要集中在人口密集的城市地区。部分酒店文旅建设项目选址表现出对优质自然生态环境及其生态系统服务依赖性高的特点，而这与生物多样性紧密相关。生物多样性的变化改变着生态系统过程和生态系统对环境变化的抵抗力和韧性，直接影响其涵养水源、调节小气候、净化空气、景观审美、游憩等生态系统服务和景观文化功能，又通过反馈机制影响人类的健康和福祉。项目周边的自然区域在支撑局地自然生态亚系统与多种物种栖息生境的同时，也为居民提供休闲和教育的机会，促使市民接触自然，对人体身心健康产生积极影响。

幸福产业与低碳城市建设项目因均处于高度城镇化地区，其对生态环境和生物多样性的影响也同样具有相似性。另外因其业态发展更依赖于生态系统提供的各种惠益，包括景观审美、休闲游憩、人类健康等，部分项目周边自然禀赋相对优越，野化程度相对较高，生物多样性本底更为丰富，也使得幸福产业经营过程中对野生动植物的影响更加直接，主要表现在：

①对场地周边区域野生动植物及其生境的影响，项目建设改变了土地利用性质，造成原来的相对完整的栖息地被分割，同时与其他城市开发建设活动共同构成对景观区域生态系统的结构、连通性及价值的影响；有研究表明，生态旅游项目建设对栖息地连通性有中高度影响，对生物群落类型及特有性、生物群落面积、生物群落重要种类、生物群落结构等影响较低（刘鹏等，2022）。②施工运营过程中废水废气及固体废物排放的影响。例如，在千岛湖建设项目工程中，许多构筑物依水而建，若未严格做好施工防护措施，可能导致水体污染，同时，涉水段工程建设对水生生物造成直接影响。此外，人为活动会产生噪声，对动物的迁移、散布和繁殖等有一定影响。③此业态具有人口流动量大且频次高的特点，大量游客涌入会造成自然生态破坏、污染等负面影响，但通过对生态环境的保护和采取合理的措施，有助于当地的生态环境和人口健康可持续发展，也可以对生物多样性产生积极的影响。通过可持续的管理，有助于提升公众对生态环境和生物多样性保护的认识，共同参与生物多样性保护行动。

5.2 幸福产业生物多样性保护行动策略

幸福产业的发展契合人民日益增长的美好生活需要，是国民经济发展的重要组成部分。尤其是旅游业，不仅是低能耗、低污染、高附加值的产业，而且在拉动内需、促进市场繁荣和扩大就业方面发挥着重要作用，同时也有助于促进经济循环的畅通，实现供需平衡。不同区域应根据其人口、经济、文化、资源、潜力、政策等方面的实际情况，因地制宜研究适合当地的文化旅游产业发展策略。基于中国绿发幸福产业发展与生物多样性的影响评估，应将生物多样性纳入幸福产业的全过程，最大化发挥生物多样性的物质、调节、景观文化等供给服务功能，打造人与自然和谐的旅游园区，实现幸福产业可持续发展。

5.2.1　总体思路

以习近平生态文明思想为指导，践行绿水青山就是金山银山理念，坚持"国际化、高端化、特色化、智慧化"发展理念，正确处理发展文化旅游产业与生物多样性的关系，将生态环境友好型旅游发展模式融入文化旅游产业发展的全要素、全过程，推动绿色旅游与可持续旅游发展，同步保护好自然生态与文化生态，以生态塑造旅游品质、以旅游彰显生态价值，建设以"自然生态、传统文化、生物多样性体验"为亮点、文化旅游产业与生物多样性深度融合的文化旅游目的地，打造基础设施完善、产业布局合理、产品体系丰富、服务水平优质、管理运营科学、带动效益明显的文化旅游主题项目。

5.2.2　基本原则

（1）和谐共生原则

牢固树立和践行绿水青山就是金山银山的理念，站在人与自然和谐共生的高度谋划文旅产业发展。在开展文化旅游活动时，必须遵循自然规律，坚持尊重自然、顺应自然、保护自然。

（2）自然优先原则

保护自然旅游资源、维护自然景观生态过程及功能，是保护生物多样性及合理开发利用的前提，是区域可持续发展的基础。它们对保持区域基本的生态过程和生命维持系统及保存生物多样性具有重要的意义，在开展文旅活动时应优先考虑。

（3）持续性原则

基于生物多样性的文旅活动的可持续性，是人与自然关系的协调性在时间上的扩展，应建立在满足人类的基本需求和维持景观生态整合性之上。旅游资源开发以可持续发展为基础，立足于旅游资源的持续利用和生态环境的改善，借助动态监控评估指标体系保证协调发展。

（4）参与性原则

注重文旅活动区域的生态效益和社会效益，推动以当地社区参与为基础的协调发展，使周边群众和社区共同参与当地开展的文旅活动。

（5）原真性原则

尽量保持资源的真实性，保持原生韵味，要与当地的自然和文化协调，保证当地自然与人的和谐意境不受损害。了解旅游者的消费心理与消费倾向，让旅游者乐于到大自然中去观察、欣赏自然状态下的各种野生动植物。

（6）针对性原则

由于文旅资源的结构、过程和生态过程都不尽相同。因此，具体到某一文旅资源开发利用时，收集资料应该有所侧重，有目的地选择不同的分析指标，建立不同的评价和开发方法，利用特有的野生动植物资源开发独特性的项目。

5.2.3　关键策略

5.2.3.1　实施生态保育养护

将生物多样性保护理念融入各类文旅、酒店及物业等绿色服务产业的规划、开发和管理服务的全过程。针对千岛湖、九寨沟、长白山等生态资源本底良好的地区，优先开展生物多样性调查和监测，评价区内的野生动植物物种种类、种群结构、分布特点进行系统监测，了解和准确把握评价区的野生动植物的种群消长规律，因地制宜制订实施生物多样性保护计划和策略。对当地重点保护物种、珍稀濒危物种、特有物种及其栖息地采取有力的就地或迁地保护措施，实施野生动植物原生栖息地的保护修复，推动实现产业发展与生物多样性保护的协同。

5.2.3.2　减缓施工过程对野生动植物的影响

旅游项目施工时尽量避开野生动物觅食等外出活动的高峰时段，以减少对野生动物的干扰。道路建设充分考虑动物迁徙通行的需求，在道路两侧选取当地适生的灌木植物栽植，通过合理的栽植间隔设置，掩护减少人工设施的痕迹，降低动物对道路的抗拒。间隔设置声音分贝、野生动物保护标志等，提示司机注意该路段有野生动物出没，尽量避免使用远光灯，避免野生动物因交通致死，减轻车辆噪声惊扰野生动物栖息繁衍，在保护野生动物的同时也保证行车安全。在施工结束后在缓坡上种草、植树，加强绿化修复，防止因滑坡危及周边植物安全。施工期的生活、建筑垃圾进行统一处理，通过集中运出施工区，避免随意丢弃，破坏林地植被。做好工程完工后生态的恢复工作，植被恢复应优先选用占地前收集的地表植被，相关管理部门还应安排专职人员进行日常巡检。加强植被抚育管理工作，及时补植补造。

5.2.3.3　推行可持续的运营管理

强化旅游项目场地的污染管理，提升对废水、固体废物的收集、处理和回收，减少其他污染要素的排放，有效降低产废强度，实施垃圾分类，在排放侧更好地实现环境友好。生物多样性与人类健康在不同空间和时间层面有着多种多样的联系。在经营过程中实施生物多样性友好和利于人体健康的经营管理措施，以酒店公共服务产品设计、室内植物装饰、室外小微生境等细节打造，以及建设零废弃社区、零碳园区等行动传递生物多样性保护理念，倡导使用生物多样性友好的生态产品，实行光盘行动，减少塑料和一次性产品的使用，提升消费者和居民的生物多样性保护意识，以实际行动彰显绿发集团生物多样性友好的负责任企业形象。加强宣传教育，提高保护野生动植物的意识，对园区游步道中植物进行挂牌分类，加强游客对植被的认知能力，增强园区生物多样性教育作用。

5.2.3.4　延伸生物多样性产业链

依托优质的生态环境和丰富的生物多样性优势，深入挖掘项目所在地生物遗传资源及相关传统知识，推进生物多样性的可持续利用，延伸生态产业链，注重"数字+旅游"等新技术、新模式的运用，开发基于当地独特景观资源和生物多样性的文创产品，引入生态农业、自然教育、生态体验等相应产业和项目，打造具有地域特色的文化 IP，提升企业的品牌影响力。开展生物多样性保护与可持续利用试点示范，推动千岛湖、长白山、九寨沟建设生物多样性科普研学基地；突出生物多样性特色，打造面向国际的生物多样性展示窗口。

5.3　千岛湖华美胜地项目案例

5.3.1　项目基础概况

5.3.1.1　项目周边区域生态环境概况

千岛湖华美胜地位于界首列岛，规划总用地面积约 840 hm^2。千岛湖又名新安江水库，是 1957 年为建设新安江水电站而筑坝形成的大型人工湖泊，同时也是钱塘江流域重要的水源地和水源涵养区，在水质安全、下游供水等方面起着至关重要的作用。千岛湖作为国家 5A 级景区，生态环境质量优良，不仅是国家水环境保护的 15 个首批重点支持湖泊及长三角地区最大的淡水人工湖，也是杭州市规划饮用水水源地及长三角战略水源地，兼有发电、防洪、旅游、养殖、航运、饮用水水源及工农业用水等多种功能。同时，千岛湖位于全球最重要的东亚-澳大利西亚候鸟迁飞路线，属于国家划定的 35 个生物多样性优先区域之一的"黄山-怀玉山生物多样性保护优先区域"，生物多样性兼生态地位突出。

5.3.1.2 项目场地生物多样性状况

（1）生态系统多样性

千岛湖华美胜地项目园区以森林、湖泊湿地、灌丛、城镇生态系统为主。森林生态系统以阔叶林和针叶林为主，阔叶林以阔叶落叶林为主，针叶林以常绿针叶林为主，项目地主要是柑橘林、板栗林，局部有小面积的毛竹林、马尾松、柳杉、银杏和水杉等。其次为湿地和灌丛生态系统，湿地沿岸消落带生态环境敏感脆弱，灌丛则以主要以阔叶灌丛和稀疏灌丛为主，其中，阔叶灌木以常绿阔叶灌木林为主。城镇生态系统主要为商住用地、商业用地及道路等其他建设用地。

（2）物种多样性

参照现有历史数据，千岛湖流域独特的自然地理条件及优质的生态环境，孕育了丰富的生物多样性，流域内野生动植物资源丰富，记录到陆域生物物种 3 217 种，其中国家重点保护物种 76 种，浙江新记录种 16 种[①]。记录有兽类 61 种，鸟类 90 余种，爬行动物 50 多种，昆虫类 16 目 32 科 1 800 多种，两栖类 2 目 4 科 12 种，其中列入国家保护的珍稀动物 29 种；拥有黑麂、中华穿山甲、白颈长尾雉、白鹤、海南鳽等国家一级保护动物。千岛湖水中有鱼类 15 科 87 种；共有维管植物 194 科 830 属 1 824 种，属于国家保护的珍稀树种 20 种，中药材资源 1 000 多种，野生果树 40 多种，有"树中树""双壁奇观"等珍稀古木。

2022 年，千岛湖华美胜地开展了园区生物多样性调查，调查结果显示，项目园区内共记录野生动物 225 种，其中兽类 14 种、鸟类 93 种、两栖类 9 种、爬行类 5 种，鱼类依据历史数据整理共 104 种；野生植物 118 种，其中被子植物 112 种、蕨类植物 6 种。

其中，兽类有豹猫 1 种国家二级保护动物；鸟类有黑鸢、普通鵟、草鸮、红隼、画眉、白鹇、凤头鹰、松雀鹰、小雅鹃、领角鸮等 10 种国家二级保护动物，千岛湖特色鸟有黑鸢、黄臀鹎、黄腹山鹪莺、草鸮、点胸鸦雀等；记录有团头鲂、钱江鲟等 39 种中国特有鱼类。

---

① 千岛湖文旅体发布，千岛鲁能胜地生物多样性保护倡议活动海报正式官宣，2023-03-25。

5.3.1.3　生物多样性保护工作基础

项目作为淳安县投资规模最大的文旅项目，承接了 2022 年淳安亚运分村建设与赛事保障双重重任。近几年，项目区依托生物多样性保护、水土流失防治、低碳示范园区、自然教育等工作，积极探索减污降碳扩绿增长协同的路径模式，取得显著成效。

（1）实施"七大生态计划"行动

项目在规划建设阶段实行种子计划、色彩计划、海绵计划、生态互联计划、生境统建计划、动物恢复及保育计划、生态运营计划等"七大生态计划"（表 5-1），通过对场地进行植被恢复、丰富植物种类和层次、打造海绵设施、建设慢行系统、保护乡土村落、重建自然生境、开展自然教育研学等方式，促进园区物种和生态系统保护恢复的同时，拉近人与自然的关系，夯实人与自然和谐共生的绿色底色。

表 5-1　"七大生态计划"

计划项目	具体内容
种子计划	在亚运生态公园区混播面积超 3.4 万 m^2 的草花地被，恢复区域内植被；设立移动动物播种机，在生态退化的区域流动放置装满食物的筛谷风车，是一种简单易行而有趣的生态恢复措施，能够充分发挥野生动物的作用，加速退化区域的自然生态恢复
色彩计划	在山涧种植近千株色叶树种，充分利用植物的季相优势营造出色彩斑斓的季相景观
海绵计划	在亚运大道沿线通过建造雨水花园、生态涵洞及 4.8 万 m^2 湿地公园、2 600 m^2 蓄水湖的雨水管理体系，让降水被收集、净化和再利用
生态互联计划	在亚运大道两侧山林间设计 1.4 km 慢行系统链接人与自然的时空，鼓励人融入自然环境
生境统建计划	在建设金山坪小镇过程中，践行"低影响、零排放"理念，进行村落保护与再生，循环使用当地材料，种植低维护植物，用行动共建可持续的自然肌理
动物恢复与保育计划	修复自然环境，优化生态环境，营造野生动物栖息空间，为鸟、鱼和各类昆虫等生物提供宁静港湾；如营造蝴蝶生境，通过种植 20 多种能够吸引蝴蝶产卵、为幼虫提供食物和成虫采蜜的植物建造蝴蝶园，满足其产卵—幼虫—蛹—成虫完整的生活史需求，展示如何为蝴蝶提供全方位生态栖息环境
生态运营计划	积极开展自然教育研学和生态文化体验活动，将保护自然、爱护生态环境的理念植入人们的心间；通过建造听鸟屋，展示当地常见鸟类的照片、学名和鸟鸣二维码；设立当地农家传统的蜂箱、木柴堆、瓦片屋檐，以及景观建筑岩石缝隙和人工制作的昆虫旅馆等，展示了为昆虫和其他小动物提供栖息地的各种方法，启发大家了解生态保护措施的多样性；建设两条生物多样性体验线路，沿线设置了 6 个观察点，可以观察和了解整个区域代表性的物种，同时也展示了保护生物多样性的各类科学措施

（2）实施水土流失防治行动

在生态重建和恢复的同时，同步开展水土流失治理，坚持因地制宜、因害设防的原则，充分考虑地形地貌、资源现状和水土流失特点，将水土流失防治与水土保持技术集中示范相结合，土壤与水环境改善和水质保护相结合，集中建设了生态茶园、生态湿地、生态采摘园等水土保持示范区，形成了独具特色的江南山地丘陵区水土流失综合防治体系。

（3）实施低碳园区示范行动

项目以亚运自行车场馆为核心，涵盖周边室外五项赛事室外场地，研究各项赛时与赛后碳减排措施，在赛事场地和配套项目建设过程中，采用绿色建筑、健康建筑、室内环境控制等绿色建造技术，推进节能降碳；建设自行车场馆车棚光伏发电工程，装机容量 55.23 kW，平均每年可提供约 5.9 万 kW·h 的绿色电能。积极研究低碳排放、绿色节能环保材料等技术实施；精心打造亚运低碳生态公园，入选"杭州 2022 年第 19 届亚运会碳中和林"，助力绿色亚运。

（4）积极开展自然教育实践

通过开展自然科普、生态实践、生态体验等集知识性、趣味性于一体的活动，统筹推进研学、露营、生态茶园等项目落地运营，使公众尤其是青少年在休闲中享受自然，体验并认识生态环境保护的重要性，接受潜移默化的自然教育，带动提升全社会的生态保护意识，项目获评淳安县生态文明教育基地称号。成立生物多样性保护党员先锋服务队，通过参与生物多样性红外相机监测及调查、规划特色湖岛游线开展动植物观察、以园区的特色物种为原型打造 IP 等方式，努力做生物多样性的理念广泛传播者和积极倡导者。

5.3.2 优劣势分析

5.3.2.1 项目优势

（1）区位优越，自然资源禀赋得天独厚

项目区位于千岛湖 5A 级景区，生态环境质量优良，自然景观资源独特，生态系统及物种多样性丰富，森林覆盖率高，负氧离子充沛，自然地理条件基础优越。同时，千岛湖作为长三角重要的战略饮用水水源地，水源供给、涵养水源、生物多样性维护、调节小气候等生态系统服务功能十分重要。推进千岛湖华美胜地生物多样性保护工作，加强园区生物多样性保护，充分挖掘园区生物多样性优势，协同促进生态旅游业态发展，是实现园区高水平保护与高质量发展的有力举措。

（2）借力亚运会国际赛事，示范引领效应显著

项目承担着 2022 年杭州亚运会的重任，作为一场国际重大运动盛事，亚运会吸引了来自全球的目光，极大地提升杭州的国际知名度，也为公司和项目提供了面向全球宣传展示的窗口和契机。生物多样性保护是当前国际社会关注的重要热点领域，也是实现人与自然和谐共生现代化的必然举措，将园区生物多样性及相关工作成果借助亚运会加以宣传展示，向世界展现杭州亚运会做出的绿色创新以及千岛湖独特的自然资源、优良的生态环境和丰富的生物多样性，有利于提升公司负责任央企形象及千岛湖华美胜地的国际影响力，全面带动千岛湖周边业态发展，促进淳安绿色低碳可持续发展，使竞技体育的魅力以及生物多样性保护的观念深入人心，实现多方共赢。

（3）生物多样性保护前期工作基础扎实

项目公司积极深入挖掘园区山、水、林、田、湖、渔、茶等自然资源优势，实施一系列生态保护修复举措，完成千岛湖华美胜地生物多样性保护实践与成果整理，以完善的生态提升计划、丰富的生物多样性、壮美的湖山图景，成功入选联合国"生物多样性100+全球典型案例"。大力推动千岛湖华美胜地国家级水土保持科技示范园的创建，林草植被覆盖率达到 80%及以上，形成了完整、立体的水土流失综合防治技术体系。在项目区现有良好生境的基础上，将低碳理念融入其中，摒弃传统建材，采用绿色建造和绿色建筑，推进节能减碳；通过筛谷风车、湿地公园等一系列优化生态环境的举措，为动植物资源打造更有利于生存生长的优质环境，初步形成一批生物多样性友好的亮点经验做法。

5.3.2.2　存在的问题

（1）湖滨消落带生态系统敏感脆弱，局部地块生态退化问题突出

作为长三角及浙江省重要战略饮用水水源地，千岛湖肩负为周边区域提供优质饮用水水源的重要使命。然而，由于季节性水位的涨落使得水库高低水位之间周期性出露，形成大范围的湖滨消落带。消落带生态基底敏感脆弱，土壤有机质含量少，结构差，水稳性较差，植被覆盖度低，易引发水土流失，同时生境退化对动植物多样性产生直接的负面影响，原始生物群落和野生动植物资源逐渐向贫乏单一方向演变，不利于生物多样性的维护（图 5-1）。同时，园区部分绿地质量不高，植物层次结构单一，局部地块存在裸露现象，有待进一步实施绿化修复（图 5-2）。

图 5-1　湖滨消落带

图 5-2　部分地块绿地质量不高

（2）园区景观营造缺乏对生态过程和功能的考量

园区内局部景观的设计建设重在追求表面的美化绿化，未能做到遵循自然法则，忽略对生态过程和功能的考量，存在"伪生态"现象（图 5-3）。植物配置物种丰富度有待提升，海绵设施、雨水花园等生态化技术有待改进，尚未真正实现低维护管理（图 5-4）。室内生物多样性有待提升，建筑室内外连接处、屋顶等细节打造有待深化。

（3）生物多样性价值实现路径有待拓展

目前项目依托园区丰富的生物多样性，立足园区休闲度假健康的生态旅游发展定位，探索了生物多样性融合运动项目、自然教育、旅游住宿等转化路径，但相关工作仍然在初始阶段，转化路径单一且创收效益有限，生物多样性保护与可持续利用融合千岛湖文旅产业发展的路径模式有待进一步拓展。

图 5-3　水系不流通

图 5-4　雨水花园植物丰富度偏低

5.3.3　生物多样性行动策略

按照公司生物多样性保护"1166"战略，围绕千岛湖华美胜地项目生物多样性现状及保护需求，实施中国绿发"生命守护"计划，重点采取常态化调查监测、重点物种保护、栖息地维护修复、影响力提升、生物多样性价值转化等行动。

5.3.3.1　重点物种就地迁地保护行动

（1）划定就地保护小区

针对千岛湖记录到的黑麂、中华穿山甲、豹猫等国家重点保护兽类，以及白颈长尾雉、白鹤、海南鳽、黑鸢、普通鵟、草鸮、红隼、画眉、白鹇、凤头鹰、松雀鹰、小雅鹃、领角鸮等国家重点保护鸟类，银杏、野大豆等国家重点保护植物，基于常态化监测识别其重点分布区域，采用建设保护围栏等物理隔离的方式划定保护小区，尽可能减少人为活动的干扰。如无相对固定的分布区域，则不需要采取物理隔离措施，设立保护标识牌，起到宣传教育和警示的作用即可。

（2）实施迁地救护和繁育

针对项目区内的重点保护物种，通过常态化监测发现的极其珍稀的或者受伤的野生动物，以及稀有的野生植物，及时转移到县区具有救护繁育条件的场所予以迁地保护，并跟踪记录救助过程，丰富完善项目区生物多样性资料数据，为开展自然教育和生物多样性体验相关活动提供素材。

5.3.3.2　栖息地维护修复行动

（1）实施退化生态系统修复

试验推进消落带治理修复。采用植物修复的方式，设置试验样地，推进项目区消落带的治理与恢复，在植物选择上，针对最低水位线到最高水位线的不同高程，选择使用具有不同耐淹能力和恢复生长能力的适宜植物，并要考虑不同的生长型类型。总的原则是低高程带种植耐淹能力强的植物，在更高的高程带上种植耐淹能力相对较弱的植物，保证不同高程带上种植耐淹能力合适的植物。

考虑不同生长型植物的耐淹能力的差异，在消落区的低高程区域选择使用以草本植物为主的植物，随高程的逐渐增高，依次增加灌木树种，在消落区最高水位线附近可选用耐淹的乔木物种。需要注意的是，为形成合理的群落结构以保证正常的群落生态功能发挥，草本植物物种在考虑其耐淹能力大小的基础上应在消落区不同高程区域均要选用。此外，消落带植被需经受干旱和没顶水淹 2 种极端环境，加上浪蚀和浪淘，根部往往遭受浪蚀淘空，树干易受波浪晃动而摇曳，严重影响造林成活率。针对陡峭裸露基岩和失稳库岸，还应结合其他工程、生物、物理等措施，改良土壤，稳定基质，修复湿地植被适宜生境。消落带修复效果示意见图 5-5。

针对项目园区内局部退化裸露的边坡或低质量绿地，采用基于自然的保护修复措施，优选乡土植物，丰富植物群落层次，恢复边坡护坡、水土保持的生态服务功能，有效防范暴雨冲刷等造成的水土流失风险，提升园区绿地的质量和稳定性。

（2）推广绿色基础设施

在园区绿化景观营造中应树立节约优先、自然修复为主的理念，采用基于自然的解决方案，以生物多样性保护为主要目标，推广低影响、低维护的绿色基础设施，避免出现单纯美化和造景造成的"伪生态"现象。推广节能低碳绿色建造技术，依托口袋花园、动植物主题花园等建设，打造小微生境，在绿地中增加设置"本杰士堆"[①]、昆虫屋[②]、蝙蝠冬眠箱等生物多样性友好设施，营造特定生物的觅食生境，探索建立生物滞留池等对生物多样性有积极作用的设施，维护生态连通性，创建网格化的微自然系统（图 5-6～图 5-9）。

---

① "本杰士堆"是由石块、树枝、树叶等堆在一起，并用掺有本土植物种子的土壤进行填充而成，其中心的土壤负责让本地植物苗壮生长，而外部的干树枝、石块既可以让小型野生动物在下面筑巢，还能保护植物的根不被啃食。
② "昆虫屋"是用粗细、长短不一的木棍、竹枝整齐堆叠而成，像是一座座小房子，房屋"建材"之间留下了大大小小的孔隙，相当于不同规格的客房，招引不同需求的昆虫"房客"。昆虫可在这里躲避自然灾害、越冬、繁育、栖息，也能为蚯蚓、蜘蛛等非昆虫类生物提供繁衍场所。

图 5-5　三峡库区宜昌秭归段消落带修复效果参考示意

图 5-6 "本杰士堆"示意

图 5-7 香草花园

图 5-8 多肉花园

图 5-9　蝴蝶花园

　　从食物链的完整性出发，植物多样性是复杂食物链的基础。在植物配置中应从规划设计阶段植入生物多样性保护的理念，尽可能采用本土植物，提升物种的丰富度，依托丰富的植物多样性，促进蝴蝶、蜜蜂、苍蝇等昆虫的生物活动，进而吸引鸟类及其他野生动物的到来，参考图 5-10。

图 5-10　多样植物塑造的花境

5.3.3.3 影响力提升行动

（1）打造生物多样性体验地 IP

按照浙江省生物多样性体验地工作要求，推动项目区建设生物多样性体验地，兼顾科普教育、体验、游憩、观赏等综合功能。

一是完善室内外生物多样性体验设施建设。依托亚运会场地建设，持续完善游客中心等服务型场所设施和展览馆、体验制作室等体验型场所设施，优化园区生态系统、植物、动物和微生物调查（观测）设施、生物多样性科普体验设施和生物多样性相关传统知识体验设施。改造室内专用功能室，依托本地特有的物种资源、生境栖息地和生物多样性相关传统知识，创设百草园、竹工坊、茶艺坊、扇艺坊、制药坊等专用教室，建立标本展馆、标本制作坊等；改造室外游戏娱乐空间，创设草编坊、石艺坊、农耕坊、陶趣坊等特色功能场地，融合亚运会运动精神，优化场地绿道、自然探险、户外运动等路线和场地。制定 1 天、2 天、3 天等短期或 1 周、2 周等中长期的体验营项目活动方案或套餐，设计自然巡游、露营等路线和场地，定期组织不同主题的自然教育体验活动，为客户提供更多灵活的选择。

在现有的生物多样性、水土保持等宣传导视基础上，建立一套完整且具有千岛湖特色的生物多样性宣传教育导视解说系统，不仅展示项目区生物多样性基础状况，同时与科普教育相融合，传递科学实施生物多样性保护恢复的原理方法，依托项目区多元的农文旅业态，将生物多样性宣传展示融入自然教育和各类生态体验活动中，实现项目多方面的综合效益。

二是设置类型多样的生物多样性体验课程。依托千岛湖优质的自然资源和生态环境，围绕千岛湖丰富的生物多样性，甄别筛选有趣且具有价值的自然教育资源，有机整合开发特色的自然教育课程，设立自然探究、家园共育、山水艺术等多个课程主题，融入对生物物种及其栖息地生境的观察、感知、探索等游戏设置，带领儿童回到充满生机与活力的自然，帮助公众建立与自然的联系。这些课程包括探索型（如生物物种认知）、实践型（如制作标本）、宣教型（如生物多样性有关知识宣讲、游览参观）、休闲型（如生物多样性资源、优美自然景观体验）、生产型（如迁地保护植物种植、采摘、产品粗加工）等类型，还可以设置生物多样性传统知识体验项目，如与生物多样性相关的当地民族传统生产、生活相关的体验项目。

三是人员配备与后勤保障。体验地应当配备人员结构合理的管理服务团队，能够承担体验地日常运行、后勤保障、环境维护、专业服务、宣传推广等工作，其中至少拥有一定数量的受过生物多样性保护相关专业培训或学习的专（兼）职讲师，可配备若干志愿者讲师或外部合作团队，能胜任体验地的讲解和答疑工作，满足体验地正常运转需求；

应当具备应对突发事件、极端天气、地质灾害等的预案和能力，户外体验应当配备安全员，安全员定期接受培训。体验地要建立完善的管理制度，每年制订工作计划。

四是制作生物多样性宣传视频。在完善场地自然教育设施的基础上，将场地自然生态环境、生物多样性以及自然教育课程、生物多样性体验营地等建构情况，通过拍摄宣传视频、小视频的方式加以全面展示和宣传推广，打造中国绿发自然教育和生物多样性体验品牌，提升企业的市场竞争力和影响力。

（2）放大展示窗口效应

借助项目地承担国际赛事的契机，将项目区生物多样性基础优势与保护成效进一步集成推广，突出千岛湖生态优势，按照对标国际、打造特色的思路，全面做好比赛场馆及园区生物多样性宣传展示设计，打造生物多样性世界展示窗口。

一是在项目场地中的入场长廊、阅读书屋等地方陈列淳安特有的珍稀动植物图片及简介，在人流密集处设置触摸屏机器用于趣味问答赢取纪念徽章等互动；二是在木作小屋、ClubMed 亲子中心增加相应的生物多样性主题的木作和手绘活动，打造集生态体验、亲子游玩、技艺展示的多功能叠加的综合体验基地；三是制作印刷千岛湖旅游地图及纪念品手册分发给游客，以便于游客了解整体活动安排；四是邀请关键意见领袖（Key Opinion Leader，KOL），如用户粉丝黏性较强的大V、网红等就项目区生物多样性展示拍摄主题 Vlog 等形式的视频用于线上宣传。

5.3.3.4 生物多样性常态化监测评估行动

基于千岛湖园区生物多样性初步调查评估数据，持续开展项目区内生物多样性常态化调查监测，完善项目区常见野生动植物名录，建立项目区生物多样性基础数据库，全面摸清项目区生物多样性本底状况及变化趋势，主要采取以下行动措施。

（1）组织专业技术团队开展项目园区生物多样性全类群补充调查

持续组织专业团队开展园区高等植物、兽类、两栖爬行类、鸟类、昆虫、大型真菌、水生生物等关键类群生物多样性补充调查，完善生物多样性名录及数据，为科学开展保护与可持续利用夯实基础。

（2）安排专人负责园区生物多样性状况调查监测管理工作

组织公司职工定期采集园区内植物、常见鸟类、动物、昆虫等图像，并邀请专家开展物种鉴定。除了采集物种大体形态及其周围生境的照片外，还应注意采集能反映物种关键特征的局部特写镜头，如植物应采集花、果、种等易于识别的特写镜头，以利于物种识别和分类。照片必须清晰、自然，能准确反映植物的形态特征，并拍摄植物群落和小生境外观的彩色照片。

（3）提升项目区生物多样性监测能力

借助当前人工智能、AI、5G 等先进技术，引入智慧化生物多样性监测设备，开展园区生物多样性常态化监测，提升生物多样性监测能力。在兽类、鸟类较为集中出现的点位架设多部红外相机，长期监测兽类、鸟类等类群重点物种的生存活动，整理分析拍摄的照片、视频等影像资料，掌握重点物种的活动习性。定期开展园区生物多样性状况总体评估，评估园区生物多样性种类丰富度、分布情况及受威胁因素，针对性制定保护行动措施。

（4）借助公众力量开展调查观测

以建设浙江省生物多样性体验地为目标，依托园区亚运赛事、运动康养、休闲度假、生态体验、文创艺术等业态发展，针对青少年群体，通过组织开展丰富多彩的亲子摄影、户外穿越、奇趣寻宝、极限挑战等生态体验活动，并将物种认知、昆虫观测、鸟类拍摄等自然教育课程融入其中，采取激励方式吸引观鸟爱好者等社会力量参与进来，借助广大公众的力量共同推动园区生物多样性观测记录活动。

5.3.3.5　生物多样性价值转化行动

聚焦项目区打造集运动赛事、康养度假、休闲游乐、生态体验、文创艺术于一体的国际生态运动休闲度假区的总体定位，将生物多样性作为项目区特色发展的重要引擎，推动将项目区丰富的生物多样性价值转化为经济效益和社会效益。

（1）提升生态农业综合品质

丰富的生物多样性直接为人类提供粮食、蔬菜、瓜果等生物资源。依托园区现有的茶园、板栗园、柑橘园等，通过建设采摘园、风味食堂等，发展休闲观光农业，增加采摘园果蔬种类，推出千岛湖特色套餐，为旅游度假人员提供丰富的绿色有机食物。

（2）深化自然教育和生态体验

依托生物多样性体验地建设，延伸自然教育产业链，作为亲子旅游休闲度假的重要抓手，加快各项基础设施建设，完善自然教育基础能力建设，配备人员和信息化解说系统。同时，做好保护与发展的协同，避免因大量的人为活动干扰野生动植物的生境。

（3）打造特色网红品牌

依托千岛湖独特的自然景观和文化资源，深挖生物多样性相关传统文化，融合运动康养要素，打造千岛湖华美胜地生物多样性文化 IP。通过邀请明星举办演出活动、运动明星参加活动赛事、网红打卡宣传等方式加大宣传力度，增加流量和人气，打响千岛湖华美胜地特色趣玩品牌。定期推出美食、潮玩、运动、文创等主题市集，做活夜经济，吸引更多的客户群体的到来。

开发千岛湖独具特色的文化创意产品，内容建议考虑以下 3 个层面：一是围绕千岛湖自然景观以及知名景区景点的特色景观；二是围绕淳安重点保护或独特的生物资源，包括在淳安记录到的国家保护动物白颈长尾雉、黑麂、白鹇、鬣羚、猕猴、领角鸮以及国家保护植物象鼻兰等，此外，2009年淳安被授予"中国红嘴相思鸟之乡"；三是围绕淳安县历史文化及生物多样性相关传统知识，如海瑞传说、淳安八都麻绣、里商仁灯、青溪龙砚制作技艺等浙江省非物质文化遗产。形式采取视觉文创产品，包括绘画、书法、版画、雕塑、陶瓷、折扇等工艺品，T恤、布袋、冰箱贴、茶杯、手机壳、日历、挂件等图案印刷品，书签、笔记本、明信片、U盘等日用文具，动漫手办、拼图、积木、盲盒等玩具动漫物品，创意定制、家具饰品等礼品用品；背包、望远镜、地图等户外旅行用品，参与式的手绘印章、标本制作等。此外，结合自然教育体验所需的工具材料，制作一系列文创产品，包括放大镜、望远镜、T恤、帽子、布袋、杯子、笔记本等。

5.3.4 预期效益分析

根据项目所在的特殊区位及独特生态系统现状，因地制宜采取生物多样性保护与可持续利用行动，将实现显著的生态、经济和社会综合效益，对于提升园区生物多样性、维护生态平衡、促进绿色低碳发展具有重要意义。

5.3.4.1 生态效益

项目所处区域生物多样性优势突出，作为长三角重要的战略饮用水水源地，生态地位极其重要。加强项目区生物多样性保护，强化野生动植物的就地迁地保护，修复园区消落带等退化生态系统，将有效保护园区内重点保护动植物和珍稀濒危特有动植物，维护野生动植物栖息生境，提高生态系统水源涵养、水土保持、维护生物多样性等服务功能，提升园区生态系统的多样性、稳定性和可持续性，夯实流域生态安全屏障。同时，持续提升园区绿地质量，强化绿地生态系统保持水土、美化环境、调节小气候的作用，为园区消费群体提供更加优质的生态产品。

5.3.4.2 社会效益

（1）提高职工及消费者生物多样性保护意识

项目作为幸福产业领域典型示范项目，通过开展生物多样性基础调查监测、物种及栖息地保护、宣传教育等活动，不仅能提高公司员工对生物多样性价值及重要性的认识，提升职工关心自然爱护自然的自觉性，同时依托项目旅游度假区建设，也能带动提升消费者尤其青少年对生态环境和生物多样性的保护意识，引领更多的人参与生物多样性保护行动。

（2）发展科研教育事业

企业是生物多样性保护的重要参与方，将生物多样性保护融入公司幸福产业发展经营的全过程，在利用园区优质的自然资源禀赋的基础上，持续改善园区生态系统质量，保护恢复生物多样性，对于企业参与生物多样性保护与促进绿色低碳发展具有极大的科学研究价值和意义，可为公司其他幸福产业项目全业态推广提供示范推广经验。此项目为企业生物多样性保护关键技术的科学研究和宣传教育提供了得天独厚的场所，将为生物多样性保护融合绿色低碳产业发展提供重要的科学数据和实践经验。

5.3.4.3 经济效益

通过项目实施，将生物多样性全面融入公司休闲旅游业态经营中，依托本地独特的生物资源发展高品质生态农业和观光休闲农业，发展以自然教育、生态体验为突出特色的生态旅游，打造千岛湖生物多样性体验地 IP，释放网红品牌效应，也可带动周边群众就业，将优质的生物多样性价值转变为直接或间接的经济财富，提升造血能力，促进生态价值实现，对于项目公司可持续发展具有重要意义。

第6章

绿色能源产业生物多样性保护行动研究及案例

基于中国绿发能源产业发展基础，分析绿色能源产业开发过程中对生物多样性的依赖与影响关系，围绕建设生物多样性保护领跑企业的战略目标，从完善可持续的管理体系、减缓对生物多样性的不利影响、深入挖掘生物多样性的价值等方面，设计行动体系和任务措施。

6.1 绿色能源发展与生物多样性

6.1.1 基本概念及发展现状

绿色能源又称清洁能源，在传统意义上是指不排放污染物、能够直接用于生产生活的能源，但此概念容易使人误以为清洁能源是对能源的分类，从而误解清洁能源的本意；更为准确的定义是对能源清洁、高效、系统化应用的技术体系，该定义包含 3 个层次，一是清洁能源不是对能源的简单分类，而是指能源利用的技术体系；二是清洁能源不但强调清洁性同时也强调经济性；三是清洁能源的清洁性指的是符合一定的排放标准。绿色能源与传统能源相比，具有环境负担小、能有效节省能耗、安全稳定的特点，逐渐成为全球范围内可持续发展的时代趋势。

绿色能源包括非再生能源和可再生能源。可再生能源是指原材料可以再生的能源，如水力发电、风力发电、太阳能、生物质能（沼气）、地热能（包括地源和水源）、海潮能这些能源。非再生能源包含核能、使用低污染的化石能源（如天然气等）和利用清洁能源技术处理过的化石能源，如洁净煤、洁净油等。本章主要讨论风力、太阳能等常见的绿色可再生能源与生物多样性保护以及可持续利用协同发展的内在逻辑与路径方法。

在过去的 50 年里，全球的哺乳动物、鸟类、两栖动物、爬行动物和鱼类的种群数量减少了 2/3。到目前为止，栖息地的改变和丧失是物种衰退的最大驱动因素，而以化石燃料为主导的能源发展方式导致的气候变化、环境污染也加剧了生物多样性下降的趋势。因此为了协同应对气候变化与生物多样性下降趋势，绿色能源成为重要且必然的选择。

发展并利用绿色可再生能源，持续提高能源效率，不仅是响应国家"碳达峰、碳中和"战略的具体行动，同时也是采取基于自然的解决方案，以绿色能源替代并逐步淘汰化石燃料的使用，减少温室气体排放，以确保生态系统的长期复原力和减缓气候变化的规模和影响，可为生物多样性和其他可持续发展目标提供积极的效益。

全球范围内，几乎所有国家都实施了支持发展绿色能源的政策，绿色能源正以迅猛的速度增长（REN21，2022）。目前最主要的 3 种绿色能源贡献了全球最多的发电机装机容量，分别为水电占 44%，风能占 25% 和太阳能占 24%，其中太阳能 2021 年装机容量增长了 25%，全球风能新装机容量同比 2020 年增加了 12%（Tinsley et al.，2023；REN21，2022）。为了应对气候变化，实现 2050 年碳净零排放目标，缓解全球生物多样性下降趋势，全球太阳能和风能将需在 2030 年前每年增加 1 120 GW 的装机容量（Ashraf et al.，2024；Bouckaert et al.，2021）。如此大规模的绿色能源产业建设和运营发展趋势，将不可避免地给生物多样性带来不容忽视的影响。

近年来，我国一直将绿色能源放在突出位置，根据《新时代的中国绿色发展白皮书》，截至 2021 年年底，清洁能源消费比重由 2012 年的 14.5% 升至 25.5%，煤炭消费比重由 2012 年的 68.5% 降至 56.0%；2022 年，中国全年水电、核电、风电、太阳能发电等清洁能源发电量 29 599 亿 kW·h，比上年增长 8.5%。可再生能源产业发展迅速，风电、光伏发电等清洁能源设备生产规模居世界第一，多晶硅、硅片、电池和组件占全球产量的 70% 以上。国家能源局最新数据显示，2023 年全球可再生能源新增装机 5.1 亿 kW，其中中国的贡献超过了 50%，我国在全球清洁能源发展中发挥出了举足轻重的作用。

6.1.2　光伏发电对生物多样性的影响

相比传统的化石燃料发电，光伏发电突破了能量来源、材料以及发展空间等因素的限制，能有效替代化石燃料。但光伏电站的建设与运营过程仍会对区域生物多样性丧失产生一定程度的直接或间接影响。直接影响包含因项目建设而导致的栖息地破碎化、光伏板等设备对物种造成的伤害、环境污染以及改变局部小气候；间接影响包含项目设备运输导致的外来物种入侵、光污染、改变项目区域生态系统功能等。光伏发电建设项目除了带给生物多样性以上负面影响之外，也存在潜在的正面影响，例如建设在荒漠生态系统的光伏发电项目会减少局部地区地表蒸发量，工程设施引起的水分改变和遮阴使一些植物的丰富度增加，使一些植物种子在土壤中的存活率提高，有助于增加植物群落的丰富度，吸引更多鸟类等动物，相较于周边其他区域增加了生物多样性，也减缓了地区荒漠化程度（王敏，2018）。

参考现有研究基础，光伏电站从建设到运营均会对生物多样性产生直接和间接的影响，本节从光伏发电站项目建设全过程，系统分析光伏项目与生物多样性之间的关联影响机制。

6.1.2.1 项目建设阶段

（1）项目土地施工导致物种栖息地丧失影响生物多样性状况

光伏电站建设项目及其相关设施建设过程中的道路修筑、光伏板布置区场地平整、光伏板支架基础施工、逆变器室与电缆沟的基础开挖、土方回填、设备安装等，都不可避免地扰动原地貌、大面积破坏地表植被，这可能导致栖息地的丧失、退化和破碎化，从而对区域土壤、植被、物种多样性、生态环境造成一定程度的影响（许申来等，2008），进而造成物种丰富度和密度的减少。而对于我国中部与东部等原本自然地理条件和气候相对适宜的地区，建设项目通常会直接砍伐割除项目场地内乔木树种、灌木树种以及草本植物，导致植物生物量和种群量直接大幅减少。此外，项目工程建设将造成原有的植被群落结构发生改变，原有的"乔-灌-草""灌-草"或"草-草"结构生态系统受到破坏甚至直接消失，以及项目范围内的人为活动，均能加剧原区域范围内的野生动物栖息地破碎或缩小其活动空间，导致该建设区域物种多样性减少。根据生态学的演替理论，受到干扰和破坏的生态系统其物种多样性下降，若干扰停止可能随演替进程多样性指数上升并恢复到原有的水平。

在光伏项目建设过程中，不同区域建设、不同过程也对地表扰动、生物多样性呈现不同程度的影响。根据吴建国等（2024）对甘肃河西走廊18个光伏电站的生态影响调查研究，发现光伏电站工程区扰动地表面积比例表现为光伏电站光伏板布置区（68.72%）＞道路区（27.17%）＞其他防治区（1.77%）＞管理区（1.18%）＞施工营地区（1.15%），各区域建设过程中的场地平整、土地硬化、土石方挖填等均造成原有植物破坏和植被生长条件发生改变，生境受到破坏，因植被覆盖率降低、生物量减少，进一步加剧生态系统的结构和功能下降，进而影响区域的生态环境和物种的多样性，详见表6-1。

表 6-1　光伏电站建设过程中对生物多样性的影响

实施区域	影响分析
光伏场区	场地局部整平，光伏板支架基础、集电线路沟槽及逆变器基础开挖回填，直接破坏了原有地表植被，逆变器永久占用土地，使永久占用土地范围植被完全消失；光伏电站对原本完整生态系统的切割，造成生境的破碎化，对于存在地下潜流和地面漫流的区域，可能造成下游生态系统的退化；工程永久占地减少了植被分布面积，不利于生态系统的演替进程
站内道路区	道路的建设使原有地表植被被清除或压埋，沙砾石道路改变了土壤结构，与原地貌相比，植被更难以生存；混凝土道路则使植被永远失去了生长的条件，混凝土道路占地范围内的植被完全消失
集控中心区	土石方挖填数量大，施工扰动强烈，对原有地表植被和物种多样性影响很大，土建工程结束后，随着集控中心区绿化美化工程的实施，引进栽种的乔-灌-草发挥作用，植被盖度和物种多样性均有所提高
围栏边界区	施工扰动强度较小，土石方挖填不大，对植物的地上部分产生一定影响，对根系影响不大，施工结束后自然恢复速度较快，因此，植被群落盖度及植被多样性变化不大
施工生产生活区	由于场地占用、机械碾压和人为活动等，地表植被和植物物种受到一定的破坏，降低了生态系统功能。其影响范围和程度与站场规模、人员数量及使用时间的长短有密切关系，施工结束后植被群落盖度和植被多样性逐步修复
场外道路管线区	站外道路及管线的建设使原有地表植被和植物物种受到直接破坏，使建设区域植被分布面积减少，土石方的挖填堆弃改变了土壤的团粒结构和通透性，不利于植被的生长，造成植被群落盖度和植被多样性下降。工程活动结束后，挖填区域的地表植被和多样性开始缓慢自然恢复

（2）建设过程引起水土流失从而影响生物多样性

光伏电站建设期的基础开挖、搬运和填埋等施工活动会改变原有土壤结构和地貌，导致地表裸露，极易引发水土流失，破坏地表生态环境。通过分析甘肃河西走廊光伏电站发现，运行期间光伏电池板作为集流面收集的雨水以及清洗电池板弃水降落到土壤，使板间土壤含水量增加，并且地表蒸发也有所降低，但在光伏电站建设过程中对原有植被和地表的破坏双重增加了水土流失的风险。

6.1.2.2　项目运行阶段

（1）影响土壤结构、理化性质，导致生物多样性发生变化

王涛等（2016）的研究结果表明，光伏电站建成后，光伏阵列减少了太阳对地表的辐射，加之其绝热保温作用，光伏电站内土壤温度日变化小于站外，进而导致土壤有机

碳的分解和呼吸速率不同。光伏阵列改变了土壤含水量分布特征，不同位置土壤含水量的变化与土壤离光伏阵列覆盖区的距离有关。在光伏阵列覆盖区，站内遮阴区与未遮阴区土壤含水量无显著差异，而两者与站外土壤含水量差异显著，这是因为光伏面板对降雨有集流作用，通过对降水再分配进而影响了各层土壤含水量，站内土壤含水量明显升高，距离光伏阵列覆盖区越远，土壤含水量受到的影响就越小。

光伏阵列的太阳能电池板对大气降水和太阳辐射的遮挡作用，造成土壤水分通道堵塞，导致土壤容重增加（王祯仪等，2019）。光伏电站建设在一定程度上影响了不同位置土壤的化学性质，光伏电站内遮阴区和未遮阴区的土壤速效磷和速效钾含量显著高于站外区，而站内遮阴区的 pH 和电导率小于未遮阴区和站外位置。这是由于光伏阵列降低了土壤水分蒸发，减少了土壤表层盐分积累。光伏电站内部土壤含水量高于站外，促进了站内植物生长，站内植物生物量高于站外而枯落物分解后归还土壤，土壤养分也会随之增加。

（2）影响植被和植物多样性

光伏电站运营期间，光伏阵列影响周边植物生长，表现为光伏阵列间的植被高度和生物量显著高于阵列下方（朱少康等，2021）。在光伏阵列前后方，由于光伏阵列对太阳辐射的遮挡，土壤水分蒸发减少，因而提高了近地表草类植物成活率，其生物量略呈增加的趋势。而光伏电板正下方的物种丰富度指数、多样性指数及均匀度指数等均显著低于电池板的前后檐以及自然植被群落（翟波等，2018）。在区域或景观尺度，光伏电站建设切割了原有景观，导致环境破碎程度加大，自然景观和生物多样性降低（张芝萍等，2020）。此外，光伏电站内植物群落内部的种间竞争和互利共生等作用，导致种群结构发生变化，一定程度上影响了生物多样性（Armstrong et al.，2014）。

（3）改变局部小气候

高晓清等（2016）、杨丽薇等（2015）关于光伏电站建设对空气湿度、温度、净辐射通量等影响研究结果表明，光伏电站建设会改变局部小气候，电站内外气温和净辐射通量存在差异。格尔木荒漠区光伏电站站内与站外 2 m 和 10 m 高度气温监测结果显示：2 m 高度月气温差值（站内气温-站外气温）最小值（0℃）出现在 10 月，最大值（1.1℃）出现在 5 月，且冬季站内气温低于站外气温；而 10 m 高度气温全年各月站内均低于站外，气温差值变化范围为-3.2～-1.0℃，其中秋冬季差值较大。站内 2 m 高度气温在 5—10 月高于站外，这是由于夏季太阳辐射强，白天转换为电能的太阳辐射占比小，站内外 2 m 高度气温差异小，而晚上光伏阵列（一般高度 3～4 m）在 2 m 高度起到了绝热保温作用站内气温下降较少；10 m 高度气温各月站内均低于站外，这是因为白天太阳能板将部分太阳辐射转化为电能，导致气温降低，而光伏电板高度远低于 10 m，晚上无法起到绝热保温作用，站内外气温基本无差异，所致光伏电站内外净辐射通量年内月变化也呈现先增加后减小的趋势。站内净辐射通量大于站外站内年平均净辐射通量与站外的比值为

1.32，表明光伏电站是一个能量汇。

　　光伏阵列对空气湿度影响较小，研究显示，光伏电站内外的空气湿度无显著差异，但是光伏阵列能够改变近地表气流方向，使风速和空气湍流随之变化，在挡风阻沙的同时影响空气湿度，也在一定程度上影响温室气体在近地表的分布。

　　（4）影响鸟类、蝙蝠等物种多样性

　　类似于建筑物的玻璃和反射表面，光伏板和聚光太阳能集热器若是垂直方向，可能由于其较强的反射光，会造成鸟类和蝙蝠物种的碰撞、高温灼伤和较强辐射，一定程度影响此类物种的生存和栖息。根据 Kosciuch 等（2020）监测数据研究表明，美国加利福尼亚州和内华达州 10 家光伏电厂在 13 年内，造成的鸟类死亡率为每年每兆瓦 2.49 只。此外，光伏板等太阳能设备产生的偏振光会影响鸟类迁徙、昆虫繁殖行为（Horváth et al.，2010）。例如，鸟类可能会把光伏板的平面误认为是水体，并试图降落，这会对某些没有水体就不能起飞的鸟类产生有害影响；部分鸟类会受到偏振光的影响而改变迁徙路线，或因成规模的光伏板造成的屏障而导致种群栖息地破碎从而造成种群数量降低。偏振光也会吸引水生昆虫在光伏板上产卵但无法孵化，从而导致其死亡（吴建国等，2024；Guiller et al.，2017）。

　　（5）导致环境污染和外来物种入侵而影响生物多样性

　　正在运行的光伏电站运营期间会产生少量污染物排放，如废水、灰尘、废物、噪声和光污染等。同时，在建设运行中，设备搬运、人员流动可能会导致外来物种通过各种途径入侵当地生态系统，对本地生物多样性造成一定影响。

6.1.3　风电对生物多样性的影响

　　风力发电作为一种清洁能源，可以实现零污染排放，节约化石能源消耗，但在开发建设和运行过程中，不可避免地会对生态环境产生一定的影响。风电建设工程一般包括发电机组、箱式变电站、集电线路和施工检修道路等。

6.1.3.1　陆上风电

　　陆上风力发电机组的发电能力高达 10MW，最大轮毂高度约 200 m，转子直径约 200 m。陆上风电对生物多样性影响的研究主要集中在鸟类、蝙蝠和自然栖息地，而对包括非飞行哺乳动物在内的其他类群的影响目前研究相对较少。陆上风电主要表现为直接导致物种死亡和物种栖息地丧失和退化来影响生物多样性，此外在建设和运营过程中，外来物种入侵、污染等也会对生物多样性造成一定程度的负面影响。尽管如此，也有研究表明风电场对鸟类的影响比其他常规能源小得多，风力发电导致的鸟类死亡比化石燃料少 20 倍（何则等，2021）。

（1）碰撞、干扰位移等直接导致鸟类和蝙蝠等物种死亡

鸟类飞入叶片扫风面积区域可能会发生鸟撞等风险，严重时会导致鸟类受伤或者死亡。例如，经调查，美国风力发电设施因碰撞导致的鸟类死亡年均中值约为 1.8 只。这只是中位数，若风力发电设施选址不佳可能导致更多鸟类死亡从而影响鸟类种群数量。Kikuchi（2008）的研究结果同样表明，由于风电场致死的鸟类在世界范围内每年达数百万只，特别是稀有猛禽死亡率较高，在鸟类迁徙路线上的风电场对鸟类威胁很大；据估计每台风机每年导致的鸟类碰撞死亡数量约为 40 只（Sovacool，2009），而且不论是留鸟还是候鸟同样会发生鸟撞。因发电机组碰撞造成的鸟撞也会影响鸟类多样性。经对南非 20 个风力发电厂调查研究，4 年内风力发电场及其周围记录的鸟类种类中有 30%的死亡率，涉及 46 个科 130 种鸟类（Perold et al.，2020）。

目前大多数发电机组导致的蝙蝠碰撞风险研究大多集中在北温带地区。Arnett 等（2008）综合美国和加拿大风电场建设后的蝙蝠死亡案例，总结出蝙蝠死亡具有高度变化性和阶段性，在夏末和秋季达到高峰。此外也与发电机组转速、叶轮直径和发电机组塔高相关，死亡率通常在低风速时最高，随着涡轮机塔架高度和转子直径的增加而增加。另外具有迁徙性、栖息于树叶或树洞的蝙蝠种类更容易受伤（Hull et al.，2013）。

在施工或运营阶段，同一景观中的多个风力发电场可能会对鸟类造成障碍，形成干扰。一些物种显示出高碰撞回避率，尤其是当景观中有大量紧密排列的发电机组时，它们的飞行路径可能会改变。迁徙鸟类尤其受风力涡轮机的影响，因为它们经常沿着固定路线成群结队地飞行。任何阻挡它们飞行路径的障碍物不仅会导致其死亡，还可能迫使它们改变路线或完全放弃急需的休息站。随着更多风力发电场的开发和监测（包括标记鸟类）的改进，这种障碍效应可能变得越来越明显。如果风力发电场设有围栏，障碍效应也可能影响陆地物种，特别是大型迁徙哺乳动物。

（2）栖息地丧失

风力发电机组和周边建设道路的物理占用面积通常相对较小，但是一些物种仍会选择避开风力发电场，从而导致栖息地丧失和物种被迫迁移。例如，经研究在葡萄牙安装风力涡轮机导致黑鸢（*Milvus migrans*）丧失了该地区之前使用的 3%～14%的栖息地（Marques et al.，2019）。蝙蝠受涡轮机的影响因物种和地点而异，有的物种会主动避开涡轮机，有的则可能被吸引到周围捕食（Barclay et al.，2017）。风电厂建设过程中，施工可能会清理或暂时占用周边林地，也会导致栖息破碎或丧失地影响蝙蝠等物种种群数量；但是也有积极的一方面，道路和涡轮机的建设也可能会为喜欢在森林边缘和空隙捕食的物种创造新的觅食栖息地。风力发电场对某些特定的大型哺乳动物、小型哺乳动物有特定的影响，例如有研究表明狼会主动避开风力发电厂，距离可达 6.4 km（Ferrão et al.，2018）；若是风电场建设区域选在物种的繁殖栖息地，这将会对物种多样性造成影响。

风电场也对植物生长有显著影响。艾婧文等（2023）研究发现，风电项目导致生态廊道畅通性降低，弱化了生态源地之间的关联性，生态廊道的走向及长度发生显著变化，大大增加了生物迁徙的空间阻力，风电项目建成之后生态网络流通性变差，网络更为单一、整体生态效能降低。但风电场对植物生存也有正面影响。李国庆等（2016）以内蒙古灰腾梁风电场为例，发现风电场运行对风电场区域内外植被的影响机制是不同的，风电场区域内不利于植被的生长，而上下风区域却有利于植被的生长。

（3）外来物种入侵、污染与噪声等影响

根据刘伟等（2014）对风力发电对生态环境的影响研究，施工阶段需要占用一定的土地来建筑风力机基础及道路等配套设施；开挖土石方会对原有地貌植被造成一定程度的破坏，运输土石方会造成扬尘污染等，施工过程中会产生含有泥沙的工程废水、施工机械的冲洗污水，废水中的主要污染物为悬浮物，不含其他有毒有害物质，也会产生一定量的生活污水。施工期会产生暂时的生活垃圾、工程施工废物、工程土石方等固体废物，施工现场会形成明显的施工噪声，包括各类机械设备噪声和物料运输的交通噪声，会对野生动物产生一定的扰动影响。

在运营期间则会产生噪声、电磁波干扰、形成雷场、破坏候鸟正常飞行规律等影响。运营期产生噪声主要为风机机组噪声及其他设备噪声。风机机组运行噪声主要来源于风机运转时叶片切割气流产生稳定连续的低频噪声，风机噪声主要分为单机影响、机群影响及运行异常噪声。风电场建成后所发电量直接通过输电线路，发电过程无废水、废气、固体废物产生，只有风电场运营管理人员工作生活时产生的生活燃气废气、生活污水、生活垃圾等，由于风电场运营过程中，管理维护人员比较少，生活所产生的污染较少，影响较小。

施工过程中，人员的进出及设备或组件的搬运可能会导致外来物种入侵，例如通过机械上携带的土壤或附着在衣物上。通过施工期间的土地扰动或施工开拓新区域，也可能会加剧已有的外来物种入侵情况。例如，Silva 等（2017）科学家对葡萄牙的 Serra da Lousa 风力发电场运营期间进行了调研，调查监测期发现了两种新的外来入侵物种，而且风电场建设和运营使该外来入侵物种已经沿着道路和发电机组基座扩散到更广的区域。

6.1.3.2　海上风电

海上风电具有就近消纳方便、发电效率高和不消耗化石能源等特点，在低碳经济发展背景下，加快海上风电开发已成为全球各国促进能源结构转型与可持续发展的普遍共识（王婷等，2022）。目前海上风力技术主要有两种类型：一种是底部固定基础涡轮机（目前最普遍的类型）；另一种是浮动涡轮机。底部固定涡轮机通常安装在水深约 60 m 的地方。它们的水下结构（通常是单桩、三脚架或外套）通过基件（常见类型包括单桩或多桩、重力底座和吸沉箱）固定在海底。在较深的水域，安装固定基础的可行性降低，可以使用固定在海底的浮动涡轮机来代替。典型的固定海上风力涡轮机结构包括水的上部（机舱、转子、叶片和塔）和下部（子结构、基础和冲刷保护材料）。海上风电场的开发建设规模较大，项目的建设期和运营期（设计、建设、运行和使用寿命结束）将给海洋生态环境造成一定的影响。

风电场建设期桩基安装的噪声、运营期涡轮机叶片碰撞及风电场的电磁场会对鸟、蝙蝠类产生影响，但是相比于陆上风电，海上风电建设较少引起鸟类的严重碰撞。海上风电发生鸟类与风机碰撞导致的死亡率多与鸟的种类年龄、飞行经验、天气状况及风力发电场本身的特性有关，海上风电只要在建设选址时避开鸟类栖息地，且伴随着鸟类产生的趋避行为，鸟类对风电场内的环境会产生适应性（施蓓等，2014）。因此，本节集中讨论海上风电产生的噪声、电磁等因素对海洋生物多样性的影响。

（1）噪声、电磁等对物种的影响

海上风电场对海洋鱼类的影响主要体现为噪声和电磁场，主要影响有以下6个方面：①水下打桩噪声影响鱼类行为，甚至引起死亡；②建设期影响鱼卵和幼鱼的生长发育；③风电机运行阶段产生的噪声可能会导致鱼类的通信受阻或方向迷失；④施工工程导致海底泥沙和沉积物悬浮或含油废水泄漏而污染海域水质，影响鱼类生活；⑤电磁场影响其周围鱼类的分布和迁移模式；⑥电磁场可能会影响鱼类的胚胎早期发育。目前，国内外关于海上风电对鱼类行为影响的研究结果不尽相同，由于现场数据稀少，海上风电对鱼类是否产生负面影响尚不能定论。

海上风电对海洋哺乳动物的影响主要源于噪声，影响主要表现在：建设阶段特别是打桩的噪声可通过水体增强和传播，造成海洋哺乳动物听力损伤，相对来说，运营阶段的噪声对海洋哺乳动物影响微弱；建设活动对海洋环境的干扰引起海洋哺乳动物躲避行为；对海洋哺乳动物繁殖可能有影响。风电场产生的电磁场也可能对海洋哺乳动物行为产生影响。国内外的研究大都集中在水下打桩噪声对海洋哺乳动物听力损伤和躲避行为影响的研究，且目前开展的研究有限。但研究一致认为海上风电建设期导致海洋哺乳动物有不同程度的听觉损伤，临界距离运营期海上风电对海洋哺乳动物的影响较小且是可恢复的。

（2）栖息地改变

风电场建设最好的海底地质条件是软沉积物区，这也正是许多底栖生物适宜的生境。因此，海上风电建设会对底栖生物产生负面影响：海上风电场对底栖生物最直接的影响是风电场建设时期风电机地基的打桩和钻孔，致使水体浑浊，对海域水质造成污染，破坏底栖生物的生境；风电场建成后，海床环境会因人工建筑而改变，原有沉积物和水文特征也会改变，进而影响底栖生物的生物量多样性，导致区域现有群落组成及结构发生较大变化。

国内外关于风电场对浮游生物影响的研究也非常有限。海上风电场会影响海洋水文环境进而影响浮游生物的聚集。人工海底建筑会导致海床环境的改变，导致无脊椎动物等底栖生物也发生改变，进一步影响藻类的组成结构。研究表明，越靠近风电机的区域藻类越少，这可能与风电机附近水文动力的改变、有机质的输入以及贝类数量的变化有关，越靠近风机桩贝类越多（Wilhelmsson et al.，2008）。

近年来也有研究（Lindeboom et al.，2001；Wilhelmsson，2008；Bercstrom et al.，2014；詹晓芳等，2021）表明，海上风电场的建设对海洋生物有一定的积极作用，风电场的建成会增加海洋生物的栖息地，栖息地的增加则对增加当地物种的丰度、保护当地物种的多样性有一定的积极作用。海上风机的基础部分可起到人工鱼礁的作用，复杂的环境为许多生物创造了很好的庇护和觅食场所，不仅丰富了鱼类的食物来源，也为鱼类的聚集提供了场所。风电场建设过程中，除了建设区域的底栖生物有损失外，风电塔的基础设施建设会使一定范围内的悬浮沉积物增加，从而削弱浮游植物及藻类的光合作用（张世朋等，2022），风电场运营会导致局部地区的风速、温度和湍流发生变化，影响地表边界层中的大气湿度和温室气体（如 CO_2、CH_4 和 N_2O）的浓度分布（Baidya et al.，2004；Baidya，2011），甚至增加降水量。

6.1.4　光热项目对生物多样性的影响

太阳能光热发电站通常由集热系统、传热系统、储放热系统及常规发电系统构成。集热系统是利用大规模阵列反射镜集成装置，在白天利用光照聚焦获取太阳能，用于加热传热介质，从而将太阳能转化为热能；传热系统主要由传热介质的循环动力设备、换热装置及其附属设备组成，传热介质通过换热装置加热水产生高温蒸汽，驱动汽轮发电机做功实现发电；储换热系统主要由储热介质储存装置、循环动力设备及换热装置组成，传热介质吸收的多余热量通过换热方式储存在储热介质中，遇夜间或光照不足时段，储热介质通过换热器放热来加热水产生高温蒸汽，实现汽轮发电机组的连续发电。当前国内已投运的光热发电项目的生产工艺系统中使用的传热介质主要为导热油、熔盐、水等，使用的储热介质大都为熔盐。

光热发电项目除基础设施占用土地外，对生态环境的影响主要体现在废气、废水和固体废物的产生。其中，废气主要为锅炉排放废气，经天然气燃烧排放的污染物主要为 NO_x、SO_2 和烟尘。废水主要包括高浓度的含盐废水、生活污水及含油废水。电站热力系统需使用制水系统处理后的除盐水，水处理工艺有化学反应和物理过滤，工艺过程中产生含盐质量分数 1% 以上的废水，称为高含盐废水，高强度的蒸发导致水中化学物质浓度提高，部分野生动物被吸引前来饮水可能导致其中毒或是溺水（Horváth et al.，2010）。例如，在南非一项某聚光太阳能集热项目中，经过为期 4 个月的调查发现，蒸发池中发现 37 个物种的尸体，包含了鸟类、爬行动物和哺乳动物等，其中 21 具动物尸体的死因被评估为可能被淹死（Jeal et al.，2019；Smit，2012）。生活污水中主要含有 COD、BOD、SS 和氨氮等污染因子，通过配备一体化生活污水处理系统，经物理沉淀、生化处理、消毒等环节处理后，水质可满足厂区绿化要求。含油废水是指使用导热油、汽轮机润滑油、变压器绝缘油以及转动机械润滑后，油脂渗漏产生的废水。固体废物包括一般固体废物及危险固体废物。危险固体废物主要包括锅炉补给水和工业废水处理工艺中的化学药品；含油废水处理装置产生的浮油、污泥；检修作业过程中清洗金属零部件产生的废弃煤油、柴油、汽油等其他溶剂油等，以及生活垃圾中的危险废物（如废化学药品、废油漆和溶剂、废矿物油及其包装物，废荧光灯管、废电池以及电子类危险废物等）。

6.2　绿色能源产业生物多样性保护行动策略

目前，光伏、光热和风电等绿色能源建设项目为尽可能减少对生物多样性的影响，按照减缓保护层级框架（Bennun et al.，2021），一般会在电厂建设与运营全周期过程中采取避免（avoid）、最小化影响（minimisations）、修复与重建（restoration and rehabilitation）、补偿（offset）等措施（图 6-1），尽可能减少对区域生物多样性的影响。本节重点围绕光电、光热和风电项目，研究提出减缓保护层级框架中四大类型措施包含的更具体的措施。

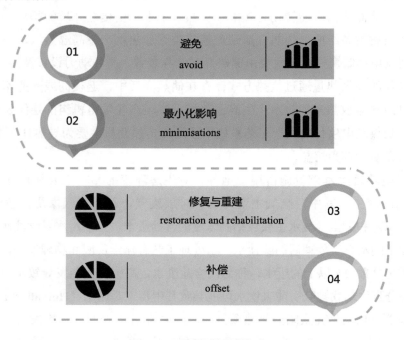

图 6-1　减缓保护层级框架

6.2.1　光电与光热

6.2.1.1　避免

避免是指项目实施前需开展一系列环境影响评估、风险和可能性筛查等，通过事前评估、规划和改变施工周期等尽可能避免在物种生命周期的敏感时期干扰物种。这是缓解施工阶段环境影响的最有效手段。

（1）未建设项目

针对即将计划投资建设的项目，要尽早结合太阳能发电厂的规模、光伏或光热的技术类型、布局和遮阳、电气设计以及现场建筑的位置，充分考虑当地太阳能资源、地形、土地使用、当地法规、土地使用政策或分区、环境和社会考虑、岩土技术考虑等限制，及时开展生多样性影响风险审查。例如对于光伏项目的规划设计，须严格遵守《光伏发电站设计规范》（GB 50797—2012）等标准，做好包括对生物多样性影响在内的环境影响评价报告等。基于生物多样性影响评价内容，充分评估工程实施全过程对生态环境的影响，将努力降低项目建设工程对野生动植物栖息地的影响、对动植物直接产生损害、影响土壤理化性质等纳入项目规划、选址、选线原则，尽可能保护项目及周边区域森林、草地、湿地等自然生态系统，维护自然生态原貌，保护生物多样性。不能避让的，采用减缓影响、生态修复和生态补偿等措施，将对生物多样性及环境造成的影响降到最低。

（2）建设、运营阶段项目

针对已建或正在生产运营的项目，涉及生态保护红线、自然保护地、海洋特别保护区、基本农田等重要生态功能区和生态环境敏感区脆弱区，以及重点保护野生动物栖息地，重点保护野生植物生长繁殖地，重要水生生物的自然产卵场、索饵场、越冬场和洄游通道，天然渔场，水土流失重点预防区和重点治理区、沙化土地封禁保护区、封闭及半封闭海域等重要的生物多样性维护功能区，应严守国家相关空间管制要求，依法依规进行管理经营，严禁扩大现有规模与范围，项目到期后按要求做好生态修复。

通常避免措施作为最有效的措施一般将会列入早期规划，并在建设和运行中落实，但这并不意味着避免措施是一成不变的，在项目建设和运营过程中，需不断开展风险识别、评估，不断调整避免方案，实施最小化影响措施，不断循环迭代，直到影响被消除或减少到可以通过恢复重建或补偿实现影响最小化。

6.2.1.2　最小化影响

最小化影响是指项目在建设和运行过程中，若无法完全避免对生物多样性造成负面影响，可采取尽可能减少对生物多样性和生态系统服务产生负面影响的行动。

（1）施工阶段

在施工期间要严格管理和规范项目建设活动。制订生物多样性保护管理章程和环境管理计划，对参建人员开展环境影响和合规性的培训，培养减少扰动就是最大保护的意识；开展定期监督和检查施工现场；做到绿色施工，在敏感区域周围设置栅栏进行保护，划定专门区域放置建设设施，尽可能在现有道路上规划项目施工和进出区域，减少植被损失和土壤扰动；限制施工车辆数量与速度；仅在必要时清理植被，并确保清理范围和程度是施工所必需的最小限度（Bennun et al.，2021）。

选择对生态环境的影响程度较小的施工工艺。如光伏阵列支架基础采用螺旋钢管桩基础，可大大降低光伏阵列支架基础施工时的土石方开挖量，从而减小对原有植被的破坏程度。光伏电站在设备选型时要选择光电转化效率高的光伏组件，同时在地质条件许可的前提下光伏面板支架基础优先选择土石方量最小的螺旋钢管桩基础（刘敏华，2018），在地形无明显起伏、地面自然坡度小于或等于 3°的平原地区，"光伏组件转化效率"提高 1%，"光伏方阵场区"的占地面积减少 5%～9%。

（2）运行阶段

在运行阶段要采取行动减少负面影响。通过提升改进运营过程中的污染控制技术，或者实施废物管理和循环利用策略，减少尘埃、光污染、噪声和振动，以及固体/液体废物的产生和排放，尽可能减轻对生物多样性和生态系统的负面影响。例如，太阳能板可以安装在打桩或螺丝基础之上，而不是使用如沟填或大规模混凝土基础等重型基础，可有效减少对自然土壤功能的负面影响，维持土壤的过滤和缓冲特性，同时保护地下和地上生物多样性的栖息地，这对于保护土壤中的微生物、根系结构以及其他生物多样性至关重要。再如，光热项目在采用湿式冷却技术时会产生大量的工业废水，可采取废水再处理和水资源保护管理措施，加强废水循环再利用等。

6.2.1.3 修复与重建

修复与重建是指太阳能开发与项目相关影响的建设通常不可避免地造成一定程度的环境破坏，这些影响无法避免或最小化。因此，需要进行修复来减少这种损害。

工程完工后进行必要的地貌、土壤和植被恢复。退化生态系统下大型地面集中式光伏电站的建设，要考虑光伏电站建设后的生态环境效应，因此要配套光伏电站建设后的生态环境影响防治措施。按照项目区自然概况及退化特点，因地制宜，因害设防。从保护生态环境、有效改善退化生态系统的角度看，主要措施有植物措施、工程措施和临时措施 3 种。例如，种植防风固沙的植物、安装截排水装置，雨水积蓄使用，压盖砾石等。此外，光伏板作为集流面进行雨水收集也是解决水资源匮乏，改善土壤质地，恢复植被的重要举措。

光伏电站区采取植被恢复措施,可以改善土壤结构,提高土壤养分含量,有效减少水土流失。恢复模式适用条件不同,其生态环境效应也表现出差异。自然恢复模式植被恢复周期长,适用于光伏电站运营期扰动小且降雨较多的地区。人工种植模式可以加速光伏电站内的植被修复进程,适用于生境脆弱的地区。例如,在光伏电站办公区种植云杉等乔木和在光伏阵列中间种植乡土草种,不仅可以高效利用土地资源,而且具有水土保持的作用。对于风沙活动剧烈的干旱半干旱区,通过布设方格种植草类进行光伏电站植被恢复,能够减弱站区的风沙活动,同时保持土壤含水量,为草类生长创造条件。不同植被对环境的适应性存在差异,光伏电站植被恢复时应优先选择本土植被。在西北草原地区,天然草地恢复模式的长期效果最好,而种植紫花苜蓿(*Medicago Sativa* L.)可以在短期内提高土壤的全氮和有机碳含量,草本和灌木复合配置,如狗尾草、花棒、柠条、油蒿等复合配置可以增加土壤孔隙度,增强土壤入渗能力,提高土壤养分含量,改善电站区生态环境。在内蒙古光伏电站周边区域人工种植沙丘植被樟子松能够提高土壤固碳作用,且固碳效果会随着恢复年限增加而增强。研究发现,在宾川县西村光伏电站进行植被恢复时,种植灌木马桑、攀缘性藤本金银花、草本黑麦草等乡土植被可以有效减少水土流失。

此外,鼓励当地社区参与项目的设计和实施,提高他们对环境保护的认识和参与度,通过开展生态教育和宣传活动,提高社区居民对太阳能项目具有环境积极影响的认识,助力民众积极参与项目前期保护后期修复的行动之中,更好地保护项目区域生物多样性。

6.2.1.4　补偿

一般情况下,项目建设可通过早期项目规划选址、建设和运营期采取减缓方法以及修复与重建等措施,尽可能减少对区域生物多样性的影响。但是项目建设与运营无法做到完全准确预测其对生物多样性的影响以及可能存在的意外,生物多样性补偿是作为最后的措施来补偿无法通过避免、最小化和/或恢复的剩余重大不利影响。补偿措施是缓解层级中的最后一步,但具有难以规划、实施具有挑战性、成本高昂且结果不确定的特点,因此生物多样性补偿措施应该谨慎考虑,尽可能作为其他缓解措施的补充,而不是替代(Bennun et al.,2021)。

(1)恢复性补偿

不同于减缓保护层级框架中的"修复与重建",恢复性补偿是指修复与恢复非项目建设和运营造成的生物多样性建设的措施。例如在光伏发电厂周围主动出资出力建设自然保护小区、保护旗舰物种、珍稀濒危物种栖息地、设立标识保护牌等,为当地生物多样性保护主动开展积极干预或改善行动。

(2)预防性补偿

通过保护或维持那些在没有补偿措施的情况下可能会丧失或退化的现有生物多样

性，甚至达到提升社会效益、经济效益等。例如，推进生态光伏发电站和"农光""林光"互补电站建设。光伏电站的建设改变了生态环境，增加了土壤肥力，同时利用光伏面板的集流作用，发展特色林果业（沈天成，2018），不仅维护了土壤生态系统，丰富了植物的多样性，还产生了经济社会效益。

6.2.2 风电

基于风电项目与生物多样性的影响机制，采取风电项目全生命周期管理，与光伏和光热类似同样围绕减缓保护层级框架（避免—最小化影响—修复与重建—补偿）尽力避免对生物多样性的影响。

6.2.2.1 避免

（1）未建设项目

在风电场规划设计的初始阶段，使用已有生物群落及其环境信息来评估影响的大小是非常重要的。充分做好项目整个生命周期的生态环境影响评估，尽可能减少对土地和海洋资源的占用，选址尽量避让野生动植物栖息地及迁徙通道，避开如下鸟类的栖息地：高密度越冬或河游水禽和涉禽的栖息地，这样的栖息地一旦受到干扰就有可能发生大规模的碰撞死亡；猛禽活动水平高的地区，尤其是个体繁殖范围的核心区域，以及猛禽捕食等飞行活动集中的中心区域，当猛禽的常规飞行路线越过风电场时，碰撞概率会明显上升；冬季迁徙种群数量较少物种特别是那些在濒危保护名单内的物种，它们的种群规模对碰撞导致的个体死亡上升十分敏感。

（2）建设、运营阶段项目

合理优化风电场的空间布局可有效避免对生物多样性的影响。风电场的分布形状也会影响到鸟类种群，通过模型设计出有利于鸟类规避涡轮机叶片撞击的风电场形状，可以有效降低建设后鸟类的死亡率。类似的研究表明，在风电场内留下足够大的、没有风力涡轮机的区域，可以确保鸟类更安全地觅食和旅行，可以最大限度地减少鸟类的死亡数量。对南非开普敦西海岸规划中的风电场的白鹅鹏迁徙模拟表明，从风电场中移除 5 个风险最高的涡轮机，或制定在鸟类迁徙的高峰时段关闭这些涡轮机的限电方案，将对鸟类迁徙的影响降低到可接受的水平。

6.2.2.2 最小化影响

（1）施工阶段

加强施工人员的环境教育，减少人为干扰对动植物的破坏。严禁施工期间施工人员对野生动物和鸟类的肆意猎取和捕捉，增强对野生动物保护的宣传，应停止夜间施工。

采取必要的减少野生动物影响的保护措施，输电线路增加架线高度和跨度，保留线路下方现有植被。输电线路全部采用绝缘线，可避免因导线放电致使树木带电，伤害经过的动物，同时建设单位应在每个电线路架杯上安装避雷针，以避免雷雨天气时，对动物造成伤害。

严格防控废水、垃圾、噪声污染，因地制宜开展电场生态修复，有效控制输电线路周围电场、磁场水平。尽量减少大型机械施工和爆破。在风电机组现场组装场地，必须严格按设计规划指定的位置来放置各施工机械和设备，不得随意堆放。临时生产生活服务区等附属设施要尽量减少建筑面积以便能有效地控制占地面积。

（2）运行阶段

不断提升项目可持续管理水平，减少对生物多样性的扰动。采用雷达技术及 GPS 监控下的智能控制，精密的雷达技术可以降低大型物种接近风电场的风险。当前较先进和应用较为广泛的技术是使用雷达和 GPS 检测进入风电场的鸟群并及时关闭涡轮机以便鸟类飞过。2006 年，Babcock & Brown 公司率先在得克萨斯州的海湾风电项目安装了这样的系统。有些风电场内对鸟类的监测和风机控制系统是用于保护特定物种的，在加利福尼亚州的特哈查比山脉风力开发商 Terra-Gen 定制了专门的鸟类检测系统以保护加利福尼亚州秃鹰，这是北美最大但是受到威胁最大的鸟类（只有大约 230 只在野外生存）。由于大多数秃鹰都贴有带着 GPS 传感器的标签，因此风电场建立了一个系统：当秃鹰在风电场的两英里（约 3.2 km）范围内时，系统会在两分钟之内关闭涡轮机以避免伤害秃鹰。通过监测与智能控制，在强风中关闭涡轮机，可以减少利用空中气流进行盘旋或滑翔飞行的鸟类伤害。

风机结构设计的改进在降低鸟类死亡率方面也很有效。例如，扩大叶片和降低风力涡轮机的转速可以降低鸟类死亡率。风力涡轮机对鸟类视力的影响是鸟类与涡轮机塔架发生碰撞的原因之一。研究发现，涂有图案的风机叶片可以提高猛禽的警惕性，可以将风机叶片尖端及输电线路标示警示色。为防范鸟类碰撞风机叶片，风机叶片及输中线路应采用橙色与白色相间的警示色，使鸟类在飞行中能及时分辨出安全路线，及时回避障碍物，减少鸟类碰撞风机和输变电线的概率。选择对鸟类友好的风电机桩型，扩大鸟类栖息地，也有利于鸟类的保护。

6.2.2.3　修复与重建

（1）陆上风电

在工程施工期和施工结束后，及时采取水土保持措施，防止新增水土流失。在考虑生态恢复时还要特别注意尽量利用现场的资源，尤其是现场的土壤资源和生物资源。表层土含有的有机物质和植物种子、块根、块茎等繁殖体，是可以利用的宝贵资源，施工中应尽量将表层土（表面下 30 m 左右）与下层土分开，以便施工结束后，用表层土进行回填，恢复土壤理性，下层土用于平整道路。对于临时性占地，待建设施工结束后，可以采取措施进行生态恢复；对于永久性占地，则需要在相邻或附近地方对已破坏的生态环境采取相应的绿当量补偿措施。

（2）海上风电

在海上风电项目的建设过程中，难以避免环境损害，需进行修复与重建措施减缓对生物多样性的损害。海上风电场项目施工后恢复选项主要为陆上部分，如施工铺设区域和出口电缆的登陆点。这些区域应在相关组件建设完成后尽快恢复到未受干扰的状态。例如，在施工活动完成后尽快对临时使用和设备放置区域进行恢复；施工期间剥离的表层土和次生土单独保存好以便后期修复使用；使用本土植物开展植被修复等。其次，为减少海底干扰应限制安装在所需的最小区域，在沿海区域，鼓励采取主动保护行动，为海洋生物创造更多栖息地、增加生物多样性，减少对环境的负面影响。

6.2.2.4　补偿

海上风力发电场可以通过保留礁石、禁止海底拖网捕捞、使用自然的建筑材料等方法，促进底栖生物栖息地的恢复，以帮助减轻生物多样性影响，并增强生态系统服务和功能，同时提升经济效益。例如，在荷兰北海区域曾因过度捕捞、底拖网捕捞、疾病等导致底栖贝类几乎灭绝，但是基于海上风力发电场建设项目在周围海底建造人工礁石结构，并在这些区域补充牡蛎，使得该区域物种多样性得到恢复和提升（Didderen et al.，2019）。

6.3　格尔木绿色能源项目案例

6.3.1　项目场地概况

6.3.1.1　场地总体状况

格尔木绿色能源项目是全国绿色能源集"风光热储调荷"于一体的示范工程。该项目位于丝路明珠——格尔木市东出口光伏园区，其中，光伏电站、光热电站、储能电站位于格尔木东出口光伏发电园区综合楼附近，风电项目位于大格勒风电场，距离格尔木市东 70 km（图 6-2）；地处柴达木盆地中南部格尔木河冲积平原上，地势平坦开阔；属高原大陆性气候，终年干燥少雨，冬季寒冷漫长，夏季凉爽短促，四季不分明，风光资源十分丰富。项目总装机容量 700 MW，其中光伏电站 200 MW、光热电站 50 MW、风电 400 MW、储能电站 50 MW。

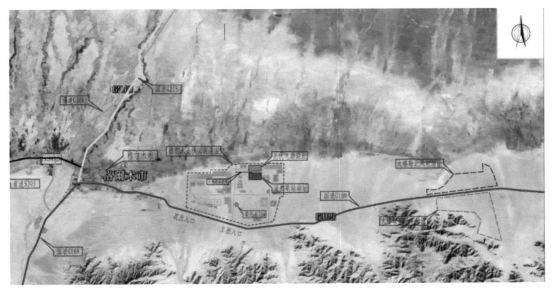

图 6-2　项目区位及范围

项目区分布的土壤类型主要有棕钙土、高山荒漠化草原土，其次为石膏盐磐灰棕漠土和盐化灰棕漠土。场址内地下水多为孔隙性潜水，一般水位埋深大于 15 m，地下水径流方向基本由北向南，受地形、气候及径流、排泄条件的制约而蒸发快，矿化度较高。项目区生产生活用水为地下水，无其他补给水源，饮用水为外来购入，地下水井深 200 多米。风电场有一条无名河道，其由近几年上游昆仑山冰雪融水自然冲击而成，呈季节性干涸状态，沿线有农业用水引水渠流经，水源为上游昆仑山冰雪融水水库。

（1）风电场概况

400 MW 风电场总占地面积 31.60 hm²，风电对生物多样性的直接影响表现为占用局部土地，存在一定的噪声，风机旋转叶片对鸟类飞行造成一定干扰，风机的夜间光源吸引昆虫聚集、鸟类捕食，存在潜在致害风险；其间接影响表现为风机密布会减缓风速，对局部小气候有一定影响（图 6-3）。

（2）光伏电站概况

光伏电站场区占地 5 500 亩，装机容量为 200 MW，装机组件包括 110 个太阳能电池组件子方阵、110 个箱式变压器和逆变器以及检修道路等。光电组件可起到一定的防风固沙、保持水土的作用，光伏电板的定期清洗为场区裸地提供部分水源，但因水土基质较差，仅有少许沙生植物生长且数量极其有限，难以形成良性健康的生态群落（图 6-4），场区生态系统总体脆弱敏感。

图 6-3　风电场现状

图 6-4　光伏电站现状

通过对光伏场地的土壤采样检测，结果显示，光伏场地土壤各项重金属含量均处于正常水平，pH 碱性稍高，为轻度盐碱地土壤。各项指标数据详见表 6-2。

表 6-2　青海格尔木光伏园区土壤重金属含量

项目	含量/（mg/kg）							pH
	Cd	Cr	Pb	As	Cu	Zn	Ni	
土壤背景值	0.14	54.17	20.47	11.66	19.72	64.28	24.96	7.1～8.5
实际测量值	0.115	32.9	12.262	标样不全	12.636	53.5	14.7	7.06
结果	未超标	未超标	未超标	未超标	未超标	未超标	未超标	接近轻度盐碱地

（3）光热项目概况

50 MW 光热项目占地 6 400 亩，分为动力中心和太阳能镜场区两个区域，动力中心主要由主厂房、空冷平台、储热区、换热区、主变及配电装置、水处理设施、辅助生产设施构成；太阳能镜场由定日镜结构体组成，镜板为保证太阳辐照度反射率的最低要求需每周定时清洗，清洗水可以直接为场地提供绿化用水，但场区土壤基质受损严重，寸草不生，修复治理难度较大（图 6-5）。

50 MW 储能电站主要由储能集装箱和 35 kV 箱变组成，箱体均衡缝补，占用一定土地资源，空地无植物生长，无水源补给条件（图 6-6）。

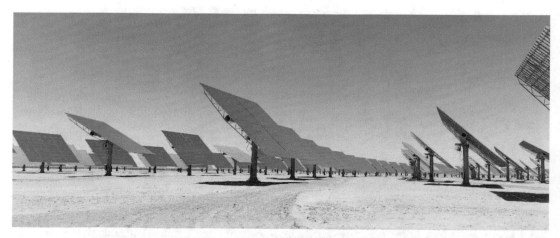

图 6-5　光热电场现状

图 6-6　储能电站

6.3.1.2　场地生物多样性状况

（1）生态系统多样性

场地内部以戈壁荒漠生态系统为主，总体较为平坦。风电场局部地区有河水流经，水土条件较好，植物生长阻挡风沙形成局部沙丘，但因沿线打造人工渠引水建设农场，造成生态用水紧缺，对当地自然生态系统平衡造成一定影响。项目场地及周边卫星图见图 6-7～图 6-9。光热储能电站西北方四五千米处有一片沼泽湿地，由河道连通盐湖，见图 6-10。

图 6-7　项目及周边卫星图

（a）风电场河道

（b）风电场灌溉渠（下游农场引水）

图 6-8　风电场

图 6-9　光电场区废水沉淀池

图 6-10　光伏电站西北侧湿地

（2）物种多样性

野生植物。项目区植被类型以驼绒藜砾漠、蒿叶猪毛菜砾漠、细枝盐爪爪盐漠为主，驼绒藜砾漠植被以多年旱生半灌木驼绒藜为建群种，常见伴生种有红砂、驼绒藜等，群落总盖度 20%～30%。参考相关文献及历史数据记录，场区周边区域植被主要为白刺（*Nitraria tangutorum* Bobrov）、骆驼刺（*Alhagi sparsifolia* Shap.）、柽柳（*Tamarix chinensis* Lour.）、盐爪爪 [*Kalidium foliatum*（Pall.）Moq.]、矮红柳（为多枝柽柳 *Tamarix ramosissima* Ledeb.）等灌木，草本植物包括芨芨草 [*Achnatherum splendens*（Trin.）Nerski]、球穗草 [*Hackelochloa granularis*（L.）Kuntze]、盐地风毛菊 [*Saussurea salsa*（Pall.）Spreng.]、碱蓬 [*Suaeda glauca*（Bunge）Bunge] 等（余冬梅等，2022）（图 6-11～图 6-13）。现场调研观测记录到红柳、麻黄、木本猪毛菜等沙生植物，受季节性影响，许多植物尚未开花或结果，还需进一步鉴定识别。

图 6-11 风电场区沙生植物

图 6-12　风电办公区园林绿化植物

图 6-13　光电办公区园林绿化植物

野生动物。项目区较少出现野生动物，偶尔有少量兽类、爬行动物、鸟类等出现。文献及相关历史数据记录显示，周边区域尤其水库周边鸟类有斑头雁、白天鹅、鸬鹚、红嘴鸥、棕头鸥、赤麻鸭、黑颈鹤、雪鸡和戴胜等；兽类有赤狐、狼等。据现场工作人员介绍，曾在风电场观测记录到黄羊、骆驼、沙鼠等兽类，现场观测到鼠洞，光伏场区曾有发现狼的记录；爬行动物主要为蜥蜴、壁虎等；鸟类有秃鹫（国家一级保护动物）、黑尾地鸦（国家二级保护动物）、麻雀、乌鸦、漠䳭等，见图 6-14。

黄羊

骆驼

漠鵰

黑尾地鸦

鼠洞

图 6-14　场区野生动物

6.3.2　项目存在的问题与挑战

　　本项目作为全国绿色能源集"风光热储调荷"于一体的示范工程，在全国清洁能源领域具有重要示范意义，且又是 3A 级景区，协同项目可持续发展与生物多样性保护，有利于集成多方效应，提升项目示范性和影响力。本项目涉及能源业态丰富，综合考虑公司绿色能源多元化绿能模式，制定生物多样性保护对策，有益于绿能相对集中的西部风光资源丰富地区生物多样性保护经验推广和利用。此外，项目地处青藏高原腹地，三江源国家公园边缘地带，区域生态功能重要及生态环境敏感脆弱，在全国具有典型性。场区曾观测记录到部分野生动植物，且有黄羊、秃鹫、黑尾地鸦等国家级重点保护动物，场地所处的戈壁荒漠生态系统敏感脆弱，具有生态修复与生物多样性保护的实际需求，然而项目场区也存在着突出的生态压力与挑战。

一是自然生态基底条件差，生态修复难度较大。场区自然地理和生态环境本底较差，土壤盐碱化问题突出，水资源使用严格受限，短期内全面修复困难。项目体量较大，电站占地范围广，全面实施生态修复投入巨大，小范围修复示范效益有限（图6-15、图6-16）。

图 6-15　办公区前绿地

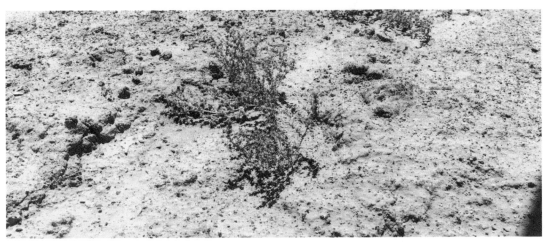

图 6-16 光伏电站植物生长

二是与东部地区绿色能源项目相比，场地生物多样性保护工作基础较为薄弱，且绿化养护困难，虽记录有部分重点物种，但总体物种丰富度不高，生态系统敏感脆弱，采取保护措施较为有限。

6.3.3 生物多样性保护行动策略

从项目全过程全周期出发，按照减缓保护层级框架方法体系，提出在重点物种保护、生境维护修复、影响力提升、常态化调查监测 4 个领域优先开展生物多样性保护行动。

6.3.3.1 重点物种保护行动

围绕场区观测到的黄羊、秃鹫、野骆驼、黑尾地鸦等国家级重点保护物种，结合格尔木地区记录到的野牦牛、野驴、盘羊、鹰雕、黑颈鹤、野鸡等国家级重点保护物种，开展就地保护或补偿措施。

（1）黄羊、野骆驼等重点野生动物保护

在风电场河道上游地区设置野生动物救护设施，借助上游下来的冰雪融水，提供干饲料等食物供给设施；在电场远离水源处设置简易野生动物饮水点，或利用雨雪积蓄水源，尤其是冬季野生动物食物水源缺乏的季节，定期开展投送饲料、水源等活动。在黄羊可能出现的道路沿线设置提示牌，示意司机减速缓行。

（2）重点鸟类保护

在场区沉淀池、简易饮水点等有水源的地方，设立人工鸟巢或食物供给点（如招鹰架），补偿风电对鸟类的致害。为每个鸟窝标注"门牌号"，以供监测管理，引导鸟类在安全区域筑巢、繁衍生息。

减少风电对鸟类和蝙蝠的致害影响。定期观测电场鸟类飞行路线，如有必要可采取雷达、智能识别等驱鸟装置技术，在鸟类经过时及时识别自动停止风机防止碰撞；或将风机一个叶片涂成黑色可有效减少鸟类撞击发生。避免使用红色光源灯光，调暗或尽量关闭升压站夜间及凌晨时段的灯光，以免趋光性鸟类飞入风电场区域，增加鸟与风机相撞的风险。

（3）重点植物保护

通过调查鉴定电场植物种类后，采取就地保护措施，对场区需重点保护的植物，建设保护围栏，划定保护小区，设置植物标识牌，减少人为活动的干扰。

6.3.3.2　生境维护修复行动

（1）办公区盐碱地治理与修复

围绕格尔木丝路明珠场区（图 6-17）绿化的实际需求，科学开展盐碱地治理修复，绿化面积约 1 000 m^2。

图 6-17　格尔木丝路明珠场区

土壤理化性质初步检测结果显示，场地土壤呈轻微盐碱程度。参照《园林绿化工程盐碱地改良技术标准》（CJJ/T 283—2018）等相关行业标准，选取有效合理的工程技术措施，选取局部地块开展绿化修复，改善提升园区植被绿化质量，详见表6-3。

表 6-3　盐碱地改良施工方案

影响因素	施工方案
地下水位高于地下水临界深度	应采取排水、抬高地形的方法降低地下水位
土壤容重大于 1.4 g/cm³，总孔隙度小于 35%	应采取物理改良和施用有机物的方法改良土壤结构
土壤含盐量大于 3 g/kg	应采用淋洗、降低地下水位和改良土壤的方法降低盐分含量
pH 大于 8.5	应采用化学改良剂或增施降低土壤 pH
蒸发量大于降水量	应采取降低地下水位或覆盖生物膜的方法减少蒸发

①开展水土检测和评估。组织开展土壤理化性质和地下水关键特征指标检测，尤其地下水位、矿化度、地下水临界深度等指标现状值。依据水土指标现状，科学选择水利、物理、化学或生物土壤改良措施。

②水利改良措施包括暗管布置、排水沟和洗盐。根据地下水的埋深，暗管布置应与排水沟相结合应用，洗盐用水宜用雨水、中水、淡水等，脱盐层氯化物盐土的含盐量应小于 3 g/kg。

③物理改良措施包括深耕晒垡、掺拌改土、客土抬高、大穴客土、地表覆盖等。详见表6-4。

表 6-4　常用物理改良措施和施工方法

措施	适用范围	施工方法
深耕晒垡	所有盐碱土	1. 宜利用干湿、冻融季节交替，应翻耕土壤、疏松表土，翻耕深度应为 30～70 cm； 2. 春季应采取耙、糖、镇压措施；应在雨后中耕破除板结土壤； 3. 应清除直径大于 10 cm 的土块
掺拌改土	黏土盐碱地	1. 质地为黏土时，应掺拌粒径为 5～10 mm 的砂子、矿渣等颗粒粗大的物质，黏土掺砂比例 15%～25%； 2. 土壤黏土层、砂土层相间时应翻砂压淤； 3. 树穴改土应采取掺拌膨化珍珠岩、膨胀岩石、岩棉、硅藻土、沸石等材料

措施	适用范围	施工方法
客土抬高	地势低洼、高地下水位和排水不良的盐碱地	应采取抬高栽植的土层，并设置厚度为 15~20 cm 隔离层
大穴客土		1. 开挖树穴，换填客土；穴径应为植物胸径的 8~10 倍，穴深应为植物胸径的 6~8 倍； 2. 穴底应设置隔离，上部做挡土堰口
地表覆盖		1. 表层土壤应覆盖 2~3 cm 厚的木屑、粉碎树皮稻壳、蔗渣、碧糠灰及粗质泥炭等有机料； 2. 应采用地膜覆盖地表

④化学措施主要包括施加钙质改良剂、酸性改良剂和有机物，基于前期初步的土壤检测数据，项目场地为轻度盐碱地，可适度采用施加有机物的措施，采用腐熟秸秆、腐熟牛粪、畜禽粪便等有机物，与种植土掺拌混匀，施用量 1.5~2.5 kg/m³。

⑤生物改良措施包括种植耐盐植物、种植牧草、施用绿肥、施加微生物菌剂等，青海地区主要采用羽柱针茅、短亚菊、腺毛风毛菊、垫状驼绒藜等耐寒、耐贫瘠的植物。或者采用草本和灌木复合配置，如狗尾草、花棒、柠条、油蒿等复合配置可以增加土壤孔隙度，增强土壤入渗能力，提高土壤养分含量，改善电站区生态环境。待场区水土性能稳定后，可选择试种红刺玫、紫丁香、苜蓿等园林绿化植物，以及榆树、新疆杨、云杉及杏树等。

（2）风电场生态修复

针对风电场宜林地，坚持保护优先的原则，设置局部样地，适度采用播撒草籽等方式试验复绿，对场区现有植物采取雨雪积水等补水措施，维持生态系统平衡。

（3）光伏电站生态修复

在光伏场区设置试验种植唐古特白刺（*Nitraria tangutorum*）和锁阳（*Cynomorium songaricum*），探索盐碱地脆弱生态系统修复的治理方案，同时寻求基于生态保护修复的生态产品价值实现路径，延伸发展生态产业，变"输血"为"造血"，促进生态产品价值实现。完善配套基础设施，主要包括深井、机电、泵房设备等。根据人工栽植白刺造林位置、走向，合理布设主管、支管和滴管设施，满足造林用水的需求。采用微管出流供水系统，以节省用水量和费用。

唐古特白刺是我国西北地区广泛分布的防风固沙植物，柴达木盆地是白刺自然分布和演化的中心之一，其中蕴藏着丰富的白刺种质资源和锁阳资源。本项目选用抗逆性强的唐古特白刺，果实可生食，也可熟食，味道鲜美，有"沙漠樱桃"之美誉，富含多糖、花青素、黄酮类、皂苷、甾醇类生理活性物质，可加工成果汁、果酒、果酱、饼干等功能性食品。研究团队正在北京林业大学和中国农业大学研究唐古特白刺对胃肠道的保护作用，特别是对肠道炎症（如溃疡性结肠炎）的防治以及对直结肠癌的预防作用，研究表明，唐古特白刺是具较大价值的药食同源资源。

锁阳为锁阳科锁阳属多年生肉质寄生草本种子植物，多寄生于蒺藜科白刺属植物的根部。与白刺的自然分布环境相似，均为荒漠植物，锁阳多生于干旱沙漠地带及荒漠区沙地。锁阳的干燥肉质茎，春季采挖，除去花序，切段，晒干，即成药材，可补肾阳，益精血，润肠通便；用于肾阳不足，精血亏虚，腰膝痿软，阳痿滑精，肠燥便秘。锁阳素有"沙漠人参"之称。

6.3.3.3　影响力提升行动

（1）场区生物多样性宣传展示

衔接丝路明珠绿色能源展馆建设，增加公司贯彻习近平生态文明思想、场站生物多样性状况、公司生物多样性保护行动举措及成效等宣传内容。

（2）打造省州级生物多样性宣传教育基地

结合项目 3A 级景区建设，依托场地新能源建设及生物多样性保护工作，努力将丝路明珠项目打造成为省、州级生态文明建设或生物多样性宣传教育基地，为海西蒙古族藏族自治州及青海省青少年或企事业单位干部职工生态文明教育提供场所，宣传习近平生态文明思想，打造中国绿发绿色能源减污降碳与生物多样性保护协同的生态品牌，提升央企影响力。

6.3.3.4　常态化调查监测行动

完善场区天空地一体化监测体系，包括场区生物多样性监测、关键气象数据监测等。以场区内植物、兽类、两栖爬行类、鸟类等为重点，开展场区生物多样性常态化监测，形成场区常见的植物、兽类、鸟类等生物多样性名录，初步摸清项目区生物多样性本底状况。对场区温度、湿度、风速、风向等关键气象数据开展监测，并建立数据监控平台，便于对重点或重要物种实施有效措施，同时为开展相关科普宣传工作夯实基础。

（1）开展场区植物常态化观测

及时跟踪关注场区办公场地、光伏、风电等场区植物生长情况，安排专人定期采集植物照片，组织专家开展物种鉴定。植物照片采集除了对植物总体形态及周边生境的照片采集，还应注意采集植物的花、果、种等具有鉴定特征的特写，以便于物种鉴定分类。图片要求清晰、自然，能准确反映植物的形态特征、所在群落外貌以及小生境（图 6-18）。

植物特写　　　　　　　　　　　　　　　　生境

图 6-18　植物照片采集参考

（2）推进野生动物监测

观察场区常见鸟类行为习性，在风电场河道、光热场区沉淀池水源地周边布设红外相机、红外球机、球形鹰眼等监测设施，实施长期监测，提升生物多样性监测管理能力。

（3）生态环境关键参数监测

通过土壤传感器、地下水水位监测仪等检测场区土壤湿度、水分、pH、盐分、地下水位等关键参数。设置若干气象监测仪器，采集空气中温度、湿度、光照强度、风速风向、降水量等气象参数数据，以便及时掌握电场风光资源的变化情况，为风光电场及时调整管控方案，提高风光电运营产出效率，同时也为科学开展生态修复提供数据支撑。

建设场区生态环境长效管理机制，针对生物多样性、生态环境关键参数、生态保护修复实施进度等进行实时监控，实现生态环境与生物多样性的长效管理。通过对生态环境、生物多样性、工程实施数据等数据的过滤、分析、评估，及时获取有效数据，提升数字化、智能化管理水平，同时为宣传教育等其他工作提供数据支撑。

6.3.4　效益分析

根据项目所在的特殊区位及独特脆弱的生态系统现状，因地制宜采取生物多样性保护恢复措施，将实现显著的生态、经济和社会综合效益，对于提升场区生物多样性、维护生态平衡、促进绿色低碳发展具有重要意义。

（1）生态效益

通过项目建设可以保护场区野生动植物及其栖息地，有效恢复盐碱地退化生态系统，改善场区生产生活环境，为公司高质量可持续发展夯实生态环境支撑。

1）为场区生产生活筑牢生态安全屏障

项目场站及周边生态环境敏感脆弱，水资源极其短缺，土地沙化盐碱化问题突出，开展生物多样性保护恢复，围绕重点野生动植物及其生境的保护，探索开展退化生态系统修复，有利于恢复场区生态过程和服务功能，维护场区生态系统内的物质循环、能量流动、信息传递将保持相对稳定的平衡状态，对于维护场区生态安全起到重要作用。

2）保持水土，减缓盐碱化沙化，为珍稀物种提供良好生境

通过项目实施，探索修复场区沙地植被，能有效防治水土流失，提升风电场宜林地植被质量，改善群落结构，修复光伏电场裸露地表，为珍稀濒危物种栖息、迁徙、越冬等提供优良的场所。同时，改善办公区绿地条件，可以起到保持水土、美化环境、调节小气候的作用，为场区工作人员提供优质的生产生活环境。

（2）社会效益

1）提高职工及周边公众生物多样性保护意识

项目作为绿色能源领域典型示范项目，通过开展生物多样性基础调查监测、物种及栖息地保护、宣传教育等活动，不仅能提高公司员工对生物多样性价值及重要性的认识，提升职工关心自然爱护自然的自觉性，同时依托项目 3A 级景区建设，也能带动提升周边公众尤其青少年对生态环境和生物多样性的保护意识，推动项目区社会文明和精神文明建设。

2）发展科研教育事业

将生物多样性保护融入公司绿色能源业态发展经营的全过程，在利用场区丰富的风光资源的基础上，对场区脆弱敏感的盐碱化沙化戈壁生态系统开展科学的治理修复，使生物多样性得到恢复和保护，对于企业参与生物多样性保护与促进绿色低碳发展具有极大的科学研究价值和意义，可为公司其他绿色能源项目全业态推广提供示范推广经验。项目为企业生物多样性保护关键技术的科学研究和宣传教育提供了得天独厚的场所，将为生物多样性保护融合绿色低碳产业发展提供重要的科学数据和实践经验。

（3）经济效益

通过项目实施，试验在光电场区改良修复水土条件，种植苜蓿、碱蓬等经济作物，探索"农光互补""光畜互补"业态发展的可能性，也可带动周边就业，产生直接或间接的经济利益。结合景区、生物多样性宣传教育基地等建设，延伸发展生态文旅产业，促进生态价值转化，对于项目公司可持续发展具有重要意义。

第 7 章

低碳城市产业生物多样性保护行动
研究及案例

基于中国绿发低碳城市建设产业发展基础，分析产业开发过程对生物多样性的依赖与影响耦合关系，围绕建设生物多样性保护领跑企业的战略目标，从重要生境维护、实施生态修复、社区绿色行动等方面，设计行动体系和任务措施。

7.1 低碳城市产业与生物多样性

7.1.1 低碳城市产业基本特征

（1）基本内涵

低碳城市是通过在城市空间发展低碳经济，创新低碳技术，改变生产生活方式，最大限度减少城市的温室气体排放，逐渐摆脱以往大量生产、大量消费和大量废弃的社会经济运行模式（付允等，2008）。低碳城市产业是指城市建设生产、经营、服务等过程中具有较低的温室气体排放量，致力于资源高效利用、能源结构优化、环境友好型的各类产业集合。这些产业符合城市可持续发展的要求，有助于城市在应对气候变化、减少碳排放的同时，实现经济的稳定增长、社会的和谐发展以及环境的有效保护等多重目标。

进入 21 世纪以来，日益严峻的气候变化和环境问题深刻影响着人类社会的发展，低碳转型发展已成为全球范围内的关键议题。低碳城市建设运营作为近年来新型房地产开发模式，相较于传统开发模式，是一种以低碳经济、低碳生活和低碳管理为核心理念的城市发展模式，旨在通过减少温室气体排放，促进可持续发展，提高居民生活质量，具有经济性、安全性、系统性、宜居性、区域性等特征。

（2）低碳城市与城市高质量发展

改革开放以来，我国经历了世界史上规模最大、速度最快的城镇化进程，在这个过程中由于重经济发展，轻生态管理；重物质积累、轻文化发展；重项目建设，轻公共服务；重新城建设，轻旧城更新，不少大城市都不同程度地患上了"城市病"。城市发展事关人民福祉和国家发展全局，经济粗放型发展模式已严重制约国家高质量发展。我国经济已由高速增长阶段转向高质量发展阶段，经济增长质量要更注重劳动生产率、科技创新等，经济调结构、改变增长方式势在必行，以粗放型投入为支撑的经济增长方式必然发生改变。

低碳城市建设依赖可再生能源技术、节能技术、碳捕获利用与封存技术等先进生产力，强调统筹好"生态、生活、生产"三者关系，致力于为居民提供一个环境友好、资源节约、绿色低碳的生产生活环境，努力实现人与自然的和谐共生，是城市经济社会可持续发展和高质量发展的关键表征。充分发挥低碳城市产业为城市发展和城市居民提供高品质生产生活空间、场所和服务的核心价值，住房、写字楼、长租公寓、商业综合体、宾馆酒店、医疗健康、教育娱乐、休闲运动、养老托幼等城市所需的一切生产和生活设施，培育和孵化新产业，实现资源优化整合和产城融合，促进城市资源增值，对城市高质量发展具有重要意义。

（3）低碳城市与房地产企业转型升级

进入新常态、新时代，房地产市场环境时过境迁，住房问题更注重公平正义，市场属性由单纯的经济属性为主逐渐向社会与民生属性转变。城市政府更强调产业带动，更注重城市绿色可持续发展，由增量市场进入存量市场的房企迫切需要转型升级、寻找行业的"新风口"。转变房地产发展模式，对过往粗放的模式进行调整、革新，有机地平衡产业、居住和服务的资源利用与发展关系，促进资源效能的更大释放，引导房地产更好地服务国家高质量发展的大局，成为城市产业发展、居民生活服务的有机载体，带动与房地产相关的实体产业、新兴产业等实现资源增效，发展低碳城市产业是必然的选择。

房地产具有整合资源的平台功能、服务运营功能和金融支持功能。一直以来，房地产开发都是城市运营中不可或缺的组成部分，充当着主力军和急先锋的角色。城市运营本质是"房地产+"，但不是单纯唯一的房地产开发，还必须有城市生产、居民生活所需的一切空间和服务配套，产业和房地产开发相辅相成、相得益彰。合适比例的房地产开发对于企业快速实现资金平衡、降低风险，完善城市肌理具有举足轻重作用。

新形势下城市建设运营宜顺应国家和新技术、新消费的发展趋势、行业发展态势，以及地方经济和自身比较优势，因地制宜、因势利导地瞄准低碳城市产业发展方向，并充分挖掘、放大，坚持错位特色发展，避免同质和低水平，发挥房地产资金实力强、客户资源丰富、善于整合等优势，展开"房地产+"，由主导产业刺激带动相关配套产业，实现跨界与整合，开辟赢利新赛道，从而获得市场认同和商业价值，进而构筑城市和产业优势。

（4）低碳城市与以人为本

城市承载着人们对美好生活的向往。目前全国超过 2/3 的人口生活在城市，时刻与城市发生交集。互联网、物联网、云计算、5G、人工智能、区块链等智慧服务方兴未艾，科技变革正在深刻影响着城市的生产生活模式。

从解决温饱到小康，人们对美好生活的追求与日俱增，物质需要丰裕，不仅有衣、食、住、行等基本物质需求；精神更要求富足，有文化娱乐、体育休闲、健康养老等精神需求、改善性需求。住房消费从"居者有其屋"升级到"居者优其屋"，人们对住房功能的要求从满足基本居住转为满足高品质生活需要。人们期盼居住条件更舒适、功能更齐全、环境更优美、生活更便捷、文化更丰富、生活方式更健康，"让居住更健康"成为不可逆转的潮流。

妥善处理城市与人、城市与自然、城市与城市的关系，坚持以人民为中心，以人民对美好生活的追求为着力点和出发点，参与城市更新，优化城市环境，创造宜居、宜业、宜游的优质生活环境，让人们获得感、幸福感、安全感，更充实、更有保障、更可持续，在城市生活中更方便、更舒心、更美好，应该是低碳城市行业不懈追求的目标。

7.1.2　低碳城市建设对生物多样性的影响

（1）城市建设对生物多样性的影响

城市化是人类社会发展的重要特征，随着城市人口的不断增长和城市化程度的提升，城市建设对生态环境和生物多样性产生了重要影响。保护生态环境和生物多样性成为城市化进程中的重要任务。

城市建设对生态环境和生物多样性产生的影响主要包括以下几个方面：

①生境破碎化：城市建设使大量自然属性的土地被破坏，或被转变为城市建设用地，导致生物栖息地的破碎和分离。这种生境破碎化会导致生物种群迁移困难，使物种的适应能力下降。

②生物多样性丧失：许多物种因为栖息地被破坏，缺少足够的生存空间，数量不断减少以至于不能维持正常的种群结构，最终导致生物多样性丧失。

③水、土地和空气污染：城市建设带来大量的人口和工业活动，导致水、土地和空气的污染问题日益严重。水体被污染会影响水生生物的生存和繁殖，土壤被污染会影响微生物、动植物的生长和多样性程度，空气被污染则会对生物的健康和生态系统的平衡造成危害。

④生态系统服务功能下降：城市建设过程中，许多生态系统服务（如水源涵养、土壤保持、气候调节等）被破坏或丧失，对人类社会的可持续发展和生活质量产生负面影响。

有研究表明，大范围的城市建设对气候、水土等造成影响，对动植物的影响则主要体现在城市动植物特有的生理和群落适应性特征上，如城市植物的生理特征表现为覆盖率低、演替缓慢、花期较长、抗污染能力较强；群落特征包括广布种、常见种和归化植物比例较高，草本植物种类多于木本种类，杂草和伴生植物占较大比重，通常以开花的被子植物为优势种等（干靓，2018）。建设项目开发活动所带来的生境隔离，改变了生物生存和繁殖的自然过程，如花粉传播受阻和动物穿越行为的阻碍，会导致基因流动抑制而使近交和罕见等位基因丢失机会增加，影响物种的繁殖、生长发育和种间关系等生物多样性变化过程与趋势（吴建国等，2008）。

与受人工种植干预较多的植物相比，城市动物尤其是野生动物普遍具有一种"同步城市化"（synurbization）的进化特征，即城市中的非家养动物逐步适应人造环境，甚至其生存密度在城市环境中比在原生自然条件下更高，更加如鱼得水（Luniak，2004；Francis et al.，2012），这在鸟类与小型啮齿类动物中尤为明显。与自然状态下的同类相比，城市动物的生理特征包括：体型较小，便于经常性地移动；杂食性动物比例较高，饮食可以随时切换，部分动物趋向于食用人类提供的食物资源，如垃圾残渣等；能够在人工结构中建造巢穴和栖息，有较长的繁殖期、较早的成熟期、较高的繁殖率和存活率；能够适应高密度环境，有适应于类似原生环境中岩石峡壁的高耸建筑群的行为模式；习惯甚至喜欢人类活动的干扰，或在行为上适应人类，对于非生物条件的巨大变化有生理上的忍受力，如对于鸟类而言，惊飞距离更短；昼夜活动时间长，活动范围较小，迁徙行为减少等。群落特征则为：以泛化种（generalist species）为主导，一种或几种物种成为城市主要物种；特化种（specialist species）较少，利用触手可及的食物、庇护所以及水资源；广布种比例较高。

表 7-1 给出了各城市环境要素对生物的影响。

表 7-1 城市环境要素对生物的影响

城市环境要素及其特征	对植物的主要影响	对动物的主要影响
气候环境：温度高，湿度低，风速小，循环弱	生长周期更长，物候期改变	繁殖期提前，部分物种繁殖速度加快，生物节律被打乱
土壤环境：紧实度大，通透性差，硬化比例高，肥力弱，污染严重	群落结构单一，入侵种比例较高	改变土壤动物群落结构
光环境：自然光照少，人工光照多，夜间照明干扰，日间光污染	影响植物生物节律和花期	改变迁移行为、冬眠行为、繁殖行为以及夜行动物的觅食行为，导致近地面撞击致死

城市环境要素及其特征	对植物的主要影响	对动物的主要影响
声环境：噪声污染	过早凋谢	影响鸟类、蝙蝠等主要依赖声音进行通信的类群的觅食能力
水环境：地下水位降低、水污染	耐污染水生植物大量繁殖	影响鱼类、底栖动物的种类和数量
大气环境：大气污染（粉尘/可吸入颗粒物、二氧化硫、氮氧化物、一氧化碳等）	敏感种减少或消失；抗污染强的种类保存	减缓生物的正常发育，影响生理机能

（2）低碳城市建设对生物多样性的影响

低碳城市建设项目主要是以提供居住优质生活空间为目标的城市社区开发模式，大多集中分布在人口密集的城市地区。城市是重要的生物多样性迁地保护场所，也是一座活动的基因库。《生物多样性公约》第十五次缔约方大会指出，城市生物多样性是生物多样性的特殊组成部分，是城市生物之间、生物与栖息地之间、生态环境与人类之间复杂关系的体现。生物多样性的价值在城市中尤显重要，一个生物多样性高度丰富的社区，往往与房产的价值呈正相关。同时，城市生物多样性具有生态系统单一且脆弱、物种组合结构简化且趋于同质化、物种遗传变异趋向"同步城市化"的特点。

低碳城市建设旨在探索一种人与自然和谐共生的城市社区模式，按照生态学原理建立起高效、和谐的人类栖息环境，强调在人的创造力和生产力得到最大限度发挥的条件下，物质、能量、信息高效利用以实现生态良性循环，努力寻求人居环境与自然环境的平衡，提升人与自然的健康与活力。以城市社区为主的低碳城市建设主要涵盖建筑、道路、污染物、噪声、车辆和人流等低碳方面，建设对生态环境和生物多样性的影响贯穿项目选址、规划设计、施工、装修、运营等全过程。

低碳城市建设开发在前期阶段最直接的影响是建筑构物、道路及其他基础设施等占用土地，造成景观基质的破碎化；土石方开挖等工程措施也会对原始环境造成一定的破坏，包括原有的绿地、草地、湿地等。同时，开发建设项目需要大量的能源消耗，包括水、电、燃气、建筑材料等，特别是城市生产生活需要空调和照明等能源，这将增加城市的能源压力。在施工环节存在废气、废水、固体废物等污染物排放，也可能造成一定程度的水土流失，降低土壤质量。

此外，在低碳城市建设过程中，科学合理的景观绿地营造有利于生物多样性的保护与恢复，物种多样性及分布主要取决于生境特征、植被结构、土壤等微环境因素等。根据自然法则，所有野生动物的基本需求包括食物、水、庇护所。城市植被可为野生动物提供直接的食物和庇护所：很多果树和灌木的花蕊、果实和种子是野生动物一年四季的食源。郁闭度较高的乔木，可以将野生动物与人类干扰安全隔离。树龄长的高大乔木通常是很多物种的家园，其内腔可以成为良好的巢穴之地。水果和浆果中的水分以及植物和草坪上的晨露或雨后的水滴，也能成为野生动物的间接水源。城市植被及其覆盖面积和比例、生物量的改变，以及不同的种类结构与配置方式，会对野生动物觅食、筑巢、栖息等行为的空间生态位产生效应，继而影响物种数量和分布。通常情况下，植被越丰富则野生动物的多样性越丰富；植被越单一，种群也趋向单一化。

但不当的植被树种的选择也可能造成越来越多的外来物种被不断引入，这些外来物种，在丰富了城市绿化美化、宠物养殖等选择的同时，不排除会带来外来物种入侵问题。据研究，在外来入侵物种引入或扩散的过程中，城市往往是外来入侵物种的第一站或者传播中心，如一些起初作为观赏植物、家养动物、食用动植物或饲料引进的物种，在逃逸扩散成为外来入侵物种的过程中，城市都起到了重要的推动作用。

7.1.3 国内外低碳城市建设与生物多样性保护研究实践

如何实现城市建设运营绿色低碳化，一直是世界各国普遍关注的话题。国际社会将可持续发展、生物多样性理念融入城市发展的细节与趋势之中，开展了积极的实践研究，提供可实施、可复制、可参与的城市建设运营解决方案，并将其运用到更多城市，惠及更多的城市居民。

7.1.3.1 相关研究

英国 BREEAM Communities 可持续社区评价体系、美国 LEED-ND 社区规划与发展评价体系、我国《绿色住区标准》（T/CECS 377—2018、T/CREA 377—2018）等评价指标体系，均对生态环境与生物多样性保护作出评价指标要求。英国 BREEAM 体系包含管理、健康与福祉、能源、交通、水、材料、废弃物、土地利用与生态、污染等 9 个主题合计 50 个指标（黄曼姝，2021），其中废弃物、土地利用与生态、污染等评价指标均与生物多样性保护息息相关，综合占比 27%（表 7-2），此外其他领域项目简介和设计、安全健康的环境、减少能源使用和碳排放、外部照明等也对生物多样性存在潜在影响。

表 7-2　英国 BREEAM 评价体系生态影响相关指标

指标领域	具体指标
废弃物（6%）	建筑废弃物管理
	使用回收和可持续采购的材料
	废弃物的自发管理
	租赁办公的材料选择

指标领域	具体指标
废弃物（6%）	适应气候变化
	可拆卸和适应性设计
土地利用与生态（13%）	选址
	生态风险与机遇
	管理对生态的影响
	生态变化与增强
	长期生态管理与维护
污染（8%）	制冷剂的影响
	当地空气质量
	洪水和地表水管理
	减少夜间光污染
	减少噪声污染

美国 LEED-ND（LEED for Neighborhood Development）即 LEED 邻里开发，在 LEED 评估体系中是层次最高的，也是在全球使用最广的评价体系。LEED-ND 的最大价值是将理论界多年的研究成果细分并量化为可操作的准则来指导实践，在科学性、实用性以及操作性方面取得了良好的平衡。LEED-ND 评价体系从精明选址与社区连通性、社区规划与设计、绿色基础设施与建筑、创新设计、区域优先 5 个方面设计了 56 个具体指标（王钦等，2020）（表 7-3）。首先，在选址阶段，将对濒危物种与生物群落的保护，以及对湿地与水体的保护作为必备项，将动植物栖息地或湿地与水体保护的场所设计、恢复及长期管理，坡地保护等尽量减少人为干扰基于自然状况的措施等作为得分项。其次在绿色基础设施与建筑环节，将绿色建筑认证、最小化建筑能耗、最小化建筑水耗、建筑活动污染防治等作为必备项，将场地设计与干扰最小化、暴雨水管理、废水管理、固体废物管理、节水、光污染控制、降低热岛效应等作为得分项。

表 7-3　美国 LEED-ND 评价体系

精明选址与社区连通性 （smart location and linkage）		评价目的	可得分 数 27 分
必备项 1	精明选址	通过鼓励在已有社区或毗邻公共交通基础设施进行新的社区开发，减少机动车出行次数与距离，鼓励步行替代机动车出行	必备
必备项 2	濒危物种与生物群落	保护濒危物种与生物群落	必备

精明选址与社区连通性（smart location and linkage）		评价目的	可得分数 27 分
必备项 3	湿地与水体保护	保护水体质量、自然水文和栖息地，并且通过保护水体或湿地维持生物多样性	必备
必备项 4	农用地保护	通过防止基本和独特的耕地、林地受到城市建设的破坏，保护无可替代的农业资源	必备
必备项 5	回避洪水区域	保护生命和财产，推进开放空间和栖息地的保护，强化水体质量和自然水文系统	必备
得分项 1	理想选址	节约用于建设和维护基础设施所投入的自然和经济资源，鼓励新社区开发靠近或建在现有社区内，以减少城市蔓延对环境造成的多种影响	10
得分项 2	褐地再开发	鼓励对土地的再开发利用，降低对未开发土地的压力	2
得分项 3	减少机动车依赖	鼓励在方案实施区域内提供多种交通方式的选择或减少机动车辆的使用以降低温室气体排放和空气污染及其他由于机动车使用造成的环境及公共健康危害	7
得分项 4	自行车网络与存放	鼓励自行车的使用，提高其交通效率，降低机动车行驶里程，提高公共健康水平	1
得分项 5	居住与工作联系度	鼓励通过提供多样化的经营和就业机会来达到社区平衡	3
得分项 6	坡地保护	保护陡峭斜坡使其处于自然状态，以使动植物栖息地所受到的侵蚀最小，从而减少自然水环境的压力	1
得分项 7	动植物栖息地或湿地与水体保护的场所设计	保护本地植物、野生动物栖息地、湿地和水体	1
得分项 8	动植物栖息地或湿地与水体保护的恢复	修复受到先前人类活动破坏/驯化的野生动物栖息地和湿地	1
得分项 9	长期的动植物栖息地或湿地与水体保护管理	保护本地植物、野生动物栖息地、湿地和水体	1
社区规划与设计（neighborhood pattern and design）		评价目的	可得分数 44 分
必备项 1	适宜步行的街道	提高交通效率，降低车辆行驶里程，通过提供安全的、有活力的、舒适的街道环境降低行人受伤风险，鼓励日常锻炼	必备
必备项 2	紧凑开发	节约土地，提高社区活力、交通效率和可步行性	必备
必备项 3	联系及开放的社区	提高社区的空间联系度，鼓励超越开发范围的社区融合	必备
得分项 1	适宜步行的街道		12
得分项 2	紧凑开发		6

社区规划与设计（neighborhood pattern and design）		评价目的	可得分数 44 分
得分项 3	混合使用的邻里中心	在易到达的社区或区域中心鼓励不同功能建筑的混合，降低机动车依赖	4
得分项 4	多收入阶层的社区	促进社会公平，吸引不同收入阶层与年龄族群，实现多阶层混合居住	7
得分项 5	减少停车范围	停车场设置鼓励步行交通，同时最大限度缩减停车设施给环境带来的不利影响	1
得分项 6	街道网络	提倡多交通模式并存以及通过鼓励体育运动，提高公众健康水平等目标，鼓励通过项目设计提高社区内部以及新社区与周边已有社区间的联系水平	2
得分项 7	公交换乘设施	营造安全舒适的公交换乘设施，鼓励公交出行	1
得分项 8	交通需求管理	鼓励使用公交出行，减少能源消耗和机动车辆使用造成的污染	2
得分项 9	公共空间可达性	毗邻工作和居住地设置多种开放空间，鼓励社区居民/业主步行出行、进行体育锻炼和参与室外活动	1
得分项 10	活动场所可达性	毗邻工作和居住地设置多种康乐设施，鼓励社区居民/业主步行出行、进行体育锻炼和参与室外活动	1
得分项 11	无障碍与通用设计	通过提高满足不同阶层（包括各年龄段、不同的健康程度）使用要求的空间比例，鼓励多种人群能够方便地参与社区生活	1
得分项 12	社区外延与公众参与	鼓励社区居民参与项目的设计与规划，以及参与改善社区建设与更新的决策	2
得分项 13	本地食物供给	促进以社区为基点的、当地的食品生产，从而尽量减小由于食品的长途运输所带来的环境影响，便于社区直接获取新鲜食品	1
得分项 14	行道树与遮阴的道路	鼓励步行，自行车交通，降低机动车速度。降低城市热岛效应，提高空气质量，增大水分蒸发量，降低建筑物制冷负荷	2
得分项 15	社区学校	通过社区内部的学习增强社区交流，鼓励步行和骑自行车上学	1
绿色基础设施与建筑（green infrastructure and buildings）		评价目的	可得分数 29 分
必备项 1	认证的绿色建筑	鼓励按照绿色建筑标准设计、建造和旧建筑修复	必备
必备项 2	最小化建筑能耗	鼓励设计和建造高能效建筑，降低空气、水、土地污染及由于能源生产和使用造成的环境影响	必备
必备项 3	最小化建筑水消耗	节约水资源，降低社区供水系统和废水处理系统的负担	必备

绿色基础设施与建筑（green infrastructure and buildings）		评价目的	可得分数29分
必备项 4	建筑活动污染防治	通过控制土壤侵蚀、水道淤积和空气悬浮物，减少由施工活动造成的污染	必备
得分项 1	认证的绿色建筑		5
得分项 2	建筑节能		2
得分项 3	建筑节水		1
得分项 4	景观节水	限制或禁止在景观绿化中使用可饮用水或其他自然水体	1
得分项 5	现有建筑再利用	延长现有建筑使用寿命以节约资源，减少废弃物，降低由建筑材料制造和运输造成的环境影响	1
得分项 6	历史资源的保护与利用	鼓励古建筑保护和适合再利用，保存有历史特征的材料和建筑特色	1
得分项 7	场地设计与建设干扰最小化	保护场地中现有的树种、植物及原始地貌	1
得分项 8	暴雨水管理	降低暴雨引起的污染及水流不稳定，减少洪涝灾害，增强含水层补给，提高自然水体质量	4
得分项 9	降低热岛效应	屋顶和非屋顶造成的热岛效应控制	1
得分项 10	太阳能利用	鼓励太阳能的主动和被动利用	1
得分项 11	现场可再生能源供给	鼓励现场可再生能源的生产和使用，降低化石能源生产和使用造成的环境和经济影响	3
得分项 12	区域供热与制冷	鼓励发展高效的区域供热和制冷机制	2
得分项 13	基础设施节能	减少基础设施运行过程中的能源消耗	1
得分项 14	废水管理	降低废水污染，鼓励废水再利用	2
得分项 15	基础设施循环利用	在基础设施建设中采用循环和可再生材料	1
得分项 16	固体废物管理设施	减少垃圾填埋，促进垃圾无害化处理	1
得分项 17	光污染控制	减少光污染	1
创新设计（innovation and design process）		评价目的	可得分数 6 分
得分项 1	创新与优越表现	鼓励采用 LEED-ND 和绿色建筑、精明增长或新城市主义设计原则中没有提到的创新性措施	5
得分项 2	经过 LEED 认证的专业人员	支持鼓励在整个设计过程中尽早结合 LEED-ND 评价体系	1
区域优先（regional priority credit）		评价目的	可得分数 4 分
得分项 1	区域优先		4

注：本表由作者根据 *LEED 2009 for Neighborhood Development Rating System* 整理。

我国《绿色住区标准》由中国房地产业协会人居环境委员会、中国建筑标准设计研究院有限公司和中国城市规划设计研究院等单位全面修订，于 2019 年 2 月 1 日起施行，标准按照环境、经济、社会"三大效益"顶层设计优化内容，补充了绿色住区量化指标和评价体系，强化了标准的系统集成和可实施性，为引领绿色宜居住区提供了有力的技术支撑。

7.1.3.2　具体实践

工业革命带来巨大生产力进步的同时引发了严重的城市发展问题：自然环境遭到严重破坏，生态系统失衡；大量人口涌入城市，超出城市系统承载力等。基于这样的现状，一些先进的自然科学家、植物学家、社会学家、哲学家开始重新思考未来城市发展的方向，并意识到人类的长期可持续发展应该是顺应自然，而不是一味地按照人类的意愿随意破坏生态环境。

（1）生态城市

1971 年联合国教科文组织首次提出"生态城市"的概念后，世界各国对生态城市建设运营进行了持续的探索实践，从目标与标准、城市规划与土地利用、交通规划与运输、社区管理与服务模式、生态立法与实施、生态技术研发与应用等方面积累了许多宝贵的经验，并形成了各具特色的发展模式，具有代表性的有新加坡、巴西、德国等国家。

1）新加坡

新加坡是低碳生态城市建设实践中最成功的城市之一，也是世界上第一个颁布并实施"碳排放权交易"制度的国家。1965 年新加坡独立，快速工业化在给新加坡带来经济高速增长的同时，也带来了严重的环境污染问题。1967 年，时任总理李光耀便将生态环境保护确定为继经济建设和国防建设之后的第三大政策重点。从那时起，气候环境治理被正式确立为新加坡政府的核心工作，政府采取了政府干预、法制建设和国民环境教育等多种措施，使经济与环境协调发展。新加坡主要采取的措施如下：

一是重视城市规划设计。新加坡的长期规划分为概念计划和总体规划两部分。概念计划指导新加坡未来 40～50 年的发展，涵盖满足长期人口经济增长需要的战略用地和交通，非常重视对自然环境的保护和自然资源的高效利用。总体规划将概念计划中制订的广泛、长期战略转化为更详细的实施计划。为了让居民享受更多的绿色空间，城市绿化将建筑与屋顶花园相结合，将企业工厂、商业区和住宅区与公共交通网络相连接，在提高土地利用率的同时保护有限的公共绿地空间和自然区域。

二是建设智能城市交通。新加坡政府寻求利用技术和管理来改善公共交通，减少汽车出行需求和交通领域碳排放。片区被设计成汽车减量，尽可能考虑步行和公交替代汽车，并通过"无车星期天""无车街道"等活动来促进汽车减排目标的达成。

三是注重自然资源循环利用。新加坡自然资源匮乏，是"水量型缺水"国家，水和大多数工业原材料都依赖进口。因此，如何有效循环利用自然资源是新加坡低碳生态城市建设的重要组成部分。为解决城市用水问题，新加坡制定了以国内集水、进口原水、新生水和海水淡化为基本内容的"四个水龙头"战略。

四是引导公众参与。新加坡通过开展多种形式创新活动，引导公众参与的同时不断提高公民环境素质。例如，将环境健康教育纳入中小学课程，为居民区设计迥然有别的宣传画刊，为外国游客编写多语种宣传画册，并通过开展"取缔乱抛垃圾活动""保持新加坡清洁""防止污化运动"等环境清洁运动，培养市民自觉维护环境卫生观念。

五是严格依法管理。新加坡生态环境方面的立法以预防为主，强调事前控制。通过制定严格的法律及全程问责制度，最大限度保护生态环境。法律法规条例内容详尽、权责明确、处罚透明。新加坡于 1968 年颁布了《环境公共卫生法》，2007 年发布了《环境保护与管理法》，并通过"2030 年新加坡绿色蓝图"（Singapore Green Plan 2030）和"描绘新加坡低碳和适应气候的未来"等一系列措施，积极推动低碳发展，不断降低碳排放。目前，仅新加坡环境与水资源部就实施了 40 多项环境保护法律法规，涉及范围十分广泛。其中，废木露天焚烧、垃圾倾卸、街道商贩、生产及销售口香糖、随地吐痰、吸烟及攀树折花等一些日常生活指标也被纳入法规条例中。

2）巴西库里蒂巴

巴西作为拉丁美洲人口密度最高的国家之一，在短时间内实现了高度的城市化，形成了极具特色的"巴西城市化模式"。由于其在公共交通、生态环境保护、城市活力、绿色建筑等方面所作出的突出贡献，库里蒂巴被赋予"世界生态之都""生态规划样板""最适宜人居的城市"及"全球绿色城市"等美誉和嘉奖。巴西及库里蒂巴市主要采取了以下具体措施：

一是建设完善环境立法制度体系。巴西的环境立法体系较为健全，对环境破坏者的制裁相当严厉。目前，巴西已经形成了以 1988 年颁布的宪法为基础，以《环境基本法》为主体，以空气污染、水污染、自然资源和森林保护等环境保护单行法、环境保护标准体系、部门规章、国际环境保护公约等为支撑的环境法律体系。其中，"许可证制度"和"环境犯罪法"威慑力最大。

二是坚持绿色交通系统导向的城市规划。巴西新联邦交通法明确规定，凡人口规模超过 2 万的城市都要制定交通运输发展总体规划，并以此作为联邦政府向城市划拨经费的依据。从 1974 年起，库里蒂巴市推行公交优先的规划理念，建立了以快速公交（bus rapid transit）为主体的、高效的公共交通运营管理体系，有效推广了"绿色出行"。此外，还沿公交轴线开发高密度住宅，并配套商业服务和设施，不仅提高了城市各个区域的可达性，还提升了居民对城市的满意度和认同感。

三是实施循环经济发展策略。自 1989 年起，库里蒂巴市政府开展"让垃圾不再是垃圾"的活动，使城市垃圾循环回收率达到了 95%。启动"绿色交换"计划，鼓励市民对垃圾进行分类，并在规定的垃圾站用可回收垃圾换食品、汽车票和其他日用品。实施生态市民计划，垃圾处理站为失业及低收入者提供就业岗位和收入，减少城市贫困和失业带来的社会问题。这些措施有效实现了"减量化、再利用、资源化"的循环经济发展目标。

四是鼓励公民积极参与城市政策设计。为鼓励公民和社会各界人士积极参与城市建设，库里蒂巴市实施了土地公开信息披露等机制，可随时查阅与土地开发相关的信息。设立"免费环境大学"，为公民提供短期课程，根据不同的职业特点在日常工作中教授环境知识，以加强环保教育。政府还规定，学习环保课程是某些行业，特别是出租车司机等市政服务行业取得执业资格的必要条件。

五是实施生态财政转移支付。以"谁保护、谁受益"为原则，巴西在联邦宪法中规定，州政府应向当地市政府支付工业产品税的 25%，允许各州根据保护区面积等生态指标制定生态补偿财政转移支付标准，州政府将生态补偿财政转移资金按照生态指标加权后分配给当地市政府。巴西生态补偿采取以政府为主导，各公共组织为辅的筹措资金模式，其资金来源具有多样性，如采用合法储存量的可贸易权和征收生态增值税等。开发商想要得到土地的准用权，至少要拿出总投资的 0.5%作为赔偿资金交给环境机构并依据有关规定直接投入保护区建设。这些举措既支持鼓励发展经济，又可有效保护生态环境。

3）德国弗莱堡

20 世纪 70 年代之前，德国暴发过环境公共危害事件，之后通过不断完善环保立法、执法及出台环保政策，培养全民环保意识，推进产业结构转型升级，从根本上改变了国家生态环境乃至经济发展方式，成为世界上最早发展循环经济的国家之一。位于德国西南边陲的弗莱堡，将自然环境作为重要的资本加以保护，是公认的生态城市建设典范，被誉为"欧洲环保和生态之都"。

一是注重环保立法。目前，德国的环保法律法规体系是世界上最为完备和详细的，有 8 000 部联邦及各州的环境法律及法规，执行 400 部与欧盟相关的法律规约，涉及可再生能源、自然资源、水资源、温室气体排放等多个领域。此外，还单独设立环保警察执法以强制每个居民分类倒弃垃圾。

二是采用自然化管理对生态空间进行保护和建设。弗莱堡对城市水资源从"污水处理、雨水利用、节水装置、河道技术"4 个方面进行管理，建设配套齐全的现代化污水处理系统，将街道改造成生态地面，以通透雨水促进地下水位的回升。采用植被覆盖城区坡地，以降噪降尘；在城区周边大量种植各种树木，并修建配套的休闲服务设施；对城市河流两岸尽量保留原生态，注重提高河流的自净作用。

三是推行交通系统的生态化。弗莱堡为鼓励市民步行、骑行或选用公共交通出行，在交通规划上通过创建邻里中心、设置交通安宁区、限制机动车通行及严格规定其停车的时间和价格等措施，建立完整的步行交通体系。修建 46 km 的自行车专用通道、114 km 的机动车道路沿线车道、120 km 的郊区自行车通道以及 130 km 其他可通行自行车的通道，建立了完整的自行车交通系统。在公交站点旁建设 9 000 个自行车停车位，方便有公交转乘需求的市民。

四是充分发挥政府的主导作用，重视公众参与。德国各级政府都把环境治理和改善作为执政为民的重要环节。在机构设置上，不仅德国联邦政府，各州和县政府也都有官方的环境保护机构，还有一些跨区域的环境保护机构。例如，联邦政府于 2019 年成立气候保护内阁委员会。在财政支持方面，政府对空气治理、垃圾处理、污水处理、河流治理、房屋节能改造等环保事项给予广泛补贴，对环保企业和环保项目实行补贴和税收优惠，鼓励公众积极参与生态建设。此外，还通过设立"小溪监护人"等方式，提高市民生态保护的责任感。

五是提升技术创新水平，优化产业结构以降低碳排放强度。一方面，德国政府大学将其年度科研经费的 80%投资于制造业领域，在保持德国全球制造业优势的同时促进环保低碳技术的发展和应用。另一方面，通过第二产业内部低碳化，增加第三产业比重，推动城市绿色低碳转型。

4）澳大利亚哈利法克斯

哈利法克斯（Halifax）生态城位于澳大利亚阿德雷德市内城哈利法克斯街的原工业区，占地 24 hm^2，是与现有的城市生活和设施联系起有 350～400 户居民的混合型社区，其中以住宅为主，同时配有商业和社区服务设施。哈利法克斯生态开发模式在开发的目标、原则、价值取向等方面与传统商业开发明显不同，1994 年 2 月哈利法克斯生态城项目获"国际生态城市奖"，1996 年 6 月被纳入在伊斯坦布尔举行的联合国人居会议的"城市论坛"最佳实践范例。

一是立足城乡视角推进生态资源流动，修复区域内被污染的生态环境。城市建设从整体性思维出发，以城乡资源流动为切入点，开发乡村清洁资源和能源，修复区域内城市与乡村受污染生态环境。从城市的角度上来说，通过移植乡村发展繁盛且具有清洁能力的植被，来缓解因工业发展带来的大气污染、土壤污染等。从乡村的角度上来说，向城市提供自身退化或受侵蚀的土壤（如河流的淤泥），不仅能够处理掉乡村被污染的土壤，也能实现对被污染河流的水体修复，且在此过程中，乡村向城市提供的土壤可通过技术改造形成储热、隔声的建筑材料，有效优化了城市能源利用结构。从城乡自然环境修复的长远角度来讲，这种互动的模式能够推进生态资源流动，实现城乡资源互补，实现城乡生态的共同修复，推进修复效果更加持续。

二是采用指标与法律结合的方式限建非生态项目，维护现存良好的生态环境。以指标限定为评估方式，配合法律的硬性要求，限制对生态城市发展带来负面影响的项目建设，形成了良好的城市自然要素保护机制。指标评估是指用数据给城市建设对自然要素带来的影响赋值，正值为正面影响，负值为负面影响，计算出对整个城市生态系统影响的总值；此外，通过制定法律，规定城市建设必须通过指标评估，对超出指标要求的项目建设采取硬性的惩罚措施。指标评估与法律结合的方式从生态维育角度入手，限制了"非生态"的开发建设，实现对土壤、大气、水、生物多样性等方面的生态保护，维护了整个城市的自然生态系统。

5）天津中新生态城

2007 年由中国和新加坡两国国家总理牵头，以天津滨海新区作为生态城市建设试验地创建了中新生态城。该生态城在吸收新加坡生态建设成果与经验的基础上，结合天津市实际情况，致力于探索出一条适合我国生态城市建设的道路。中新双方通过合资成立投资公司，遵循市场化运作原则对生态城进行合作开发运营，保障了两国有实力的企业能够参与生态城内部的建设。

在城市规划方面，中新生态城借鉴新加坡生态城市建设的经验，根据本土实际情况制定了详尽的规划方案，设置了禁建区、限建区、已建区、可建区四类区域进行开发和建设。将生态城内部商业区和产业区沿城市轨道交通轴线分布形成生态谷，通过轨道交通串联 4 个生态综合区和生态核，最终形成"一核一链六楔，一轴三心四片"的空间布局。将基层社区以城市道路合围形成，使每个基层社区距离社区服务中心的距离在 200～300 m，塑造紧密的和谐邻里关系，同时根据不同需求确定 4 级有区别的公共服务设施：生态城中心—生态城次中心—居住社区中心—基层社区中心，全面完善教育、医疗、文化等公共服务配套来满足市民的日常生活。

在生态环境修复方面，首先对废弃的盐田、盐碱荒地以及污染区域进行修复，主要通过在地下铺设排盐管网，利用雨水和引水等方式进行浇灌和更新，将土壤中的盐分利用管网排走，最终稀释土壤盐分。同时通过客土搬迁与被污染土壤结合的方式来实现改良土壤状况。在水资源建设方面，通过建立广泛的雨水收集系统提升地表水的涵养能力。在全市范围内铺设污水管道系统，新建污水处理厂，对污水进行全面的收集和净化，加大对其分类使用。对污染河道、水库进行生物和化学清淤、净化处理，改善水质。采用最新的技术对海水进行淡化处理，多种渠道开发利用再生水资源。在生物多样性方面，通过种植适宜本地生长的耐盐植被，构建绿化植物群落，美化环境和涵养水源，建造人工生态湖储备净化的雨水资源，预留出野生动物的栖息地，实现丰富和改善城市生态环境的诉求。

综上所述，无论是国外还是国内的生态城市建设，都是以自身实际情况为出发点，结合已有的成功经验来制定适宜自身生态城市建设发展的规划。

上述城市在进行生态城市建设时，虽然采取的具体技术和方式不同，但遵循的理念和思路基本一致，主要包括以下6个方面：一是以政府为主导，生态城市建设一定要发挥政府的主导作用，随时把握生态城市建设的方向和进度。二是统筹城乡协调发展，合理规划城市土地使用情况，将城市建设由横向发展转向纵向发展，提升城市内部土地利用率。三是大量建设城市绿化基础设施，建设人工湖、生态公园、滨海绿地、绿廊、慢行道等增加城市绿化面积，增加生物多样性。四是扶持和鼓励生态绿色经济的发展，在政策上予以倾斜，财政上予以扶持。改善传统能源利用，与高等院校、研究所展开合作，提升太阳能、风能、海洋等可再生洁净能源的使用效率，促进能源结构的优化。五是邀请生态城市建设领域的专家协同政府制定长期可实行的建设方案，并将这些方案及时向普通公众展示，同时设立高效的反馈机制来听取普通公众的意见，确保生态城市建设规划的民主性。六是以以人为本为出发点，提升市民的医疗、就业、生活等渠道，满足人们对美好生活的需求，才能更好地发动普通公众全面、广泛地参与生态建设，发挥人民群众的巨大力量。

（2）森林养生城市

人与自然是不可分割的生命共同体，回归自然的生活方式是个人无法回避的事实。一座城市里的绿水青山也是可变为金山银山的资产，它们肩负着超出传统城市更新内容以外的新使命。城市里的自然，应该作为一种公共资产被运营起来，实现生态福祉普惠化、生态资源产业化。

"森林养生城市"以城市运营为理念，将城市里的绿水青山作为一种自然资产进行产业运营，实现城市文化、城市休闲、城市旅游、城市人居环境、城市健康养老服务能力的综合提升，不断满足人民对美好生活的向往。森林养生城市运营管理依托城镇化建设，深挖国民对美好生活的需求要素和消费场景，不断创造新的商业经济生态关系，形成一个个自然福祉服务系统的城市绿洲。城市绿洲自然赋值要素说明见表7-4。

位于杭州市西部的西溪湿地是国内唯一集城市湿地、农耕湿地、文化湿地于一体的国家湿地公园。西溪湿地在严守生态保护红线的基础上，各种跨界组合的新休闲文化业态进入这片城市绿洲，周边社区居民发展城市民宿，引入商业资本建设中医养生馆、文化餐饮、文化馆、艺术馆、私人博物馆等，形成了西溪文旅产业和文创产业，打造了花朝节、探梅节、龙舟节、火柿节、听芦节等节庆活动，使其成为杭州代表性名片之一。

表 7-4　城市绿洲自然赋值要素说明

类型	内涵	产品	
		设施（硬件）	服务（软件）
生态福祉	公园内的绿色空间，形成了一定区域范围内的自然生态系统。生态福祉具体是指，区域型生态系统在一定程度上保证了市民的居住环境的宜居性（气候稳定性、空气质量等）	由动植物物种、生态系统等组成的自然空间	环境质量智能检测、城市风景美学、宜居城市
休闲福祉	公园是市民在闲暇时间，进行身心放松、休闲娱乐活动的重要空间。市民在公园进行休闲活动后，获得身心的恢复	自然/游乐场、漫步道、休闲广场、开放草坪、林下空间露营地……	素质拓展活动、城市集市、音乐会、运动会……
教育福祉	通过对公园所在地的自然、文化等资源挖掘与转化，帮助市民学习知识、提升保护环境意识、增加城市认同感等	自然/文史体验步道、自然/文史体验馆、自然图书馆、艺术中心、户外自然营地……	自然观察活动、手作体验课程、森林读书会、自然艺术沙龙……
健康福祉	人借助自然环境中的有益因素（绿色的空间环境；含有芬多精等有益分子的清新空气；舒适的环境湿度等），通过适当的活动，促进身体健康	健身步道/广场专项运动场地（足球场、篮球场等）、自然瑜伽、冥想教室森林浴场……	芳香疗法课程、瑜伽课程、向导型康养服务……
社交福祉	公园绿地能够为人群社交提供不同于楼宇空间的自然空间；而更重要的是，自然环境对人潜移默化的正向影响，更有利于人们之间的积极社交	露营地/平台、森林图书馆/咖啡厅、林下休息区及设施（如林语小屋等）……	亲子家庭活动、读书会……
审美福祉	人民审美的进步很大程度上会促进社会的进步。而自然又是人类审美的启蒙导师。市民在公园中通过欣赏自然、人文等风景，进而促进自身审美水平	风景园林/建筑小品、观景平台……	自然美学课程、摄影比赛课程……

其经验包括：

一是完善城市里的自然福祉公共设施。集中连片布局自然福祉型公共设施，形成绿洲型微小城市，由此提升周边社区、商圈的土地价值，激发社会商业资本共享共建绿洲小城。自然福祉型设施的主题功能要多元，让康养步道、郊野公园、酒店民宿、文化场馆等，围绕"养生与健康"相关业态并联落地，形成一个康养产业供给、消费、连接供需的空间聚集地。

二是为美好健康生活而展开的微型小城。把一个微观尺度的城市空间，做成没有墙和门票的森林公园+城市综合体+城市社区。在这里，一切产业布局、商业形态、公共服务设施都围绕人的健康美好生活方式展开，形成商业住宅区、城市绿道、城市公园、零售医疗、都市社区养老、都市旅游度假区、城市文化景区的产业生态圈，产业生态圈的内部功能形成人流、物流、信息流的自循环关系。

三是政府与国有资本主导进行一些价值传播工作。通过节事、赛事、创业基金、线上营销等一系列产业服务工作，催化各等级的资本方聚合参与森林养生城市建设。森林养生城市不仅要有高质量的森林康养环境，如公园、康养步道、酒店民宿等基础设施，还应具有功能齐全的细分产品和服务，如零售医疗中的口腔诊所、美容医疗、养老社区等。政府和国有资本通过运营催化工作来孵化这些业态，助其产生聚合效应，共享办公、共享员工、共享用户、共享大数据。

7.2 低碳城市产业生物多样性保护行动策略

7.2.1 城市生物多样性保护的主要做法

为减少城市建设对生态环境和生物多样性的负面影响，需要采取的主要做法包括以下 5 个方面。

（1）合理规划城市空间，减少土地利用的变化

合理规划城市空间是保护生态环境和生物多样性的关键措施之一。通过合理规划城市空间，可最大限度地减少土地利用的变化，保护生态环境和生物多样性，实现城市建设和生态保护的双赢。

设立城市建设用地和保护用地的界限，确保城市建设的范围不会过度扩张，避免对生态环境造成过大的影响。

合理规划绿地系统（包括公园、绿化带、湿地等），绿地不仅可以提供自然栖息地，还能改善城市生态环境和人居环境。

优化城市道路和交通规划，减少对生态环境的破坏。可采取建设绿色交通系统、倡导步行和骑行等措施，降低机动车辆的使用频率，减少交通对空气和噪声污染的影响。

加强对城市水资源和水生态的保护。合理规划水系，保护河流、湖泊和湿地等水生态系统，避免水污染和水资源的过度开发。

（2）保护自然生态系统，减少生境破碎化现象

设立自然保护区，将具有重要生态功能和生物多样性的区域划定为保护区，限制人类活动的干扰，保护物种栖息地和自然生态系统。

建立生态廊道，连接不同的自然保护区和栖息地，提供物种迁移的通道，减少生境破碎化的影响。保护重要的湿地、森林等生态系统，这些生态系统对维持生态平衡和物种多样性至关重要。保护关键物种的栖息地，特别是濒危物种和特有物种的栖息地，通

过限制人类活动和保护栖息地的完整性，确保物种的生存和繁衍。加强对自然生态系统的保护和投入。加强对生态环境的监测和评估，及时发现生态系统退化和生境破碎化的迹象，采取相应的保护措施。

（3）采用低碳和环保的城市建设方式，推动可持续发展

为减少对生态环境的负面影响，实现城市的绿色、低碳和可持续发展，应加大对低碳和环保的城市建设方式的研究及应用力度。鼓励使用可再生能源（如太阳能、风能和水能等），减少对传统化石能源的依赖，降低碳排放和空气污染。推广循环利用，鼓励废弃物的分类回收和资源再利用，减少垃圾的产生和对自然资源的过度开采。建设绿色建筑，采用环保材料和设计，提高建筑能效，减少对环境的影响。发展可持续交通，鼓励步行、骑行和公共交通的使用，减少汽车的使用，降低碳排放和空气污染。

（4）提高城市绿化覆盖率

提高城市绿化覆盖率是实现生态平衡和改善城市环境的重要举措，它不仅可以改善城市环境，为野生动植物提供更好的栖息地和食物资源，还能提升居民的生活质量和幸福感。

建设公园和绿地：增加城市内的公园和绿地面积，为居民提供休闲娱乐的场所，也为野生动植物提供栖息地。

种植树木和花草：在城市的街道、广场、停车场等空地种植树木和花草，增加绿色植被，改善空气质量，提供阴凉和美观的环境。

建设垂直绿化和屋顶花园：在建筑物的外墙和屋顶上安装绿化设施，增加绿色面积，减少城市热岛效应，改善空气质量。

（5）加强生物多样性教育和宣传，增强公众的生物多样性保护意识

公众是保护生态环境及其生物多样性的核心力量，必须加强生物多样性教育和宣传，增强公众生物多样性保护意识，促使公众参与生态环境和生物多样性保护，共同推动生态环境保护事业的健康发展。

开展生物多样性保护教育活动：组织各类生物多样性保护教育活动（包括生物多样性讲座、生物多样性主题展览、生物多样性保护知识竞赛等），加深公众对生物多样性问题的了解和认识。

宣传生物多样性知识：通过电视、广播、报刊、网络、短视频、公众号等各种渠道和媒体，宣传生物多样性知识，让更多人了解生物多样性保护的重要性和方法。

强化生物多样性保护责任意识：加强对企事业单位和个人的生物多样性保护责任教育和宣传，提醒大家应该积极参与生物多样性保护。

增强公众参与意识：鼓励公众参与生物多样性保护行动，组织开展志愿者参与生物多样性保护活动，加强与社区、学校、企业等的合作，共同推动生物多样性保护工作。

加强生物多样性信息公开：及时发布生物多样性数据和信息，提高公众获取生物多

样性信息的透明度和便利性，增强公众参与生物多样性保护的主动性。

7.2.2 低碳城市建设中的生物多样性保护措施

随着全球气候变化和能源危机引发的环境危机，"减少碳排放"和"可持续发展"成为重要的国际共识。城市承载了人类的各项生产和生活活动，随着社会发展，人口和经济都会不断地向城市聚集，这个过程中消耗了大量的碳基能源，成为温室气体排放的主要排放源。在这样的背景下，低碳城市建设成为各国政府工作的重点和学术研究的热点，各国纷纷采取应对措施：一是适应，二是减缓，实现以上两者的途径就是发展低碳城市，走可持续发展的低碳道路。

我国 2010 年开始进行低碳城市试点工作，取得了一定的成效，也依然面临着诸多的问题和难题。2021 年我国政府印发的《2030 年前碳达峰行动方案》把碳达峰碳中和纳入经济社会发展全局。党的二十大报告提出要"加快发展方式的绿色转型，倡导绿色消费，推动形成绿色低碳的生产方式和生活方式"。

低碳城市建设在满足人民日益增长的对美好生活需求的同时，不可避免地对生态环境与生物多样性保护造成一定程度的影响。中国绿发立足服务绿色低碳城市建设促进节能减排，聚焦人民群众对美好生活的向往，以绿色低碳理念促进低碳城市建设，宜将生物多样性保护融入绿色建造全过程，采取基于自然的解决方案，减缓开发建设对自然的负面影响，扩大积极影响，打造行业领先的健康家园产品，助力城市低碳排放、零碳排放，形成健康、简约、低碳的城市建设和居民生活方式。

科学选址。严守生态保护红线、耕地红线等空间管制底线，坚持生态优先原则，在保护濒危物种和生物群落，以及重要的湿地、水体、森林、草地等生态系统，保护水体质量、自然水文和栖息地，保护野生动植物的重要生境的前提下，合理确定项目开发建设的具体位置和地块。

开展绿色设计。科学合理的规划设计是低碳城市建设项目成败的关键所在，基于生态格局的空间布局是基础。依托公司"双碳"示范项目，先后在雄安新区零碳园区、厦门时代广场、重庆鲁能城商业综合体等新建项目中，坚持做好绿色设计，在前端植入生物多样性及其价值保护的理念，坚持保护优先、尊重现状的原则，围绕建设自然、和谐、健康、舒适的人类聚居环境的目标，衔接城市、区段等上位空间规划，基于地块生态特征和自然过程，充分尊重自然本底条件，采用基于生态格局的社区空间用地布局，科学规划社区功能布局、交通网络、社会网络等关键空间形态，设计对自然敏感的道路网络，寻求与生态格局的耦合关系，形成复合、有机生长、生物多样性友好的空间系统，激发其生态、经济、社会等多方效益。比如，合理的绿地开放空间设计可以为生物提供必要的生存空间，也为居民提供景观和游憩场所，具备排水防洪、污染过滤、微气候改善等调节作用，同时，这种独特生态特征的社区空间格局有助于社区场所认同感的形成，满足社区居民的精神需求，为社区赋予了环境教育功能。利用战略性综合健康和环境评估，最大限度地提高效益，尽可能降低与自然相互作用的风险。

推广绿色基础设施。"绿色基础设施"旨在推广低影响开发模式，主张在建筑景观中为自然留出空间，有利于改善居民的健康和生活质量，从排放和土地利用角度尽量减少城市和基础设施的环境足迹，减缓气候变化。以建筑构筑物等为重点，全面推广绿色建筑、净零碳建筑、零碳园区、近零碳社区等，推行最小化的建筑能耗和水耗，将海绵城市、装配式建筑、生物多样性友好材料的使用融入设计管理关键环节，尽量减小对自然的负面影响。场地设计坚持最小化的干扰，做好暴雨管理等设计，推行绿色屋顶、雨水花园等低影响绿色基础设施，保护和创造绿色空间，探索建立生物滞留池等对生物多样性有积极作用的设施，维护生态连通性，创建网格化的微自然系统，满足人类的多种需求并同时促进城市生物多样性的提升。

采用基于自然的解决方案，打造韧性景观。社区绿地即社区集中的生态用地，是实施生物多样性保护措施的主要场所。推广采用基于自然的解决方案，绿地的生物多样性效应取决于空间尺度的大小、植栽的种类选择及结构群落等，在不同的空间尺度均应基于自然现状，充分考虑风热等气候条件，如植栽的垂直配置、方位的选择与局地气流的关系等，因地制宜选择气候友好、生物多样性友好的生态技术和生态方法。绿化选用乡土物种和低维护物种，避免使用外来入侵物种，采用乔灌草结合的方式丰富植物群落层次，营建多样的生物栖息地；建设雨水花园等低影响海绵设施，以自然的方式削减雨水径流、控制径流污染、保护水环境；注重道路、建筑小品及其他设施的生态和低能耗设计，设置鸟巢、昆虫屋、蝙蝠冬眠箱（Hale，2012）等生物多样性友好设施，营造特定生物的觅食生境，为城市鸟类等创造适应的生境（李子豪等，2021），引导公众共同维护城市的生物多样性。

采取绿色施工。规范开展绿色施工，严格施工过程中的扬尘、废水、噪声、垃圾的污染治理，做好垃圾分类，更可持续地使用建筑材料以及最大限度减少能源消耗。有效控制光污染，提升智能化管理水平，保障基本的生态安全。坚持绿色采购，合法合规采购绿色环保材料，优先选择生物多样性友好的产品，不采购来自高保护价值森林的木材及转基因木材等，避免价值链前端的自然损害。在施工现场特定位置安装扬尘噪声监测设备，实时监测现场扬尘浓度、噪声等级，采取清理积尘、洒水、高压喷雾、围挡等措施，对施工用车采取严密的封闭措施，减少施工过程中的扬尘污染。对施工造成的裸地及时种植速生草种，对因施工造成的水土流失状况，采取设置地表排水系统、稳定斜坡、植被覆盖等措施，设置隔油池、沉淀池、化粪池等防控施工现场的污水。在施工人员的生活区域设置封闭式垃圾收集设施；遵循减量化原则，减少垃圾生产量；做好施工垃圾的回收再利用，并进行统一分类处置。积极探索智慧工地管理前沿技术，在施工工地推广 5G，采用人脸识别门禁系统、智能监控系统等，实现大型设备、场区封闭管理，尽可能降低建筑施工过程中对周围生态环境的影响。

实施绿色装修。注重室内人工环境的物种丰富度，使用乡土植物物种并合理搭配，优化植物的比例和层次。装修过程中注重装修污染的管控，尽可能减少污染物的产生和排放，防止装修环节成为生态环境与生物多样性的污染源。室内软装采用可循环、可再利用的环保材料，以多样化的绿植丰富室内人居环境。结合屋顶、墙壁垂直绿化等方式，打造小微生境，为鸟类和昆虫提供栖息繁衍的条件，实现节能减排、调节小气候、维护生物多样性的生态功能。

引领绿色行动。绿色住区开发建设与改造过程中，配合出台相应的政策法规，通过网络、论坛、会展等形式，引导住区居民参与生物多样性保护，发挥主体作用，在多元主体参与下，共同促成绿色住区的形成。

7.3 重庆社区项目案例

重庆星城外滩 1 号项目紧邻长江，采取海绵城市和绿色基础设施建设方法，应用雨水花园、绿色屋顶、透水铺装、雨水收集回用等低影响开发技术，在低碳城市建设领域具有一定的示范性和推广性。

7.3.1 项目概况

7.3.1.1 项目及周边区域生态环境状况

项目位于重庆市江北区，下临江北嘴 CBD，上靠自贸区，毗邻保税港，位于江北嘴、解放碑、弹子石三大 CBD 黄金金三角位置，且紧邻长江，总体位于人类活动高度集聚区以及建设开发活动高强度区域，见图 7-1。从区域尺度来看，项目周边区域形成以长江干流及支流等为支撑的城市生态廊道以及其他分散绿地为战略点共同构成的城市生态空间格局，总体呈现生态斑块散布、空间格局破碎化突出、连通性较差的特征，城市生态系统单一且脆弱，物种组合结构简化且趋于同质化，物种遗传变异趋向"同步城市化"。

项目周边区域东侧为沿江缓冲带，公司正在实施绿化护坡，采用种植大面积草坪、景观观赏性植物等传统景观营造方式；西侧临时用房散乱分布，植物多为自然生长状态，但因道路、轨道、临时用房等灰色基础设施建设交错集中，部分建筑垃圾尚未清理，人为活动干扰严重，视觉美观度较差，生态环境状况欠佳，见图 7-2。

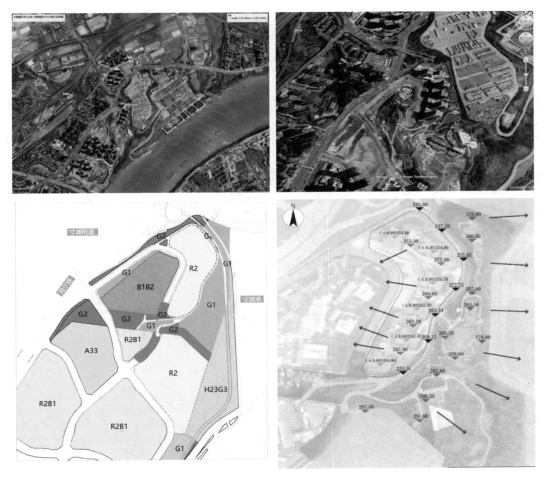

图 7-1　项目区位及周边

注：图片来源于《鲁能星城外滩 1 号方案》。

图 7-2 项目周边状况

7.3.1.2　项目内部基础设施及景观绿地状况

本项目占地面积 32 668 m²，总建筑面积 207 546.21 m²，主要新建 6 栋高层居民住宅、商业裙楼以及地下停车库等配套设施，其中住宅建筑面积 145 578.74 m²，商业建筑面积 2 748.66 m²，地下车库建筑面积 55 824.12 m²、配套用房建筑面积 2 068.59 m²，共 1 132 户约 3 619 人。根据方案设计可知，本项目容积率 4.45，建筑密度≤35%，绿地率 30.03%，配套建设的设备用房、柴油发电机房、变配电房、开闭所等辅助用房均在地下层内单独设置。项目投资 80 000 万元，其中环保投资 194 万元。

项目地块空间布局较为紧凑集约，因建设地下停车场的实际需求，设计施工阶段对地块原有地貌进行全方位土地整理和建设改造。根据重庆市工程建设标准《居住建筑节能 65%（绿色建筑）设计标准》（DBJ 50-071—2016），项目执行绿色建筑一星标准。项目广场、活动场地、部分道路等采用透水铺装，项目广场的透水铺装材料为透水混凝土，道路的透水铺装材料为透水砖，生态型停车位的透水铺装材料为植草砖，透水铺装面积比例为 56.00%。绿地采用喷灌方式以节约后期绿化灌溉用水，屋面、硬质铺装雨水进入下凹绿地或雨水花园（图 7-3），可有效控制年径流量。

项目区绿地围绕楼体周边呈组团式分布，绿化采用的植物种类多样，但空间异质性并不高，植被群落结构层次丰富，中间穿插雨水花园、屋顶花园等海绵设施建设，屋面绿化面积与屋顶可绿化面积的比例为 77.59%，对暴雨管理可起到一定的积极作用。但因项目处于刚完工阶段，维护情况及成本目前未知。

图 7-3 项目区雨水花园

　　项目施工阶段严格按管控要求落实施工废水、生活污水、建筑垃圾、生活垃圾处置，在施工时间和施工技术方式选择上努力降低噪声污染，尽可能减少对周围环境的负面影响。项目在运营阶段废水、垃圾及其他固体废物统一处置，餐饮含油废水经隔油池预处理后再与居民生活污水、一般商业污水一并进入生化池处理达标后进入市政管网集中处置；餐饮厨房油烟废气、备用柴油发电机废气、车库汽车废气、生化池臭气等设置专用烟道、通风系统、专用管道等予以安全排放，社区范围内基本无污染外排风险。社区运营维护由物业负责，社区绿地生态系统会伴随物种、信息和能量的流动和生态过程的耦合演替，逐步趋向稳定和可持续，将为社区居民提供净化空气、水源涵养、景观美化、休闲游憩等生态系统服务。

7.3.1.3　项目场地生物多样性状况

项目植物设计采用乔灌草结合的方式，乡土植物比例不小于 70%，乔木上主要选择红叶李、鸡爪槭、杨梅、朴树、桢楠、国槐、木芙蓉、杜英、贴梗海棠、山杏、含笑、栾树等；灌木选择蜡梅、山茶、女贞、杜鹃、肾蕨、海桐、八角金盘、大叶黄杨球、茼蒿菊、蒲葵、木槿等。丰富植物层次结构和多样性的同时，考虑野生动植物及其生境构成的生态系统具有吸附有害体、净化空气、水源涵养等功能及服务，选择可以吸收 SO_2 的国槐、茶条槭、连翘、丁香等，吸收 Cl_2 的山桃、丁香、榆树、连翘等，驱蚊的蓝花鼠尾草、薄荷、天竺葵、藿香、白兰花、驱蚊草等（图 7-4）。项目现场调研时可观测到蝴蝶等昆虫以及部分鸟类。

图 7-4　社区绿化植物多样性

7.3.1.4 社区生物多样性保护工作基础

一是项目因其开发建设性质，按要求完成环境影响评价，但主要是就废气、废水、固体废物、噪声等开展基础评价，未开展生态及生物多样性影响评价，生物多样性保护意识仍然较为薄弱。

二是因地方政策要求，项目采取了海绵城市设计处理手法，但景观营造依然以造景美化为主，并未真正从生态系统的结构、过程和功能出发，未真正落实海绵设施轻干扰、低维护的特点，生态技术有待改进，有限采取绿地修复重建、保护小动物、栖息地维护等生物多样性友好措施，社区内部未开展过生态环境教育、生态监测等相关工作；因尚未正式入住，社区居民对社区景观绿化满意度尚不得知。

7.3.2 优劣势分析

7.3.2.1 项目优势

一是项目区域生态区位优越。星城外滩 1 号项目位于长江生态廊道沿线，在区域生态过程维护中可发挥生态节点或生物介质的传输媒介作用，有利于区域生物多样性的维护。

二是在生态技术应用推广方面，项目采取海绵城市和绿色基础设施建设方法，应用雨水花园、绿色屋顶、透水铺装、雨水收集回用等低影响开发技术，在低碳城市建设领域具有一定的示范性和推广性。

三是景观绿化中注重乔灌草的搭配，植物结构和层次较丰富，在满足人居休闲娱乐的同时，可发挥一定程度的净化水质、调节小气候、维护生物多样性的生态系统服务功能。

7.3.2.2 存在的问题

一是生物多样性保护理念和生态化技术有待提升。项目在规划设计、施工、运营维护各环节生态优先与生物多样性保护理念认识薄弱，环境影响评价中未开展区域生态及生物多样性影响的评估。在空间和绿化设计营造过程中以满足居民对优美的生态环境需求为主导，侧重追求观赏性以及满足居民休闲、游憩、儿童游乐等使用功能，人工痕迹较重，存在"重面子、轻里子"的问题。建设雨水花园、屋顶绿化、垂直绿化等绿色基础设施过程中忽略生态过程的考量，后期精细化管理和维护投入需求高，在满足居民环境需求和维护自然生态过程之间存在矛盾和冲突。

二是项目地块紧凑集约，绿地景观同质化突出。两个项目地块相对来说空间布局较为紧凑，与城市其他区域景观打造呈现较高的同质化，植物种类选择和乔灌草搭配上丰富度仍有待提升。

7.3.3　生物多样性保护行动策略

低碳城市建设在满足人民日益增长的对美好生活需求的同时，不可避免地对生态环境与生物多样性造成一定程度的影响。以打造人与自然和谐的城市社区为目标，重庆星城外滩 1 号项目生物多样性保护提升建议从以下几方面着手。

7.3.3.1　采取适应性管理，保障雨水花园等小微生境的生态系统服务

雨水花园、屋顶花园等海绵设施建设的目的是汇聚并吸收来自屋顶或地面的雨水，通过植物截流、土壤渗滤净化雨水、减少污染，充分利用径流雨量涵养地下水，也可对处理后的雨水加以收集利用，使之补给景观用水、厕所用水等城市用水，是一种生态可持续的雨洪控制与雨水利用设施。同时，持续稳定的海绵设施也可为鸟类、蝴蝶等动物提供食物和栖息地，提升生物多样性。

科学的雨水花园设计呈现低影响、低维护、低成本的特点，场地竖向和排水设计十分关键，要求雨水在短期之内下渗净化，土壤结构较普通花园的渗水性更强，从上至下需要有蓄水层、树皮层、种植土层、人工填料层、砂层、砾石层，基底内应有排除地面及道路雨水至城市排水系统的设施。此外，雨水花园的植物配置也十分重要，优先选用本土根系发达、净化能力强、耐涝且有一定抗旱能力的本土植物。建议在项目运营阶段评估试验雨水花园、屋顶花园的可持续性，及时采取适应性的管理措施，发挥雨水花园的小微生境作用，提升社区生物多样性（图 7-5～图 7-9）。

图 7-5 雨水花园设计示意

图 7-6 屋顶花园示意

图 7-7　透水铺装示意

图 7-8　排水口节点设计示意

图 7-9　近自然的景观小品示意

　　增设生物多样性友好装置。在小区绿地增加设置"本杰士堆"（图 7-10）、鸟巢、昆虫屋（图 7-11）、蝙蝠冬眠箱等生物多样性友好设施，营造特定生物的觅食生境，探索建立生物滞留池等对生物多样性有积极作用的设施，维护生态连通性，创建网格化的微自然系统。

图 7-10 "本杰士堆"示意

图 7-11　昆虫屋示意

7.3.3.2　科学实施周边区域生态修复

项目社区生物多样性的改善需要考虑区域层面的生态系统服务的完整性和连续性，周边区域的生态环境状况也是客户群体关注的重点。因此，社区周边区域生态修复，应植入生物多样性及其价值保护的理念，坚持保护优先、尊重现状的原则，围绕建设自然、和谐、健康、舒适的人居环境目标，衔接城市、区段等上位空间规划，充分尊重自然本底条件，科学实施生态修复工程，采用近自然、再野化的景观营造手法，避免过度人工干扰（图 7-12、图 7-13）。

图 7-12 旧金山九曲花街（基于坡度现状设计的典型案例）

图 7-13 重视对原有古树名木的保护

　　采用基于自然的解决方案，推广低影响开发的绿色基础设施模式，基于场地地形、地貌、自然特征和生态过程，坚持最小化干扰的设计原则，科学做好高程和微地形设计，充分考虑风热等气候条件，如植栽的垂直配置、方位的选择与局地气流的关系等，因地制宜选择气候友好、生物多样性友好的生态技术和生态方法。做好暴雨管理等设计，建设雨水花园等低影响海绵设施，以自然的方式削减雨水径流、控制径流污染、保护水环境。绿化选用丰富多样的本土乡土物种和低维护物种，避免引用外来入侵物种，丰富植物群落层次，营建近自然的生物栖息地，并注重道路、景观小品及其他设施的生态和低能耗设计（图 7-14～图 7-16）。

图 7-14　低影响开发的典型案例——美国西雅图 High Point 社区

图 7-15 路两侧的植草浅沟示意

图 7-16　再野化示意

工程实施过程中规范开展绿色施工，严格施工过程中的扬尘、废水、噪声、垃圾的污染治理。在施工人员的生活区域设置封闭式垃圾收集设施，遵循减量化原则，减少垃圾生产量，做好垃圾分类；做好施工垃圾的回收再利用，并进行统一分类处置，持续地使用建筑材料以及最大限度减少能源消耗。在施工现场特定位置安装扬尘噪声监测设备，实时监测现场扬尘浓度、噪声等级，采取清理积尘、洒水、高压喷雾、围挡等措施，对施工用车采取严密的封闭措施，减少施工过程中的扬尘污染。

7.3.3.3 完善社区宣传导视系统，引领绿色行动

重视社区生态环境教育，提升居民的生物多样性保护意识。通过设置生物多样性优化的宣传标语、标识导视设计等，解析生态景观的设计理念和技术方法，引导居民转变唯景观美化的环境认知，更加注重生物多样性保护及区域生态系统的稳定性和持续性，带领社区居民参与生物多样性保护，共同建设生物多样性友好的绿色社区（图 7-17）。

图 7-17　社区居民参与的生产性景观示意

7.3.4　效益分析

　　根据项目所在的区位特征及独特的生态系统现状，因地制宜采取生物多样性保护恢复措施，将实现显著的生态、经济和社会综合效益，对于提升社区生物多样性、维护生态平衡、增加居民福祉具有重要意义。

（1）生态效益

通过项目建设可以有效提升社区绿地系统质量，提升与长江生态廊道的连通性和完整性；提升社区绿地生态系统水源涵养、水土保持、调节小气候等生态服务功能；优化野生动植物及其栖息地，维护社区生物多样性；改善社区人居环境质量，增加优质生态产品，提高居民的获得感与幸福感。

（2）社会效益

项目作为低碳城市领域典型示范项目，通过开展生境维护修复、生物多样性宣传教育培训、科普体验等活动，不仅能提高公司员工对生物多样性价值及重要性的认识，提升职工关心自然爱护自然的自觉性。同时，通过项目建设，探索建立生物多样性友好示范社区，将有效带动提升社区居民尤其青少年对生态环境和生物多样性的保护意识，推动社区生态文明、社会文明和精神文明的协同建设，也将提升中国绿发负责任央企的影响力。

（3）经济效益

通过项目实施，优化提升社区绿地生态系统，实现低维护和可持续，将极大降低后期社区绿化维护成本。结合售楼中心及社区等生物多样性宣传科普体验活动，以优质的社区人居环境、丰富的生物多样性为亮点，提升项目营销的市场竞争力和市场价值。

结　语

　　生物多样性是地球生命的基石，对人类的生存与发展至关重要。企业作为社会经济活动的主要参与者，其在生物多样性保护方面的作用不可忽视。从全球角度看，企业的生产运营活动直接或间接影响着生物多样性，而保护生物多样性也为企业带来诸多益处。例如，有助于管理和减轻因自然损失带来的风险，避免因生物多样性破坏导致的原材料短缺，提升企业在市场中的环境绩效和声誉，进而吸引更多注重环境保护的消费者和投资者，通过推出认证的可持续产品开发新市场，实现更合理地利用自然资源以节约生产和运营成本。面向建设美丽中国的愿景目标，生物多样性保护是推动建设人与自然和谐共生现代化的关键行动，企业积极采取生物多样性保护和管理措施，将生物多样性保护融入企业生产经营的全业态和全过程，促进高水平生态保护与经济社会高质量发展的良性循环，是顺应自然规律和经济社会发展规律，履行企业社会责任、推动实现可持续发展的必然选择。

　　中国绿发在企业生物多样性保护实践方面提供了一个范例，其在规划引领、标准制定、项目实践、宣传推广等多方面的努力，展现了企业在生物多样性保护中的巨大潜力和积极影响。自中国绿发确立了建设生物多样性领跑企业的工作目标以来，公司积极推动生物多样性保护的顶层设计，将生物多样性保护融入企业的发展战略中，联合相关单位研编《生物多样性领跑企业评价技术导则》，并于 2024 年 4 月发布实施，成为国内首个规范引导企业采取生物多样性保护行动的团体标准，为其他企业参与生物多样性保护提供了方向指引和技术规范。中国绿发立足幸福产业、绿色能源、低碳城市主责主业，积极探索生物多样性保护的有效模式，持续推动格尔木多能互补、重庆星城外滩、千岛湖华美胜地、济南领秀城等生物多样性保护试点项目的优化提升，集成试点经验做法进行全产业全场景推广，深入总结和传播其在生物多样性保护方面的经验和成果，不仅为整个行业生物多样性保护提供了丰富的实践素材，同时提升了相关利益方及公众对生物多样性保护的意识，让更多的人了解到企业在生物多样性保护中的责任和作用。此外，公司经营的千岛湖华美胜地入选"生物多样性 100 + 全球典型案例"，向国际社会展示了中国企业在全球生物多样性保护中的积极贡献。

　　随着全球环境问题的日益严峻，生物多样性保护需要政府、企业、社会组织和公众的共同努力。企业不仅要关注自身运营过程中的生物多样性保护，还要通过供应链管理等手段，带动上下游企业共同参与。本书基于生物多样性的基础理论与技术方法的系统研究，全面总结国内外企业生物多样性保护研究实践进展，梳理分析了国内外企业生物多样性保护的典型案例及经验做法，在此基础上构建了企业生物多样性保护的基本理论和方法体系。结合中国绿发主责主业及发展特征，总结评估了公司生物多样性保护工作基础与短板不足，针对性制定了公司生物多样性保护的目标任务，并选取企业主营产业的典型项目，从项目场地实际出发，分析项目开发运营与生物多样性的依赖与影响关系，因地制宜探索项目尺度采取生物多样性保护的具体措施和管理模式。希望本书能为更多的企业采取生物多样性保护行动提供理论依据和实践参考，携手各方共同推动全球生物多样性保护事业的发展，为构建人与自然和谐共生的美好未来贡献更多力量。

参考文献

Albrecht A，Schumacher J，Wende W，et al.，2014. The German impact-mitigation regulation—a model for the EU's no-net-loss strategy and biodiversity offsets？[J]. Environ Policy Law，44（3）：317-325.

American Wind Wildlife Institute（AWWI），2019. Wind turbine interactions with wildlife and their habitats：a summary of research results and priority questions[EB/OL]. Washington DC，USA：American Wind Wildlife Institute. https：//awwi.org/wp-content/uploads/2017/07/AWWI-Wind-WildlifeInteractions-Summary-June-2017.pdf.

Andalaft R E，2019. Corporate social responsibility in the electricity sector in Brazil[R/OL]//Stehr C，Dziatzko N，Struve F. Corporate social responsibility in Brazil：the future is now. Springer，Cham，149-172. http：//dx.doi.org/10.1007/978-3-319-90605-87.

Anna C F A，Fabio R S，Reinaldo L B，et al.，2023. Business，biodiversity，and innovation in Brazil[J]. Perspectives in Ecology and Conservation，21（1）：6-16.

Annie B D，John C，Lisa M M，et al.，2014. Seasonal distribution and abundance of cetaceans off Southern California estimated from CalCOFI cruise data from 2004 to 2008[J]. Fishery Bulletin，112：197-220.

Apostolopoulou E，Adams W M，2019. Cutting nature to fit：urbanization，neoliberalism and biodiversity offsetting in England[J]. Geoforum，98：214-225.

Armstrong A，Waldron S，Whitaker J，et al.，2014. Wind farm and solar park effects on plant-soil carbon cycling: Uncertain impacts of changes in ground-level microclimate[J].Global Change Biology，20（6）：1699-1706.

Arnett E B，Brown W K，Erickson W P，et al.，2008. Patterns of bat fatalities at wind energy facilities in North America[J]. Journal of Wildlife Management，72（1）：61-78.

Ashraf U，Morelli T L，Smith A B，et al.，2024. Aligning renewable energy expansion with climate-driven range shifts[J]. Nature Climate Change，14：242-246.

Avise J C，Hamrick J L，1996. Conservation genetics：case histories from nature[M]. Chapman & Hall，New York.

Baidya R S，2011. Simulating impacts of wind farms on local hydrometeorology[J]. Journal of Wind Engineering and Industrial Aerodynamics，99（4）：491-498.

Baidya R S，Pacala S W，Waiko R L，2004. Can large wind farms affect local meteorology？[J]. Journal of geophysical research，109：D19101.

Balmford A，Bruner A，Cooper P，et al.，2022. Economic reasons for conserving wild nature[J]. Science，

297：950-953.

Barbier E B，Burgess J C，Folke C，1994. Paradise lost[M]. Earthscan Publiscation Ltd.

Barclay R，Baerwald E，Rydell J，2017. "Bats"[M]//Wildlife and wind farms—conflicts and solutions. Volume 1. Exeter，UK：Pelagic Publishing.

Bateman I J，Coombes E，Fitzherbert E，2015. Conserving tropical biodiversity via market forces and spatial targeting[J]. Proc. Natl. Acad. Sci. U. S. A. 112：7408-7413. http：//dx.doi.org/10.1073/pnas.1406484112.

Baur B，Zschokke S，Coray A，et al.，2002. Habitat characteristics of the endangered flightless beetle Dorcadion fuliginator（Coleoptera：Cerambycidae）：implications for conservation[J]. Biological Conservation，105（2）：133-142.

Bennun L，van Bochove J，Ng C，et al.，2021. Mitigating biodiversity impacts associated with solar and wind energy development[R]. Guidelines for project developers.Gland，Switzerland：IUCN and Cambridge，UK：The Biodiversity Consultancy.

Bercstrom L，Kautsky L，Malm T，et al.，2014. Effects of offshore wind farms on marine wildlife—a generalized impact assessment[J].Environmental Research Letters，9（3）：2033-2053.

Berkes F，Hughes T P，Steneck J A，et al.，2006. Globalization，roving bandits，and marine resources[J]. Science，311：1557-1558.

Bhattacharya M，Primack R B，Gerwein J，2003. Are roads and railroads barriers to bumblebee movement in a temperate suburban conservation area？[J]. Biological Conservation，109：37-45.

Bishop J，2012. TEEB—the economics of ecosystem and biodiversity in business and enterprise[R]. Earthscan，Routledge，London.

Botkin D，Saxe H，Araujo M，et al.，2007. Forecasting the effects of global warming on biodiversity[J]. BioScience，57（3）：227-236.

Brancalion P H S，Garcia L C，Loyola R，et al.，2016. A critical analysis of the Native Vegetation Protection Law of Brazil（2012）：updates and ongoing initiatives[R/OL]. Nat. Conserv. 14：1-15. http：//dx. doi.org/10.1016/j.ncon.2016.03.003.

Brondizio E S，Settele J，Díaz S，2019. Global assessment report on biodiversity and ecosystem services of the Intergovernmental Science-Policy Platform on Biodiversity and Ecosystem Services[R]. IPBES secretariat，Bonn，Germany.

Burgman M A，Keith D，Hopper S D，et al.，2007. Threat syndromes and conservation of the Australian flora[J]. Biological Conservation，1，134（1）：73-82.

CBD，2010. Decision adopted by the conference of the parties to the Convention on Biological Diversity at its tenth meeting X/2[R]//The Strategic Plan for Biodiversity 2011-2020 and the Aichi Biodiversity Targets，10th Conference of the Parties，Nagoya，Japan.

CBD，2016. The Cancun declaration on mainstreaming the sustainable use and conservation of biodiversity for well-being[R]//13th Conference of the Parties，Cancun，Mexico.

CBD，2018. Decision adopted by the conference of the parties to the Convention on Biological

Diversity[R]//Mainstreaming of Biodiversity in the Energy and Mining, Infrastructure, Manufacturing and Processing Sectors. CBD/COP/DEC/14/3. 14th Conference of the Parties, Sharm El-Sheikh, Egypt.

CBD, 2020. Global Biodiversity Outlook 5[R].

CBD, 2022. Kunming-Montreal Global Biodiversity Framework[R].

Cleland E E, Chuine I, Menzel A, et al., 2007. Shifting plant phenology in response to global change[J]. Trends in Ecology & Evolution, 22（7）: 357-36.

Clewell A F, Aronson J, 2006. Motivations for the restoration of ecosystems[J]. Blackwell Publishing Inc,（2）. DOI: 10.1111/J.1523-1739.2006.00340.X.

Cohen M L, 2004. Silence on the issue of our time[J]. Environmentalist, 24: 255-261.

Daily G C, 1997. Nature's services: societal dependence on Natural Ecosystems[M]. Island Press, Washington.

Darrah S E, Shennan-Farpón Y, Loh J, et al., 2019. Improvements to the Wetland Extent Trends（WET） index as a tool for monitoring natural and human-made wetlands[R].

Dasgupta P, 2021. The economics of biodiversity: the Dasgupta review[R]. HM Treasury.

DEFRA, 2014. Review of biodiversity offsetting in Germany[R].

Dennison S M, 2007. Interpersonal relationships and stalking: Identifying when to intervene[J]. Law and Human Behavior, 31, 353-367.

Dias A M S, Fonseca A, Paglia A P, 2019. Technical quality of fauna monitoring programs in the environmental impact assessments of large mining projects in southeastern Brazil[J/OL]. Sci. Total Environ., 650: 216-223. http: //dx.doi.org/10.1016/j.scitotenv.2018.08.425.

Diaz S, Demissew S, Carabias J et al., 2015. The IPBES conceptual framework—connecting nature and people[J]. Current Opinion in Environmental Sustainability, 14: 1-16.

Didderen K, Lengkeek W, Kamermans P, et al., 2019. Pilot to actively restore native oyster reefs in the North Sea: comprehensive report to share lessons learned in 2018[R/OL]. Bureau Waardenburg. https: //www. ark.eu/sites/default/files/media/Schelpdierbanken/Report_Borkumse_Stenen.pdf.

Doney S C, Schimel D S, 2007. Carbon and climate system coupling on timescales from the Precambrian to the Anthropocene[J]. Annu Rev Env Resour, 32: 31-66.

Drewitt A L, Langston R H W, 2006. Assessing the impacts of wind farms on birds[J]. Ibis, 148（S1）: 29-42.

Ehrlich P R, Ehrlich A H, 1992. The value of biodiversity[J]. Ambio, 21: 219-226.

EU, 2020. Biodiversity strategy for 2030[EB/OL]. https: //environment.ec.europa.eu/strategy/ biodiversity-strategy-2030_en.

Farina A, 1998. Principles and methods in landscape ecology[M]. London: Chapman& Hall: 46-58.

Ferrão da Costa G, Paula J, Petrucci-Fonseca F et al., 2018. The indirect impacts of wind farms on Terrestrial Mammals: insights from the disturbance and exclusion effects on wolves（canis lupus）[M]//Mascarenhas M, Marques A T, Ramalho R, et al. Biodiversity and wind farms in Portugal: current knowledge and insights for an integrated impact assessment process. Cham, Switzerland: Springer International Publishing, 111-134. https: //doi.org/10.1007/978-3-319-60351-3_5.

Francis A R，Chadwick A M，2012. What makes a species synurbic？[J].Applied Geography，32：514-521.

Frankham R，1995. Conservation genetics[J]. Annual Review of Genetics，29：305-327.

Gonçalves B，Marques A，Soares A M V M，et al.，2015. Biodiversityoffsets：from current challenges to harmonized metrics[J/OL]. Curr. Opin. Environ. Sustain. 14：61-67. http：//dx.doi.org/10.1016/j.cosust.2015.03.008.

Graham N A J, Wilson S K, Jennings S, et al., 2007. Lag effects in the impacts of mass coral bleaching on coral reef fish，fisheries，and ecosystems[J]. Conservation Biology，21：1291-1300.

Grill G，Lehner B，Thieme M，et al.，2019. Mapping the world's free-flowing rivers[J/OL]. Nature，569（7755）：215-221. https：//doi.org/10.1038/s41586-019-1111-9.

Groom M J，Meffe G K，Carroll C R，2006. Principles of Conservation Biology[M]. 3rd. Sinauer Associates，Sunderland，MA.

Guerranti R，Aguiyi J C，Ogueli I G，et al.，2004. Protection of mucuna pruriens seeds against echis carinatus venom is exerted through a multiform glycoprotein whose oligosaccharide chains are functional in this role[J]. Biochemical and Biophysical Research Communications，323（2）：484-490.

Guiller C，Affre L，Deschamps-Cottin M，et al.，2017.Impacts of solar energy on butterfly communities in Mediterranean agro-ecosystems[J].Environmental Progress & Sustainable Energy，36（6）：1817-1823.

Haegen W M V，2007. Fragmentation by agriculture influences reproductive success of birds in a shrubsteppe landscape[J]. Ecological Applications，17（3）：934-947.

Hale J D，Sadler J，2012. Resilient ecological solutions for urban regeneration[J]. Proceedings of the Institution of Civil Engineers - Engineering Sustainability，（165）：59-68.

Hanski I，1999. Metapopulation ecology[M]. New York：Oxford University Press.

Harrison S，1994. Metapopulation and conservation[C]//Large-scale ecology and conservation biology. The 35th Symposium of the British Ecological Society with the Society for Conservation Biology University of Southampton，111-128.

Herity J，Melanson R，Richards T，et al.，2018. Global business practices for mainstreaming biodiversity[J]. Biodivers，19（3-4）：20.

Holdren J P，Ehrlich P R，1974. Human population and the global environment：population growth，rising per capita material consumption，and disruptive technologies have made civilization a global ecological force[J]. American Scientist，62：282-292.

Horváth G，Blahó M，Egri Á，et al.，2010. Reducing the maladaptive attractiveness of solar panels to polarotactic insects[J/OL]. Conservation Biology 24（6）：1644-1653. https：//doi.org/10.1111/j.1523-1739.2010.01518.x.

Hull C L，Stark E M，Eruzzo S P，et al.，2013. Avian collisions at two wind farms in Tasmania，Australia：Taxonomic and ecological characteristics of colliders versus noncolliders[J]. New Zealand Journal of Zoology，40（1）：47-62.

IEA，2021. Net zero by 2050：a roadmap for the global energy sector[R].

IPBES，2018. The IPBES assessment report on land degradation and restoration[R].

IPBES，2019. Summary for policymakers of the global assessment report on biodiversity and ecosystem services of the Intergovernmental Science-Policy Platform on Biodiversity and Ecosystem Services[R].

IRP，2021. Building biodiversity: the natural resource management approach[R]. International Resource Panel, United Nations Environment Program，Paris，France.

IUCN，2004. Red List of threatened species: a global species assessment[M]. Thanet Press Limited，Margate, UK.

IUCN，2020. The IUCN red list of threatened species[R/OL]. https: //www.iucnredlist.org.

Jeal C，Perold V，Ralston-Paton S，et al.，2019. Impacts of a concentrated solar power trough facility on birds and other wildlife in South Africa[J/OL]. Ostrich，90（2）: 129-137. https: //doi.org/ 10.2989/ 00306525. 2019.1581296.

Joos F，Spahni R，2008. Rates of change in natural and anthropogenic radiative forcing over the past 20 000 years[J]. P Natl Acad Sci USA，105（5）: 1425-1430.

Kikuchi R，2008. Adverse impacts of wind power generation on collision behaviour of birds and anti-predator behaviour of squirrels[J]. Journal for Nature Conservation，16（1）: 44-55.

Knight-Lenihan S，2020. Achieving biodiversity net gain in a neoliberal economy: The case of England[J]. Ambio，49（12）: 1-9.

Kosciuch K，Riser-Espinoza D，Gerringer M，2020. A summary of bird mortality at photovoltaic utility scale solar facilities in the Southwestern U.S.[J/OL]. PLos One，15（4）: e0232034. https: //doi.org/ 10.1371/journal.pone.0232034.

Lampila P，Mnkknen M，André D，2005. Demographic responses by birds to forest fragmentation[J]. Conservation Biology，19: 1537-1546.

Levins R，1969. Some demographic and genetic consequences of environmental heterogeneity for biological control[J]. Bulletin of the Entomological Society of America，15（3）: 237-240.

Li S P，Wang P D，Chen Y J，et al.，2020. Island biogeography of soil bacteria and fungi: similar patterns, but different mechanisms[J]. The ISME Journal，14（7）: 1886-1896.

Liekens I，Schaafsma M，De Nocker L，et al.，2013. Developing a value function for nature development and land use policy in Flanders，Belgium[J]. Land Use Policy，30（1）: 549-559.

Lindeboom H，Jkouwenhoven H J，Bergman M J N，et al.，2001. Short-term ecological effects of an offshore wind farm in the Dutch coastal zone: a compilation[J]. Environmental Research Letters，6（3）: 35-101.

Luniak M，2004. Synurbization-adaptation of animal wildlife to urban development[C] // Shaw W W，et al. Proceedings 4th International Urban Wildlife Symposium: 50-55.

Malcolm J R，Liu C，Neilson R P et al.，2006. Global warming and extinctions of endemic species from biodiversity hotspots[J]. Conservation Biology，20（2）: 538-548. DOI: 10.1111/J.1523-1739.2006. 00364.X.

Manyika J，Birshan M，Smit S，2021. A new look at how corporations impact the economy and households[R/OL]. McKinsey Global Institute. [2022-08-03]. https：//www.mckinsey.com/business functions/strategy-and-corporate-finance/our-insights/a-new-look-at-howcorporations-impact-the-economy-and-households.

Marco-Fondevila M，Álvarez-Etxeberría I，2023. Trends in private sector engagement with biodiversity：EU listed companies' disclosure and indicators[J]. Ecological Economics，210.

Maria T, Amod Z, Harshal B, 2018. Wind farms have cascading impacts on ecosystems across trophic levels[J]. Nature Ecology & Evolution，（2）：1854-1858.

Marques A T，Batalha H，Rodrigues S，et al.，2014. Understanding bird collisions at wind farms：An updated review on the causes and possible mitigation strategies[J]. Biological Conservation，179：40-52.

Marques A T，Santos C D，Hanssen F，2019. Wind turbines cause functional habitat loss for migratory soaring birds[J/OL]. Journal of Animal Ecology. https：//doi.org/10.1111/1365-2656.12961.

Martinez-Cillero R，et al.，2023. Functional connectivity modelling and biodiversity Net Gain in England：Recommendations for practitioners[J]. Journal of Environmental Management，328：116857-116857.

Martín-López B，Montes C，Benayas J，2007. The non-economic motives behind the willingness to pay for biodiversity conservation[J]. Biological Conservation，139：67-82.

May R M，Allen P M，1976. Stability and complexity in model ecosystems[J]. IEEE Transactions on Systems，Man，Cybernetics，6（12）：887-897.

McNeely J A，Miller K R，Reid W V，et al.，1994. Conserving the world biological diversity[M]. Cambridge：IUCN.

MEA，2005. Ecosystems and human well-being：biodiversity synthesis：Scenarios，ecosystems and human well-being[M]. World Resources Institute，Island Press，Washington，DC.

Meissner N，2013. The incentives of private companies to invest in protected area certificates：how coalitions can improve ecosystem sustainability[J/OL]. Ecol. Econ. 95：148-158. http：//dx.doi.org/ 10.1016/ j.ecolecon. 2013-08-15.

Milner-Gulland E J，Addsion P，Arlidge William N S，et al.，2021. Four steps for the Earth：mainstreaming the post-2020 global biodiversity framework[J]. One Earth，4（1）：75-87.

NcNeely J A，2003. Biodiversity and cultural diversity helex[C]. Darwin. International Symposium on Biodiversity and Human Health. Taichung，Taiwan.

Oliveira R K，Andreoli C V，Cavalcante P M，2019. Curbing corruption in Brazilian environmental governance：a collective action and problem-solving approach[R/OL]//Stehr C，Dziatzko N，Struve F. Corporate social responsibility in Brazil：the future is Now. Springer，Cham，213-240. http：//dx.doi. org/10.1007/978-3-319-90605-810.

Parmesan C，2006. Ecological and evolutionary responses to recent climate change[J]. Annual Review of Ecology，Evolution，and Systematics，37：637-669.

Pathways for the spread of IAS are generally applicable to all types of constr-uction projects[Z]. For some examples，see IPIECA & OGP（2010）.

Pearce D W, 1995. Blueprint 4: Capturing global environmental value[M] .London: Earthscan.

Pearce D W, Markandya A, Barbier E B, 1989. Blueprint for a Green Economy[M]. London: Earthscan.

Pearce D W, Moran D, 1994. The economic value of biodiversity[M]. Cambridge: 12-13.

Perold V, Ralston-Paton S, Ryan P, 2020. On a collision course? The large diversity of birds killed by wind turbines in South Africa[J/OL]. Ostrich, 91 (3): 228-239. https: //doi.org/10.2989/ 00306525. 2020.1770889.

Peter L E, 2007. Bioprospecting the bibleome: adding evidence to support the inflammatory basis of cancer[C]//World high technology society.conference abstract book of BIT's 10th annual world cancer congress 2017.

Relyea R A, 2006. The impact of insecticides and herbicides on the biodiversity and productivity of aquatic communities[J]. Ecological Applications, 16: 2027-2034.

REN21, 2022. Renewables 2022: Global status report[R/OL]. https: //www.ren21.net/wp-content/uploads/ 2019/05/GSR2022_Full_Report.pdf.

Ring I, Hansjürgens B, Elmqvist T, et al., 2010. Challenges in framing the economics of ecosystems and biodiversity: the TEEB initiative[J]. Current Opinion in Environmental Sustainability, 2: 15-26.

Scarano F R, Aguiar A C F, Mittermeier R A, et al., 2021. Megadiversity[R/OL]//Scheiner, S. Encyclopaedia of Biodiversity 3. Reference Module in LifeSciences. Elsevier, Amsterdam. http: //dx.doi.org/10.1016/ B978-0-12-822562-2.00013-X.

Secretariat of CBD, April, 1998. Convention on biological diversity[M]. ICAO, Canada.

Silva J M C, Pinto L P, Scarano F R, 2021. Toward integrating private conservationlands into national protected area systems: lessons from a megadiversitycountry[J/OL]. Conserv. Sci. Pract. 3: e433. http: //dx. doi.org/ 10.1111/csp2.433.

Silva M, Passos I, 2017. Vegetation[R/OL]//M. R. Perrow. Wildlife and wind farms—conflicts and solutions, Volume 1 Onshore: Potential Effects, Chapter 3., Vol. 1. Exeter, UK: Pelagic Publishing.

Smit H A, 2012. Guidelines to minimise the impact on birds of Solar Facilities and Associated Infrastructure in South Africa[R/OL]. Johannesburg, South Africa: BirdLife South Africa. BirdLife South Africa. http: //the-eis.com/elibrary/sites/default/files/downloads/literature/Solar%20guidelines_ version2.pdf.

Soares-Filho B, Rajao R, Macedo M, et al., 2014. Cracking Brazil's Forest Code[J/OL]. Science, 344: 363-364. http: //dx.doi.org/10.1126/science.1246663.

Soares-Filho B, Rajão R, Merry F, et al., 2016. Brazil's market for trading forest certificates[J/OL]. PLoS One, 11 (4): e0152311. http: //dx.doi.org/10.1371/journal.pone.0152311.

Soberon J, Peterson AT, 2005. Interpretation of models of fundamental ecological niches and species' distributional areas[J]. Biodiversity Informatics, 2: 1-10.

Song W, Deng X, 2017. Land-use/land-cover change and ecosystem service provision in China[J]. Science of the Total Environment, 576: 705-719.

Soule M E, 1980. Thresholds for survival: maintaining fitness and evolutionary potential[A]// Soule M E,

Wilcox B A. Conservation biology. Sinauer Associates，Sunderland MA.，111-124.

Sovacool B K，2009. Contextualizing avian mortality：A preliminary appraisal of bird and bat fatalities from wind，fossil-fuel，and nuclear electricity[J]. Energy Policy，37（6）：2241-2248.

Sukhdev P，2012. The corporate climate overhaul[J/OL]. Nature，486：27-28. http：//dx.doi.org/10.1038/486027a.

Sullivan S，Hannis M，2015. Nets and frames，losses and gains：value struggles in engagements with biodiversity offsetting policy in England[J]. Ecosyst Serv，15：162-173.

Tallis，et al.，2008. An ecosystem services framework to support both practical conservation and economic development[J]. Proceedings of the National Academy of Sciences，105（28）：9457-9464.

Taubert F，Fischer R，Groeneveld J，et al.，2018. Global patterns of tropical forest fragmentation[J/OL]. Nature，554（7693）：519-522. https：//doi.org/10.1038/nature25508.

Tinsley E，Froidevaux J S P，Zsebők S，et al.，2023. Renewable energies and biodiversity：Impact of ground-mounted solar photovoltaic sites on bat activity[J]. Journal of Applied Ecology，60：1752-1762.

Turner K，1991. Economics and wetland management[J]. Ambio，20（2）：59-61.

UNEP，2021. Making peace with nature：a scientific blueprint to tackle the climate，biodiversity and pollution emergencies[R/OL]. https：//www.unep.org/resources/ making-peace-nature.

University of Cambridge Institute for Sustainability Leadership（CISL），2020. Measuring business impacts on nature：A framework to support better stewardship of biodiversity in global supply chains[R]. Cambridge，UK：University of Cambridge Institute for Sustainability Leadership.

Vieira R R S，Pressey R L，Loyola R，2019. The residual nature of protected areas in Brazil[J]. Biol. Conserv. 233：152-161. http：//dx.doi.org/10.1016/j.biocon.2019.02.010.

Vieira R R S，Ribeiro B R，Resende F M，et al.，2018. Compliance to Brazil's forest code will not protect biodiversity and ecosystem services[J/OL]. Divers. Distrib，24：434-438. http：//dx.doi.org/10.1111/ddi.12700.

Vitousek P M，1994. Beyond global warming：ecology and global change[J]. Ecology，10，75（7）：1861-1876.

Vitousek P M，Mooney H A，Jane L，et al.，1997. Human domination of earth's ecosystems[J]. Science，277（5325）：494-499.

Warren S D，Büttner R，2014. Restoration of heterogeneous disturbance regimes for the preservation of endangered species[J]. Ecological Restoration，32：189-196.

WCED，1987. Our common future[M]. Oxford University Press.

WEF，2020. The future of nature and business[R]. World Economic Forum，Geneva.

Wilhelmsson D，Malm T，2008. Fouling assemblages on offshore wind power plants and adjacent substrata[J]. Estuarine，Coastal and Shelf Science，79（3）：459-466.

IPCC，2007. 气候变化 2007：综合报告[R]//政府间气候变化专门委员会第四次评估报告第一、第二和第三工作组的报告.

IPCC，2021. 决策者摘要[R]//政府间气候变化专门委员会第六次评估报告第一工作组报告——气候变化

2021：自然科学基础.

IUCN，2023. 致力于保护地球的联合倡议-利用创新计划和数字解决方案　实现公平有效的区域自然保护[R].

IUCN-WCPA OECMs，2022. 其他有效的区域保护措施识别与报告指南[R].

Olausson U，2009. 全球变暖——全球责任？集体行动和科学确定性的媒体框架. 公众能听懂[J]. 科学通报，18（4），421-436.

Richard B P，马克平，2009. 保护生物学简明教程（中文版）[M]. 4 版. 北京：高等教育出版社.

WRI，et al.，1992. 全球生物多样性策略[M]. 马克平，等译. 北京：中国标准出版社.

艾婧文，余坤勇，黄茹鲜，等，2023. 风电项目对潜在生态廊道的影响——基于 MSPA-MCR 模型[J]. 生态学报，43（9）：3665-3676.

陈灵芝，马克平，2001. 生物多样性科学：原理与实践[M]. 上海：上海科学技术出版社.

邓茗文，2022. 推动中国企业更好参与生物多样性保护[J]. 可持续发展经济导刊，（11）：45-46.

邓启明，张秋芳，周曙东，2005. 外来有害生物入侵的基本原理与管理规则[J]. 农村经济，（5）：104-106.

地球观察，IUCN & WBCSD，2002. 商业与生物多样性[Z/OL]. 企业行动手册. http：//www. wbcsd.org/pages/ edocument/edocumentdetails.aspx？id=26.

杜金，2023. ESG 投资与生物多样性保护[J]. 可持续发展经济导刊，（Z2）：36-39.

杜乐山，李俊生，刘高慧，等，2016.生态系统与生物多样性经济学（TEEB）研究进展[J]. 生物多样性，24（6）：686-693.

傅伯杰，陈利顶，1996. 景观多样性的类型及其生态意义[J]. 地理学报，（5）：454-462.

傅伯杰，陈利顶，马克明，等，2001. 景观生态学原理及应用[M]. 北京：科学出版社：27.

付允等. 低碳城市的发展路径研究[J].科学对社会的影响 2008（2）：5－10.

干靓，2018. 城市建成环境对生物多样性的影响要素与优化路径[J]. 国际城市规划，33（4）：67-73.

高漫娟，毛开泽，黄郑雯，等，2021.基于生物多样性保护的生态旅游研究进展[J]. 西部林业科学，50（5）：36. DOI：10.16473/j.cnki.xblykx1972.2021.05.006.

高晓清，杨丽薇，吕芳，等，2016. 光伏电站对格尔木荒漠地区空气温湿度影响的观测研究[J]. 太阳能学报，37（11）：2909-2915. DOI：10.19912/j.0254-0096.2016.11.027.

高晓清，杨丽薇，吕芳，等，2016.光伏电站对格尔木荒漠地区土壤温度的影响研究[J]. 太阳能学报，37（6）：1439-1445.

国务院新闻办公室，2021a. 中国的生物多样性保护白皮书[EB/OL]. 北京. http：//www. scio. gov. cn/ztk/dtzt/44689/47139/index. htm.

国务院新闻办公室，2021b. 中国应对气候变化的政策与行动[J]. 资源与人居环境，23：46-49.

韩兴国，1994. 岛屿生物地理学与生物多样性保护[C]//中国科学院生物多样性委员会. 生物多样性研究的原理和方法. 北京：中国科学技术出版社，83-103.

何友均，李忠，崔国发，等，2004. 濒危物种保护方法研究进展[J]. 生态学报，（2）：338-346.

何则，赵勇强，袁婧婷. 2021. 生态环境友好型风电场规划管理的国际经验与政策启示[J]. 中国能源，43（12）：74-82.

胡韧，叶锦韶，戚永乐，2021. 海上风电场对鸟类的影响及其危害预防[J]. 南方能源建设，8（3）：1-7. DOI：10.16516/j.gedi.issn2095-8676，2021.03.001.

湖州市人民政府，2022. 金融支持生物多样性保护的实施意见[Z].

黄宏文，张征，2012. 中国植物引种栽培及迁地保护的现状与展望[J]. 生物多样性，20（5）：559-571.

黄曼姝，2021. 英国 BREEAM New Construction 绿色建筑评价体系研究——以 UCL 学生中心为例[J]. 中国建筑装饰装修，222（6）：116-117.

惠苍，李自珍，韩晓卓，等，2004. 集合种群的理论框架与应用研究进展[J]. 西北植物学报，3：551-557.

蒋志刚，马克平，韩兴国，1997. 保护生物学[M]. 杭州：浙江科学技术出版社.

雷洋，他维媛，马学礼，等，2019. 光热发电基地规划环评关键问题研究[C]//中国环境科学学会环境工程分会. 中国环境科学学会 2019 年科学技术年会——环境工程技术创新与应用分论坛论文集（一）.《工业建筑》杂志社有限公司，351-354，240. DOI：10.26914/c.cnkihy，2019.071122.

李国庆，张春华，张丽，等，2016. 风电场对草地植被生长影响分析——以内蒙古灰腾梁风电场为例[J]. 地理科学，36（6）：959-964.

李京梅，张慧敏，王娜，2023. 生物多样性产品价值实现的路径与制度安排——国外生物多样性银行经验借鉴与启示[J]. 生态学报，43（1）：198-207.

李少华，高琪，王学全，等，2016. 光伏电厂干扰下高寒荒漠草原区植被和土壤变化特征[J]. 水土保持学报，30（6）：325-329. DOI：10.13870/j.cnki.stbcxb，2016.06.054.

李文华，2013. 中国当代生态学研究·生物多样性保育卷[M]. 北京：科学出版社.

李晓文，胡远满，肖笃宁，1999. 景观生态学与生物多样性保护[J]. 生态学报，（3）：111-119.

李子豪，刘雨晗，2021. 城市生态社区——规划框架与设计策略[J]. 城市建筑，18（25）：54-58. DOI：10.19892/j.cnki.csjz，2021.25.10.

联合国，2017. 企业与生物多样性承诺书[Z].

刘桂林，张落成，张倩，2014. 长三角地区土地利用时空变化对生态系统服务价值的影响[J]. 生态学报，34（12）：3311-3319.

刘海鸥，张风春，赵富伟，等，2020. 从《生物多样性公约》资金机制战略目标变迁解析生物多样性热点问题[J]. 生物多样性，28（2）：244-252.

刘敏华，2018. 环境条件对光伏支架基础形式的影响及应对策略[J]. 中国工程咨询，2018（6）：85-89.

刘鹏，承勇，韩卫杰，等，2022. 自然保护区生态旅游建设项目对生物多样性影响评价研究——以江西婺源森林鸟类国家级自然保护区为例[J]. 自然保护地，2（2）：74-81.

刘世荣，马姜明，缪宁，2015. 中国天然林保护、生态恢复与可持续经营的理论与技术[J]. 生态学报，35（1）：212-218.

刘万军，魏富道，尹航，等，2021. 太阳能光热发电站环境影响因素分析及环境保护措施[J]. 环境保护与循环经济，41（12）：95-97.

刘怡，2020. 光伏电站对晋北两种典型退化生态系统的影响[D]. 太原：山西财经大学. DOI：10.27283/d.cnki.gsxcc，2020.000066.

娄希祉，李胜琳，1992.《生物多样性公约》简介[J]. 作物品种资源，（4）：1-2.

卢悦衡；彭容胜，2012. 旅游相关生物多样性保护政策的探究[J]. 中国商贸，（8）：147-148.

罗明，张丽荣，杨崇曜，等，2023. 利用基于自然的解决方案促进生物多样性保护[J]. 广西植物，43（8）：1366-1374.

马克平，1993. 试论生物多样性的概念[J]. 生物多样性，1（1）：20-22.

马克平，2023.《昆明-蒙特利尔全球生物多样性框架》是重要的全球生物多样性保护议程[J]. 生物多样性，31（4）：5-6.

孟锐，2022. 民族地区减贫与生物多样性保护协同增效路径研究[D]. 北京：中央民族大学.

孟召宜，沈正平，渠爱雪，等，2015. 文化多样性研究述评与展望[J]. 淮海工学院学报（人文社会科学版），13（4）：74-81.

米文宝，2002. 可持续发展理论的若干问题研究[J]. 宁夏大学学报（自然科学版），23（3）：285-288.

欧文·戈夫曼（E. Goffman），2023. 框架分析：经验组织论[M]. 杨鑫，姚文苑，南塬飞雪，译. 北京：北京大学出版社.

普华永道，2010. 生物多样性与商业风险. 全球风险网络简报[R]. 世界经济论坛，http://www.pwc.co.uk/assets/pdf/wef-biodiversity-and-business-risk.pdf.

钱迎倩，马克平，1994. 生物多样性研究的原理与方法[M]. 北京：中国科学技术出版社：13-36.

屈准，杨肃昌，肖建华，2024. 双碳背景下中国西北地区光伏电站建设现状与潜力分析[J]. 干旱区资源与环境，38（2）：20-26. DOI：10.13448/j.cnki.jalre，2024.025.

全球报告倡议组织，2011. 生态系统服务报告方法[R/OL]. https://www.globalreporting.org/resourcelibrary/Approach-for-reporting-on-ecosystem-services.pdf.

全素，赵乐，2021. 予自然　共绽放——蒙牛推动生物多样性保护的实践观察[J]. 可持续发展经济导刊，（10）：53-54.

瑞典经济部，2012. Eindrapport Taskforce Biodiversiteit[R/OL]. http://www.rijksoverheid.nl/documenten-en-publicaties/rapporten/2012/01/16/rapport-taskforce-biodiversiteit.html.

瑞典经济部，van VROM，2010. Beoordelingskader biodiversiteit[R/OL]. http://www. rijkso verheid. Nl/documentenenpublicaties/小册子/2010/11/26/beoordelingskader-biodiversiteit.html.

瑞典经济部门，2012. TEEB voor bedrifsleve[R/OL]. http://www. rijksoverheid. Nl / documentenenpublicaties/rapporten/2012/06/21/teeb-voor- het-nederlandse-bedrijfsleven. html.

山水自然保护中心，2022. 企业生物多样性信息披露评价报告（2021）[R].

尚玉昌，2000. 普通生态学[M]. 北京：北京大学出版社.

沈浩，刘登义，2001. 遗传多样性概述[J]. 生物学杂志，（3）：4，5-7.

沈天成，2018. 古浪黄花滩沙漠区域光伏发电项目水土保持方案编制探讨[J]. 甘肃科技，34（10）：1-3，12.

生态环境部，2021. 企业环境信息依法披露管理办法[Z].

施懿宸，杨晨辉，2023. 浅析 ESG 视角下企业支持生物多样性发展的重点内容[R/OL]. https：//iigf.cufe.edu.cn/info/1012/8118.htm.

石敏俊，陈岭楠，王金南，2023. 生态产品第四产业的概念辨析与核算框架[J]. 自然资源学报，38（7）：

1784-1796.

苏文，吴霓，章柳立，等，2020. 海上风电工程对海洋生物影响的研究进展[J]. 海洋通报，39（3）：291-299.

孙龙，国庆喜，孙慧珍，2013. 生态学基础[M]. 北京：中国建材工业出版社.

孙儒泳，李博，诸葛阳，等，1993. 普通生态学[M]. 北京：高等教育出版社.

田晓晖，严德卿，陈晓东，等，2020. 工程项目建设对千岛湖国家森林公园的影响及应对策略[J]. 华东森林经理，34（2）：59-62.

涂小松，龙花楼，2015. 2000—2010 年鄱阳湖地区生态系统服务价值空间格局及其动态演化[J]. 资源科学，37（12）：2451-2460.

王爱华，武建勇，刘纪新，2015. 企业与生物多样性：《生物多样性公约》新议题的产生与谈判进展[J]. 生物多样性，23（5）：689-694.

王洪新，胡志昂，1996. 植物的繁育系统，遗传结构和遗传多样性保护[J]. 生物多样性，（2）：32-36.

王虹扬，盛连喜，2004. 物种保护中几个重要理论探析[J]. 东北师大学报（自然科学版），（4）：116-121.

王金南，马国霞，王志凯，等，2021a. 生态产品第四产业发展评价指标体系的设计及应用[J]. 中国人口·资源与环境，31（10）：1-8.

王金南，王志凯，刘桂环，等，2021b. 生态产品第四产业理论与发展框架研究[J]. 中国环境管理，13（4）：5-13.

王金洲，徐靖，李俊生，2022. 在环境影响评价中强化生物多样性评价的建议——基于《生物多样性公约》和国际经验[J]. 环境影响评价，44（3）：12-17. DOI：10.14068/j.ceia，2022.03.003.

王敏，2018. "光伏+扶贫+治沙"互补发展初探[J]. 华北电力大学学报（社会科学版），（3）：1-10. DOI：10.14092/j.cnki.cn11-3956/c，2018.03.001.

王钦，白胤，王伟栋，2020. 国内外绿色社区评价体系对比研究[J]. 建筑与文化，（11）：138-140. DOI：10.19875/j.cnki.jzywh，2020.11.045.

王涛，王得祥，郭廷栋，等，2016. 光伏电站建设对土壤和植被的影响[J]. 水土保持研究，23（3）：90-94. DOI：10.13869/j.cnki.rswc，2016.03.016.

王婷，茹小尚，张立斌，2022. 海上风电对海洋生态环境与海洋生物资源的综合影响研究进展[J]. 海洋科学，46（7）：95-104.

王宇飞，2022. 企业与生物多样性：保护与开发如何两立[J]. 可持续发展经济导刊，（Z1）：94-97.

王祯仪，汪季，高永，等，2019. 光伏电站建设对沙区生态环境的影响[J]. 水土保持通报，39（1）：191-196. DOI：10.13961/j.cnki.stbctb，2019.01.031.

王振刚，2023. 生态环境公益项目如何促进人与自然和谐共生？——以"青山公益自然守护行动"为例[J]. 环境经济，（19）：64-69.

温亚利，2004. 中国生物多样性保护政策的经济分析[D]. 北京：北京林业大学.

邬建国，2000. 景观生态学——格局、过程、尺度与等级[M]. 北京：高等教育出版社：38-51.

吴建国，吕佳佳，2008. 土地利用变化对生物多样性的影响[J]. 生态环境，17（3）：1276-1281.

吴建国，王思雨，巩倩，等，2024. 太阳能利用工程对生态系统、生物多样性及环境的影响与应对[J]. 环境科学研究，37（5）：1055-1070.

徐靖，王金洲，李俊生，2022. 商业界参与生物多样性主流化的进展，路径与建议[J]. 生物多样性，30（11）：34-41.

许申来，陈利顶，陈忱，等，2008. 管道工程建设对沿线地区农业土壤养分的影响——以西气东输冀宁联络线为例[J]. 农业环境科学学报，（2）：627-635.

许燕华，钱谊，陈雁，等，2010. 东沙沙洲离岸潮间带风电场建设对鸟类的影响[J]. 环境监测管理与技术，22（2）：19-23.

薛达元，2013. 实现《生物多样性公约》惠益共享目标的坚实一步：中国加入《名古屋议定书》的必然性分析[J]. 生物多样性，21（6）：637-638.

薛达元，2020. 全球生物多样性保护中的中国智慧[J]. 可持续发展经济导刊，10：25-28.

薛亚东，李佳，李迪强，2021. 近40年野骆驼历史分布区土地利用变化及生境破碎化驱动因素[J]. 生态学报，41（20）：7965-7973.

杨丽薇，高晓清，吕芳，等，2015. 光伏电站对格尔木荒漠地区太阳辐射场的影响研究[J]. 太阳能学报，36（9）：2160-2166.

叶万辉，2002. 生态系统健康与生物多样性[J]. 生态科学，21（3）：279-283.

殷格非，陈伟征，杨时惠，2022a. 企业贡献生物多样性的中国实践[M]. 北京：中国环境出版集团.

殷格非，管竹笋，林波，2022b. 金蜜蜂中国企业社会责任报告研究（2022）[M].北京：社会科学文献出版社.

余冬梅，王建萍，陈亮，等，2022. 察尔汗盐湖区生物种类调查及评价[J]. 盐湖研究，30（2）：27-41.

于志宏，2023. 企业通向可持续发展的4条价值曲线[J]. 可持续发展经济导刊，（1）：1.

翟波，高永，党晓宏，等，2018. 光伏电板对羊草群落特征及多样性的影响[J]. 生态学杂志，37（8）：2237-2243. DOI：10.13292/j.1000-4890，2018.08.029.

詹晓芳，马丽，陆志强，2021. 海上风电场对大型底栖生物影响[J]. 生态学杂志，40（2）：586-592，1415.

张大勇，雷光春，Hanski I，1999. 集合种群动态：理论与应用[J]. 生物多样性，7（2）：81-91.

张风春，方菁，殷格非，2014. 企业参与生物多样性的问题，现状与路径[J].WTO经济导刊，（11）：71-75.

张风春，刘文慧，李俊生，2015. 中国生物多样性主流化现状与对策[J]. 环境与可持续发展，40（2）：13-18.

张剑智，赵海军，王燕之，等，2011. 联合国生态系统与生物多样性经济学研究对我国的启示[J]. 环境保护，39（21）：68-70. DOI：10.14026/j.cnki.0253-9705，2011.21.005.

张丽荣，罗明，朱振肖，等，2023.《昆明-蒙特利尔全球生物多样性框架》指引下中国生物多样性主流化实施路径探析[J]. 广西植物，43（8）：1356-1365.

张丽荣，孟锐，路国彬，2013. 光核桃遗传资源的经济价值评估与保护[J]. 生态学报，33（22）：7277-7287.

张世朋，赵一飞，刘晴，等，2022. 基于CiteSpace分析的海上风电开发对生态环境影响研究[J]. 南京师范大学学报（自然科学版），45（4）：66-73.

张颖，黄婷婷，胡骞，等，2022. 基于鸟类多样性提升的社区公园生境营造策略探析[J]. 中国园林，38

（3）：106-111. DOI：10，19775/j. cla, 2022. 03. 0106.

张芝萍，尚雯，王祺，等，2020. 河西走廊荒漠区光伏电站植物群落物种多样性研究[J]. 西北林学院学
报，35（2）：190-196，212.

赵淑清，方精云，雷光春，2001. 物种保护的理论基础——从岛屿生物地理学理论到集合种群理论[J]. 生
态学报，21（7）：1171-1179.

赵阳，李宏涛，2022. 企业生物多样性信息披露：调查、分析与建议[J]. 生物多样性，30（11）：27-33.

赵阳，温源远，杨礼荣，等，2018. 推动中国企业参与《生物多样性公约》全球伙伴关系的机制建设[J].
生物多样性，26（11）：1249-1254.

中央财经大学绿色金融国际研究院，2022. 企业生物多样性信息披露研究[R/OL]. https：//iigf. cufe. edu.
cn/system/_content/download. jsp？owner=1667460506&wbfileid=11640510.

周方冶，2021. “两山论”：推进全球生物多样性保护的中国经验[J]. 当代世界，（11）：28-33.

周宏春，2023. ESG 内涵演进，国际推动与我国发展的建议[J]. 金融理论探索，（5）：3-12. DOI: 10. 16620/j.
cnki. jrjy，2023. 05. 001.

周茂荣，王喜君，2019. 光伏电站工程对土壤与植被的影响——以甘肃河西走廊荒漠戈壁区为例[J]. 中
国水土保持科学，17（2）：132-138. DOI：10. 16843/j. sswc，2019. 02. 016.

周卫东，2023，2020 年后全球生物多样性框架下工商业的可持续发展之路展望[J]. 世界环境，（1）：
48-50.

周杨明，于秀波，于贵瑞，2007. 自然资源和生态系统管理的生态系统方法：概念、原则与应用[J]. 地
球科学进展，22（2）：8.

朱春全，2022. 迈向自然受益的商业未来——新自然经济的进展和趋势[J]. 可持续发展经济导刊，（Z2）：
48-51.

朱少康，王珊，张军涛，等，2021. 光伏阵列的微气候特征及其对站区植物生长特性的影响[J]. 生态学
杂志，40（10）：3078-3087. DOI：10. 13292/j. 1000-4890，2021. 10. 016.

庄平，郑元润，邵慧敏，等，2012. 杜鹃属植物迁地保育适应性评价[J]. 生物多样性，20（6）：665-675.